JN134318

ホース・スピーク

Horse Speak : The Equine-Human Translation Guide

これからの人と馬との対話ガイド

著 Sharon Wilsie・Gretchen Vogel
監訳 宮田朋典・宮地美也子　翻訳 二宮千寿子

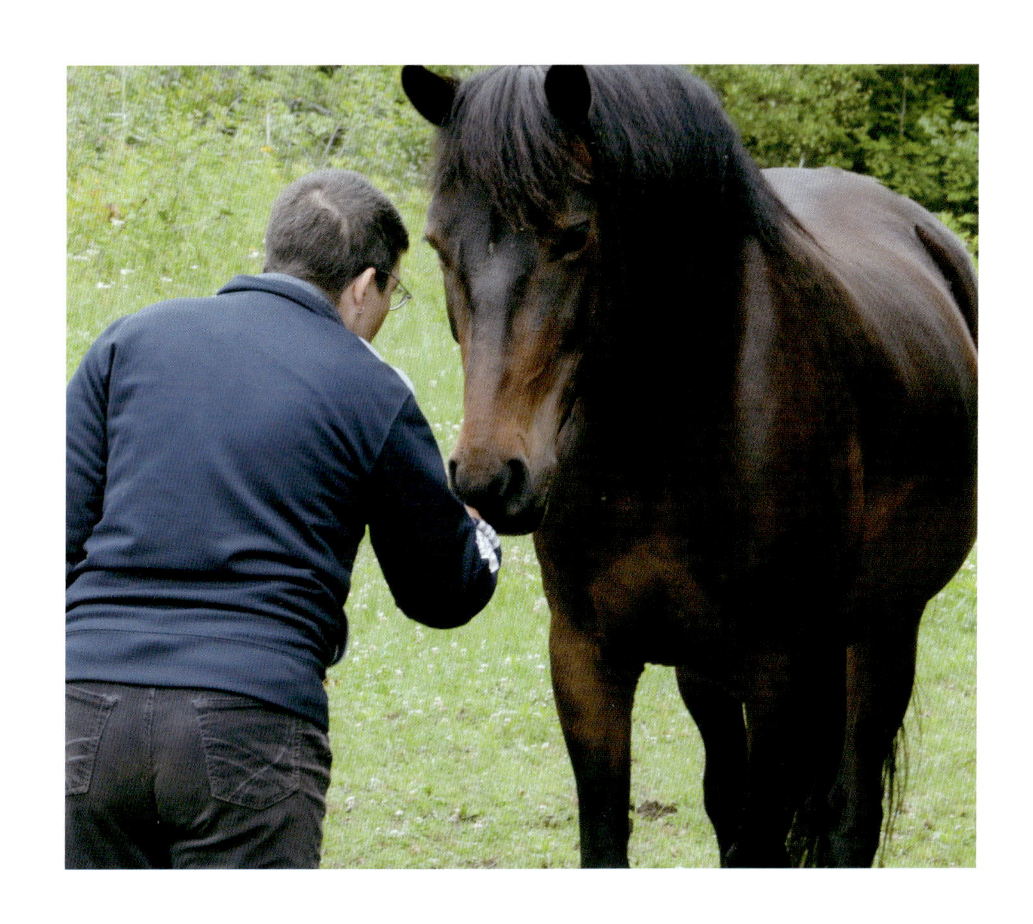

緑書房

Photographs by Rich Neally except figs. 2.5 and 8.5 from Gallop to Freedom by Frédéric Pignon and Magali Delgado and used by permission from Trafalgar Square Books
Illustrations by Sharon Wilsie
Book design by Lauryl Eddlemon
Cover design by RM Didier
Index by Andrea M. Jones (www.jonesliteraryservice.com)
Typeface: DIN

Original title: *Horse Speak: The Equine-Human Translation Guide* published in in the USA by Trafalgar Square Books

Japanese translation rights arranged with Trafalgar Square Books, Vermont through Tuttle-Mori Agency, Inc., Tokyo

白い牝馬

白いアラブの牝馬によじ登り、私はホースマンシップの道をおぼつかない足どりで歩みました。彼女の背で、私は彼女と一緒になり、そして同時に飛べることを知りました。そこでただ１つ永遠、すべては１つ(unum est omnia)を知ったのです。

結婚生活が終わったとき、１頭の白い牝馬が私の夢にあらわれました。彼女の滑らかな背によじ登りながら、私は自分の人生がこれから加速していくのを知りました。

それから何年もして、別の夢をみました。今度は大きな災害が起こったあとでした。何人もの女性たちが、荷車の上で白い牝馬の巨大な像をつくっていました。それは武器を置き、ともに団結する象徴として町をパレードするための像でした。私はちょうど馬の頭がつくられるところに着きました。私は馬の頭を像につけるための石膏が手からしたたり落ちる感覚で目覚めました。

そのとき初めて、私はEpona、Macha、Rhiannon、Demeterなど古代の女神たちのことを聞いたのです。そしてかつての王が国への献身の象徴として、白い牝馬の背で結婚を誓わなければならなかったことも知りました。

Nefertiti、Sugar、Trix、Bella、そして最後にKarma、１頭また１頭と白い牝馬が彼女たちを所有する女性によって、私の人生に登場しました。どの馬も私にとって女神であり、どの馬も魂に傷を負っていました。私の人生を何百頭もの馬が通りすぎていきましたが、白い牝馬には何か特別な意味があることに私は気づきはじめました。白い牝馬それぞれが私を異なった曲がり角へとつれて行ってくれました。

最後の牝馬Karmaは、私をこの本の共著者であるGretchenに引き合わせてくれました。Karmaは今、私の群れとともに暮らしています。私は彼女の疲れた背にまたがったことは一度もありません。でも彼女はここで生まれ変わり、Parvatiというこの大地に神の教えを届けた女神の名前を得ました。Vatiはここにいます。心の状態を整理し、深い安らぎの場へと来ることで自身の戦いを終えたのです。そして、彼女は私を物書きの世界へと導いてくれました。

誰が誰を救っているのでしょう？

大きな災害のあとの世界で唯一意味があるのは人々がともに歩み、再生の道を見出すこと。

大きな災害が、個人的な無益で古く疲れ果てた出来事の破壊手段でありますように。

多くの人々が白い牝馬の後ろに集い、彼女への新しい愛だけでなく、自らへの愛を見出すことができますように。

白い牝馬の祝福が私たちの世界に再生をもたらしますように。

Sharon Wilsie

献辞

私にたくさんのことを教えてくれた馬たちに、この本を捧げる。きっとその知識は、馬と平和な世界を築きたいと思うすべての人の道を照らしてくれるでしょう。

感謝と永遠の愛とともに、この本を Peter M. Vogel に捧げる。

Gretchen Vogel

謝辞

いつも変わらずに支えてくれたパートナーの Laura、共著者の Gretchen Vogel、この本に信頼を寄せてくれた Trafalgar Square Books、友と愛する家族からの愛情と思いやりに、感謝します。
そして何よりも、すべての馬に感謝し、この本を捧げる。

著者プロフィール

Sharon Wilsie

プロのアニマルトレーナー、馬のリハビリ専門家。アメリカバーモント州ウエストミンスターを拠点に、Wilsie Way Horsemanshipを主宰している。個人オーナーの馬の調教や、虐待された馬の救済などにも携わる。馬介在の教育プログラムを独自に作成し、高校や大学で実践している。レイキの指導者でもある。

Gretchen Vogel

長年、自身の馬を所有し乗馬を楽しみ、ガーデニングの専門家でもある。著書に『Solar Gardening』、『Choices in the Afterlife』がある。アメリカニューハンプシャー州キーン在住。

ホース・スピークへようこそ

日本でも近年、ナチュラルホースマンシップの手法を取り入れ、馬の心理学をベースに調教している乗馬クラブや乗馬愛好者は増加傾向にあります。馬が大好きな多くの人たちは、馬の心や気持ち、そして行動の原理などを知り、もっと安全に、かつ安心もして、納得したかたちで馬とかかわりたいと思っているのではないでしょうか。また、騎乗時に怖い思いをした、あるいは馬ともっと良好な関係を築きたいと思う人は、もう少し自分の考えるペースや方法で馬とコミュニケーションを取りたいと考えることが少なくないのではないでしょうか。まさに、その悩みを解消するための第一歩は、馬という動物を知ることです。馬とのコミュニケーションは、そこからはじまっているのです。

馬同士のコミュニケーションの多くが、ボディランゲージによって構成されています。そのことから考えてみても、人と馬とのかかわりやコミュニケーションを円滑にするためには、やはり私たち人間側が、馬のコミュニケーション方法を学ぶ必要があります。そのためには、ナチュラルホースマンシップの段階的手法を学ぶことが、人馬双方の理解や安全につながると思います。しかしながら、ナチュラルホースマンシップの解説書などにも、自然界の馬の行動を体系的に説明したものが少ないのが現状です。

本書は、馬のボディランゲージをわかりやすく解説しています。いわばナチュラルホースマンシップの教科書ともいうべき内容で、ナチュラルホースマンシップの段階的手法をより深く理解するための方法や考え方、感じ方、伝え方、体系的で立証可能な知識としてどのように習得すべきかなどについて、著者の経験や観察をもとに表現しています。特にホース・スピークの13ボタンは、馬同士のコミュニケーション方法をシンプルに学ぶことができ、(あなたの)馬へメッセージを伝える力を強化させたり、馬からのサインを読み解くとてもよいアイデアを与えてくれるでしょう。今まで皆さんが無意識で行っていた何気ない仕草などによるコミュニケーションではなく、より意識的に馬へメッセージを伝えることに自信をもてるようになり、そのことから自分自身も安全と安心を軸に、真のリーダーシップに向かうための心のあり方を気づかせてくれることでしょう。

本書は、馬との良好な関係の構築や馬との関係回復を望み、悩んでいる人に、大きなヒントを与えてくれることは間違いありません。馬同士のコミュニケーションを学び、人と馬の共通言語を体得し、ナチュラルホースマンシップを身につけて、馬との関係のなかでリーダーになることができるでしょう。そうすれば、馬への真の理解や馬との信頼、尊敬、調和、受容に基づいた関係が構築でき、悪癖などの問題行動を自身の問題として考えることができるようになります。それによって、物言えぬ馬のランゲージを聴く力、傾聴力や感じる力が強化され、馬の問いへの答えや自分の気持ちを馬に伝える力を強化してくれるでしょう。

本書は、宮地美也子氏とともに監訳を担当しました。宮地氏は原書『Horse Speak：The Equine-Human Translation Guide』に感銘を受け、実際に著者の指導も受けられました。その指導をもとに監訳をともに進めていただいたこと、そしてその熱意に感謝いたします。

この本が馬と人との架け橋になりますように

2019年1月

ホースとフォースとともにあらんことを
監訳者を代表して **宮田朋典**

目次

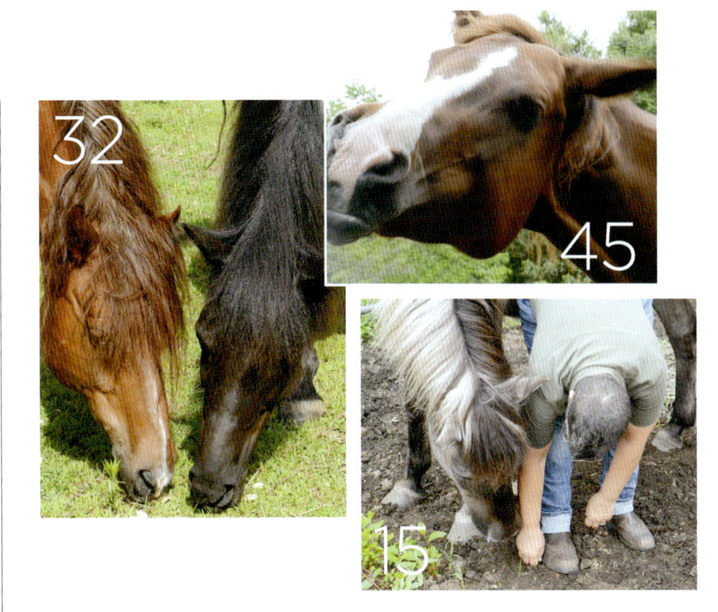

37
50

76

STEP 7：会話の強度のレベル 95

STEP 8：馬の無防備な部位と自己防衛のための部位について交渉する 116

Joe Episode 2：曳き手を使う 127

STEP 9：優雅に動く 134

INTRODUCTION

あらゆるものが何かを意味している

Keywords
リーダーシップ(p.2)
つながり(p.3)
対話(会話、p.4)

みなさんのなかには、人の言葉を話す馬、ミスター・エドを覚えている方もいらっしゃるでしょう。テレビの番組がまだ白黒だった頃、アメリカで1958～1966年に放送されたコメディ番組の主役です。ミスター・エドがしゃべっているときの唇の動きは、私のように馬に夢中だった子どもには魔法のように思えました。もしも本当に話ができたら、未来の私のお馬さんとこんな会話ができるのかななどと、夢に思い描いたものでした。

私は子どものときは喘息があったので、できることは馬に関する本を読むことと、馬のフィギュアの群れを絵に描くことぐらいでした。それでも中学校に入ると、馬を飼育している農場で手伝いができるほど健康になり、高校を卒業する頃にはトップレベルの馬場馬術の馬を運動させていました。それからさらに時が経ち母親となり、ついに自分の馬を持つことができたのです。私が引き取ったのは、絶滅したノウマの亜種であるターパン（かつて計画的な繁殖によって復活させる試みがありました）という馬に毛色も体格もよく似た大型のポニーのRockyでした。やがてRockyには、体中に金色の雪が舞っているような毛色をしたアパルーサの若い牝馬Dakotaという仲間ができます。この2頭は私にとって“馬との会話（ホース・スピーク：Horse Speak）の先生”といえる存在となりました。その後、馬の数は徐々に増え、やがて群れができました。それはまるで、子どものときに描いていたフィギュアの馬たちが、私に馬との会話（ホース・スピーク）を教えるために命を吹き込まれてこの世にあらわれたようでした。

やがて私は、場面や状況が異なるにもかかわらず馬が同じジェスチャーや動きをしていることに気がつきました。馬のかすかな動きや大きな動作、お互いの位置の取り方は、皮膚を震わせたり、動くことで、それぞれ素早く動きを変えることがわかりました。私の目は、馬のジェスチャーを1つ1つの動作ごとに静止画像としてとらえることができました。そして、それぞれの動きは**あらゆる**馬で同じことを意味し、さらにどの馬がそのジェスチャーを行っても、ほかの馬たちもほとんど同じように応答していることに気がついたのです。私はそのとき、単なる馬の**行動**を見ているのではなく、馬の**会話**を目撃しているのかもしれないと思いました。

私はこの頃までに、大学の馬術部のコーチ、レッスンやホースクリニックでの指導、馬のリハビリ、馬の保護施設に関するコンサルティング、馬介在の教育プログラムを使った指導など、馬に関して多くの経験を積んでいました。そしてどの場面においても、慣習的に行われる予測可能な馬の言葉を観察しました。私は自宅でメモを取り、図を描き、また馬を観察することを繰り返しました。馬のジェスチャーや動きの意味をどうしても理解したくて、馬がしたジェスチャーを真似て返すようになりました。同時に馬が理解できる明解で一貫した動きを馬に返さなければならないと、責任を感じていたのでした。そしてあるとき突然、馬たちが動きを通した「対話」を私に教えてくれているのに気がつきました。私はまるで若駒が群れに加わるための礼儀を教わるように、馬の言葉の基本を、多くの馬から教えてもらっていたのです。そして気がつくと、私は**馬の**言葉で、本当に会話ができるようになりました。さらには馬の言葉を学んだことで、馬の行動原理を理解できるようになりました。

私は、馬と会話をしているように見える何人かのホースマン、ホースウーマンの仕事を尊敬してきました。もしも私が馬の**言葉を見ていて**、馬と会話するための**単語**と**フレーズ**の使い方を学ぶことができているのであれば、ほかの人たちも馬の微妙な合図を理解し、反応できるようにする手助けができるかもしれないと思いました。私はこの馬の言葉を解読して、誰にでも理解できるように1つ1つの動作を細かく分けて説明することを思いたちました。この本は私が学んできたことを、できるだけわかりやすく、多くの人がパートナーの馬とコミュニケーションを取れるように手助けしたい、そういう思いから生まれました。

馬はバイリンガルでなければなりません。もちろん1つ目は、馬同士の会話に必要な**馬語**です(ただしずっと1頭だけで過ごしていたら、ほかの馬たちと上手に会話できないかもしれません)。2つ目は、**ヒト語**です。私たち人間は言葉に抑揚をつけ、さまざまな感情や必要なもの、答えなどを伝えあうので、視覚による微妙なメッセージに頼る必要性は少なく、体を使った表現は言葉による表現ほど多くありません。私たち人間の動きは馬の前で一貫性がないことが多く、人間を理解しようとする馬たちを戸惑わせます。

私が馬の言葉を見える形として翻訳したこの本を、私は『ホース・スピーク(Horse Speak)』と名付けました。「ホース・スピーク」はこの本のタイトルであるとともに、この本で説明する馬との会話や対話、コミュニケーションなどの方法のことでもあります。これは人と馬の双方を助けてくれます。外国語を学ぶときのように、まず馬語の単語にあたる明確な動きを学びます。それから馬にわかるような動き(馬語の単語)を、真似することを学びます。さまざまなジェスチャーを順番に組み合わせて、徐々に馬に問いかけられるようになるでしょう。あなたの問いかけに馬が動きを使って答えたとき、あなたは馬の言っていることを理解し、論理的にコミュニケーションを取ることができるでしょう。しかし、ホース・スピークを流暢に話すには、会話の強度を無意識のうちに適切に調整できるだけの柔軟性を身につける必要があります。ホース・スピークと、ホース・スピークを話すための柔軟性を身につけてもらう方法を提供することが、この本のゴールなのです。

本当のところ、リーダーシップって何でしょう？

ホース・スピークは、あなたが馬との関係を築くための手助けをしてくれます。それは信

頼、**尊敬**、**調和**、**受容**に基づいた関係です。この４つの要素の達成には、自分をリーダーとして表現することができるかどうかがかかっています。

馬は捕らわれの身であり、生存そのものを人間に依存しています。馬のリーダーであることは、馬のもとにあなたが来たら「すべてが順調で**安全だ**」と納得させられることです。馬は人間世界のガイド役としてあなたを信頼していますか？ 私たち人間は馬を本来の環境から連れ出して、扉を通り抜けたり障害物を飛び越えたり、馬運車に乗り降りするよう要求してきたのです。自分が外国にいるところを想像してみてください。例えば、ツアーガイドはあなたと同じ言語を話せず、見知らぬ場所や空間で「私についてきてください」とは言うものの、実は自信がなくてオドオドしていたらどうでしょう？ そんなツアーガイドに案内をされたって安全だとは感じられないでしょう！ シンプルな会話を通して馬の心配ごとに対処してやり、そしてホース・スピークの**強度レベル**の明確な調整法を知っていることで、「私と一緒にいたら安全だよ」というメッセージを馬に伝えられます。その結果、馬と深い信頼を築くことができ、あなたも馬と一緒にいて安心感を得られるようになるのです。

本物のリーダーは、あなたがついていきたくなるように行動をします

人の安全が脅かされた出来事は誰にも経験があるでしょう。雷雨のなかで馬を連れ帰ったり、獣医師が到着するまで病気や怪我をした馬に救急処置を行ったり、時にはストレスのたまった厩舎のほかの馬の行動や、競技会のせいで“人にスイッチが入る”こともあります。けれども**馬**の言語を使って日頃から馬と会話をすればするほど、ストレスの多い出来事が起きても馬とのコネクションが失われにくくなります。その結果、人と馬の双方の安全が保たれます。馬と深い信頼関係を築くことが良きリーダーシップの本質なのです。

理想のつながり

馬があなたと一緒にいて安全だと感じられない場合、あなたもその馬といて安全と感じることができません。私の顧客の多くは、“馬とのロマンス”を経験しています。彼らは何の苦もなく人馬一体感を味わわせてくれた“一生でただ１頭の馬”について語ってくれます。それは物事がうまくいっていないにもかかわらず、トラブルが大惨事へと悪化するのを馬が未然に防いでくれたのかもしれません。障害物を飛越しながら崩れた人馬のバランスを立て直し、泥沼のようなぬかるみを無事に通り抜けたり、凍結した地面で滑って転んだときもじっとその場で立っていてくれたり、野生の七面鳥の群れがいきなり頭上の木の枝から飛び立っても動じなかった馬です。つまり、窮地で自身だけでなく人も支えてくれた馬なのです。

こうした理想のつながりを追い求めて、馬を次から次へと変える必要はありません。私たち人間がもてる力を上手に使うことで、ほとんど**どんな**馬とも安全で親密なパートナーシップを築くことができるからです。この本はトレーニングに関するものではなく、**変化**についての本です。確かに、多くの人がすばらしい馬と至福のときを経験しています。すべての馬は人に多くのことを提供できます。しかし、本当に問うべきことは、私たち人間は馬へのお返しに、一体何を提供しているかということです。馬の周囲の安全を考えるとき、私たちはいつも、**馬が**

私たちに危害を与えないという意味で考えています。では、馬が**人間に危害を与えられるかもしれない**と心配している可能性を考えたことがあるでしょうか。

本物の対話（会話）

私はホース・スピークをコミュニケーションの枠組みとして提供していますが、これはがんじがらめの公式ではありません。馬と本当に話ができても、その日に馬がどんな答えを出すかは決して予想がつきません。私は今、“通常の”馬のトレーニングテクニックは脇に置いて、馬との“会話”を選んでいます。なぜなら、私が馬に質問やアイデアを投げかけ、馬がどう考えるかを見ることができるからです。ホース・スピークを知ったことで、馬が好奇心や茶目っ気、愛情をもって私の質問に答えているのか、それとも恐怖心や習慣やこれまでのトレーニングに従って私の要求に応じているだけなのかを、私は明確に知ることができるようになりました。馬と会話をする方法を学んでいくにつれて、あなたもよりリラックスし、遊びを楽しめるようになっていることに気づくでしょう。多くの人は、馬のパフォーマンスと同じくらい、馬との関係を重んじています。馬に私たち人間の言葉に応じることを期待するかわりに、馬の言葉に耳を傾け、学ぶ気持ちがあることを馬に示すことができたら、より深い友情の絆が花開くでしょう。

最終的に動物たちと私たちを隔てているものは、私たち自身の誤った考え方です。今まで私たちは動物の行動は本能的なもので、動物自身にはコントロールできないものと考えてきました。つまり馬の行動は、“本能的”な行動というレッテルを貼られてきたのです。この考えは今でも多くのトレーナーに信じられていますが、これは馬がもつ鋭敏な感覚を理解しない狭い見方です。私たちは、動物たちが人間の言葉で考えず音を基盤にした言語をもたないため、内なる思考は存在しないと考えています。けれども馬はほかの馬の内なる声を理解しようと、馬語を絶えず使い会話をしているのです。そうすることで、馬は助け合い、お互いに意思を変えさせもします。ホース・スピークは、馬が私たちとつながりやすくなり、そして究極的には、馬が人間に対する考えを改められるようにするやり方なのです。

種同士の関係

人間は、生き延びるために自分の環境を鋭敏に感知する必要はありません。また、物事の細かい点に注意を払う必要もありません。人間の場合、言葉はボディランゲージよりも重要なので、会話をしながら、相手に視覚的な面で注意を払うことは多くありません。一方、馬の言語は、自分たちが捕食される存在だという考えから生まれています。馬はさまざまな大型肉食獣の格好の餌食であるにもかかわらず、絶滅をまぬがれてきました。馬は周囲のほぼ360度をカバーする視野、真っすぐ立つ耳による鋭い聴覚、優れた嗅覚、それに速く走る能力など、環境に対して強力な認識力をもっています。人の顔の表情からボディランゲージ、服、髪型、そしてピクッと体を震わせたことなど多くのことを見ています。人がどこかに向かって動こうと思うとき、実際に動き出すよりずっと前に、馬はその進行方向をわけもなく読んでしまうのです。

人間と馬どちらも社会的な存在であることが、私たちの共通点です。馬はあなたと一緒にいるとき、あなたを群れの一員とみなします。たとえそれが1人と1頭だけの群れであっても群れの一員とみなされます。放牧地に1羽のニワトリがいたら、そのニワトリも群れの一員に数えられます。誰でも、猫や山羊や犬が馬と一緒に群れているのを目にしたことがあるでしょう。違う種の生きものを群れに受け入れる習性を、馬は人間にも差し出してくれます。これが、私たちが馬と一緒にいてとても気持ちがいい理由の1つなのです。馬が私たち人間を群れの一員として受け入れてくれるからこそ、私たちのボディランゲージが馬の言語で何を意味するのかを理解しておくことが大切なのです。

馬を相手にする人たちの世界には、馬に“勝たせるな”とか、“人間の要求への抵抗を許してはいけない”という不幸な考え方があります。実のところ、ほとんどの馬は服従することを受け入れるように生まれついていて、本物のリーダーとなる馬はごくわずかしかいません。馬の言語を学ぶことで、馬の行動規範と、行動規範がどのように馬と人間とのより良い関係の構築の助けになっているかを、改めて理解できるでしょう。もしかしたら馬との会話は新しい洞察をもたらし、あなたの知られざる秘密の部分をみせてくれるかもしれません。私たちが馬の行動規範を活用してお互いへの尊敬を育みつつ、馬が尊厳を保てるようにするとき、誰もが勝者になれるのです。そして馬との関係が変わっていくなかで、自分が進化することを認めてあげてください。この努力を通じて、あなたは健全でバランスの取れた人間への旅路を進んでいくでしょう。

私の心の底からの願いは、人間が馬の言語を理解するようになり、馬の言葉を人間が理解しなかったがために起こる馬への“偶然の”虐待がなくなることです。私たちは、馬への期待と馬が望むこととのバランスを取ることができます。そして少なくとも、馬に自分の暮らしに関する発言権を与え甘やかしたりすると馬をダメにしてしまうなどと、恐れることなく、馬の声にしっかりと耳を傾けられるのです。

なかには、ほかの馬に比べて意見の多い馬もいます。ですが、会話を実践することで、信頼と尊敬、調和と受容を生み出すことができます。人間が馬に対して、平和のうちにそして楽しみながら使える道具をあなたがつくり出せることを願っています。この共通の言語を学び実践するのに必要な時間はわずかです。その結果として築かれる馬との友情の温かさは、私たちにとって嬉しいものでしょう。

12のやさしいステップ

私はホースクリニックやレッスンで、参加者にホース・スピークを12のやさしいステップで教えているので、この本の構成もそれと同じように組み立てました。ここで述べる合理的な進め方が、コミュニケーション方法の学習を魅力的で、かつ達成可能なものにしてくれることを願っています。

ホース・スピークはいくつもの学びの段階を経て身につけていきます。はじめにいくつかのスキルをおおまかに学び、続いてそれらのスキルを深く学んでいく必要があります。ですからまず、基礎から説明していきます。基礎で特に重要なのは、呼吸とボディランゲージ(あるいはジェスチャー)の2つです。これから、呼吸とボディランゲージを通して行われる馬のコミュニケーションの裏にあるものの意味を、詳しく説明していきます。それを学んでから、ホース・スピークの「4つのG」である「Greeting(挨拶)」「Going Somewhere(どこかに行く)」

生まれつき従順である馬たちは、尊厳を維持すること
を認められてしかるべきです

「Grooming(グルーミング)」「Gone(離れる)」に進みます。この「4つのG」こそが馬の相互関係の枠組みであり、馬同士の(そして私個人の感覚では、馬と人とのあいだの)“ディスカッション”の多くが4つのGに分類することができます。

馬の“声に耳を傾けること”と“語りかけること”のさまざまなモードを、人間の話し方に結びつけて定義し、説明することは可能です。けれどもその場合の多くは、完全に明白なものをもとにしているわけではありません。ホース・スピークではどれほど小さなものであっても、ジェスチャーや動き、スタンスに伴う強度(プレッシャー)の度合いが肝心で、かすかな動きでも実際にはとても大きな力を発揮できるのです。このため、馬と効果的で公平なコミュニケーションを交わすことを真剣に望む人には、強度を調整する練習が欠かせません。この本には、人の体の外側で起きていることだけでなく、内側で起きていることも管理できるようにするエクササイズをたくさん取り入れています。

加えて、12のやさしいステップのあちこちに、私が会話と呼ぶものをたくさん挿入していますので、楽しく学んでください。会話はあなたと馬が日々交流するなかで使える、ステップごとのひな型です。例えば馬が言葉をどうやって読み取り、“聞き取る”のか、その会話を楽しい気持ちで終えるために、あなたはそれに対して何をして何を“言う”べきかなどを、説明しています。

STEP 4、8、11、12のあとに、Joeという馬が登場します。Joeは多くの馬に共通する問題を抱えた架空の馬です。Joeとの出会いから彼の多くの問題解決までを説明しました。私がホース・スピークを使ってJoeと彼のオーナーたちとの問題解決までの過程を追うことができます。このような馬と交流するプロセスの詳細から、舞台裏を垣間みる貴重な機会や、ホース・スピークを使うヒントを得られるでしょう。そして読者への啓蒙という、ただ1つの目的を念頭において私がつくり出したシナリオに触れることができます。

ホース・スピークはトレーニング法ではなく、より良いライダー(騎乗者)になるよう具体的に指導するものでもありません。けれども、あなたがどの分野の乗馬を好もうと、あるいは古典的なホースマンシップ、ナチュラルホースマンシップ、もしくはまったく違うアプローチのどれを好むにせよ、ホース・スピークはあなたの方法を補い、馬との関係を改善することができます。ホース・スピークがあなたにどのような影響を与えるか、どうぞ楽しみにしてください。

新しい言語を学ぶとき、何からはじめますか？

まずは「ゼロ」からはじめてみましょう。

Keywords

あなたの内なるゼロをみつける

馬が群れのなかで上手に過ごしていくためには、周囲を観察する能力と、お互いのかすかなメッセージを読み取る能力が重要です（ここでの群れとは、馬以外のほかの動物種が複数混ざったもの、2頭のみまたは3頭以上のもの、厩舎にいる馬たちや放牧されている馬たちも指します、**図 1.1**）。例えば、群れのなかの2頭の馬の争いは、ある馬がほかの馬に突っかかっていくと、互いを蹴ったり噛んだり、また追い払ったりしたあと、争いはすぐに終わりを迎えます。このとき、周囲の馬は自身の位置を調整し、群れに静けさが戻るのを待ちます。このように、馬はストレスや興奮を求めることはしないのです。

図 1.1　休んでいるときも移動中も、馬はおだやかな状況を好みます

私は馬の群れを定期的に観察しています。よく見るのは、1mほど距離を置く馬、横になっている馬、そして草を食べている馬で、どの馬もおだやかな状態を保つように努めています。

一般的に多くの人が、馬のそばでは静かでいようと努めます。しかし、ホース・スピークを

図 1.2「内なるゼロ」とは、自分のなかの静けさをみつける技術です

学ぶ過程においては、静かでいることは絶対条件になります。特に“内側で静かでいること”で、私はより“そこに存在する”(その瞬間にいる)ことができますし、そのおかげで私は馬の言語のかすかな変化を観察できるようになったのです。馬と一緒に“そこに存在する”方法を確立することは、**あなた**が馬の言語をどう感じるかにもかかわります。私はこの瞬間に存在すること、自覚し静かでいる状態を「内なるゼロ」と呼びます(**図 1.2**)。

「ゼロ」は、私が最初にすべての生徒に教えることです。私は生徒に、お気に入りの平和な場所、ハッピーになれる場所を思い浮かべてもらいます。それはお気に入りの歌やすてきなイメージ、心が満たされる思い出だったりします。私たちはそれぞれに、「ゼロ」に通じる扉をもっています。きっかけとなるイメージや音、思い出を思い出すときに自分に起きる感情を少しずつ覚えていき、繰り返し「ゼロ」に戻れるように練習してください。これが「**内なる**ゼロ」です。時には私は生徒に馬のそばに立ってもらい、両足に均等に体重をかけて息を吸い込んでもらいます。そして馬がそれに反応するか、反応した場合はどのような反応かを見ます。

私は馬と上手に“会話”をするうえで、自分自身の「ゼロ」の状態がどれほど大切か気づくのに何年もかかりました。そして、馬が何をしていようと自分自身をゼロにして意識をそこにおくためのツールを、私はもう１つ生み出しました。「なんて不思議なんだろう」と考えたり声に出したりすると、「内なるゼロ」のなかに留まれるのです。「なんて不思議なんだろう」と

言うと、馬が何をしていても、自分の感情をゼロ(ニュートラル)にすることができます。あるいは「興味深い」でも良いでしょう。どちらも相手を非難しない言葉です。あなたも、馬と一緒にいて物事がうまくいっていてもいなくても、自分を冷静にし、意識をゼロにおくきっかけとなるような言葉やフレーズをみつけましょう。

外なるゼロを管理し、動作のボリュームを調整する

馬と明確なコミュニケーションを取るのに一番良い方法は、**事前によく考えたジェスチャー**を行うことです(**図1.3**)。あなたの内なる強度レベルが、静か、または「ゼロ」であるとき、それは静か**すぎる**とか自信がないということを意味しません。馬は私たちに、目的をもって動き、周囲をしっかり把握し、自信のあるリーダーであることを望んでいます。静かで自信に裏打ちされた自己主張は、馬にとって“冷静さ”と同じで、「すべては順調だ」というメッセージが伝わるのです。さらに、馬はおだやかな状態にいることを好みますから、あなたが冷静でいることで、馬のあなたへの信頼が高まることになるのです。

たいていの場合、馬はボディランゲージで**ささやき**ます。おだやかに頭を縦に振る、尻尾をかすかに振る、体重移動のために肢を上げようとすることなどのボディランゲージで、ほかの馬に言いたいことすべてを伝えます(**図1.4**)。時に馬は叫んだり、極端なジェスチャーや動きでメッセージを投げかけることがありますが、通常、馬は必要最低限のボリュームの動作で、伝えたいメッセージを表現します。馬はたとえ動作のボリュームを“上げた”としてもすぐにもとに戻すことができるエキスパートで、自身の言葉の動きを正確に調整することができます。

馬は1日中争いを続けたり、わだかまりをもち続けてエネルギーを無駄にするのは好みません。静かにしていれば、物音や地面を伝わる蹄の振動で捕食動物の注意を引かないので、自然

図1.3 目的意識をもって動くと、馬にその意図が明確に伝わります

図 1.4　どれほどわずかな動きでも、馬が行うすべてのジェスチャーには意味があります

界で安全が確保しやすいからです。例えば、馬はほかの馬に場所を譲ってほしいとき、ただ尻尾を振って合図します。それで通じなければ頭を振り、足を踏み鳴らし、最後は相手を蹴るか噛みつくかします。相手の馬が動いたら、**外側**も**内側**も「ゼロ」に戻ります。

馬は「ゼロ」に戻すことが上手ですが、私たちには練習が必要です。馬との会話を成立させるには、馬の動きのレベルに応じて、自分の動きの大きさの調整法を理解することがとても重要です。馬の言語を真似ることを学べば、動きの大きさを適切な強度に調整できるようになるでしょう。

動きの大きさの調整をわかりやすくするために、体の動きの強度や馬との会話で使うボリュームを、レベル**ゼロ、1、2、3、4**の5段階であらわしました。数字が大きくなるにつれて、動きのボリュームや強度が高まることを意味します。数字には感情的な意味づけがないので、私は“会話のレベル”を数字であらわします。実際、あなたのジェスチャーがどれだけ大きくなろうと、馬との会話にネガティブな感情を入りこませてはいけません。

一般的に、**外側**の「ゼロ」は、**内側**の「ゼロ」のようなものです。これは心と体の完全な静けさを意味します(**図 1.5**)。「外なるゼロ」はどんなふうに見えますか？ 強度、エネルギー、または態度が「ゼロ」であることは、何もしていないということではありません。「外なるゼロ」とは、体で、また異なる姿勢で内側のゼロをあらわすことを意味します。例えば、人では以下のような姿勢になります。

- 馬と同じように、片膝を曲げる。
- 両手をポケットに入れ、まなざしを柔らかくし、深呼吸しながら頭を少し下げる。
- 地面を見つめ、ため息を“吐く”。
- ぬいぐるみのように、体から力を抜く。

馬の周りにいるときの「外なるゼロ」は、人それぞれ違います。

強度の次の段階は「レベル 1」で、これは**意図**(こう行動しようと思う決意)だけで、大きな動きは伴いません。「レベル 2」は、意図に**動き**が加わります。「レベル 3」は**馬の方への動き**が加わり、**タッチ**も含まれることがあります。「レベル 4」は、どのような状況であっても最も大きなジェスチャーが含まれ、強度が最も強くなります。この体を使った運動もしくは動きの大きさの5段階を別の見方であらわすと、「冷静でいる」「考える」「要求する」「命令する」「主張する」になります。これは**トレーニングではない**ことを忘れないでください。単に馬の言語についてのものです。動きのさまざまな強度は、ホース・スピークにおける**形容詞**になります(p.95 以降参照)。

あなたのゴールは、エクササイズや会話でどの強度のレベルが用いられたとしても、習慣的

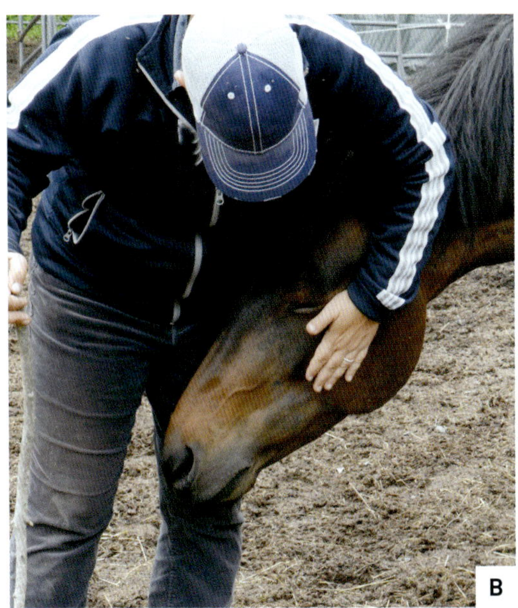

図 1.5 「内なるゼロ」と「外なるゼロ」(A)。体の内側と外側が「ゼロ」になると、馬とより楽しく過ごせる瞬間が生まれます(B)

に「外なるゼロ」に戻ることです。けれども意図、動き、ジェスチャーやタッチを**やめる**こと(動きの大きさを小さくすること)を学ぶのは、誰にとっても非常に難しいことです。時や場所にかかわらず必要となった場合に「内なるゼロ」と「外なるゼロ」に戻ることだけを練習したら、馬とのあいだで起きる問題の多くは消えてなくなるでしょう。馬は人間より簡単にストレスや努力を手放すことができます。一方、人間は問題が解決されても、長いあいだその感情的な高まりを追体験しやすいのです。「ゼロ」はこれを変える助けになります。

観察する

馬は全身を使って考えや感情を伝え、人間はこれを馬の"ボディランゲージ"と呼びます。体をピクッとふるわせるだけの非常に小さな動き、大きな動き、姿勢、立ち位置などが、ボディランゲージになります。具体的には、息、表情、尻尾の振り方、姿勢の角度などを取り上げますが、それは驚くほど多岐にわたっています。たとえじっと立っているときでも、馬のすることすべてが、ほかの馬にとっては何かを意味しているのです(**図 1.6**)。

実際には、ホース・スピークに気づくのは簡単です。ただ馬と一緒にいるときに、注意を払えば良いだけです。馬の言語は主に視覚によるものなので、何もしていないように見えるときでも馬は互いを細かく観察しています。人が一緒にいるとき、馬は人のこともじっと見ています(**図 1.7**)。ですから、馬を見つめるときは、馬のようになりましょう。単に観察するだけで、馬はあなたにより興味をもちます。というのも、**彼に**興味があるのをあなたが示しているからです。常に観察し、「内なるゼロ」と「外なるゼロ」を学び、それらをみつけ、あなたと馬の関係を変化させることが第２のステップです。

馬は私たちが気づかないようなとても繊細なやり方で、常に語りかけてきます。例えば、餌をやる時間に馬に牧草を与えて帰るとき、餌を食べているすべての馬の片方の耳が、遠ざかっていく人の方をずっと向いていることに気づいた人はどれだけいるでしょうか？ こんなささいなことの何が、そんなに重要なのでしょうか？ それは、普段から馬が群れのなかで同じようなことを行っているからです。馬は群れのなかの**すべて**の動きに気づいています。あなたも時間をかけ、練習を重ねることで、小さな動きも含めすべての動きに気づくことができるようになるでしょう。

図 1.6　馬は全身を使って考えや感情を伝えます

図 1.7　人が一緒にいるとき、馬は常に人を見ています

馬房の掃除をするときは、馬の周りで作業しながら、できるだけ馬を細かく観察してみましょう。馬を放牧させたら、馬同士でいつ、どのように交流するか観察してみましょう。放牧地にいる群れを窓から眺めて、馬が何をしていて、どのように動いているか見てください。馬の言語を学んでいくにつれて、多くのことが起きていることに気づくでしょう。たとえ、以前にはまったくそんなことを考えていなかったとしてもです(**図 1.8**)。馬を観察することは、馬に「アプローチしている」というメッセージになります。あなたが馬を見つめ、理解しようとしていることを、馬は理解してくれるでしょう。その結果、馬はあなたによりかかわろうとし、気づかないうちに信頼は大きくなります。頭を触られるのが嫌いな馬が、ある日、あなたと交流しようとして鼻先を寄せてきたり、ゲートに向かってくるあなたに大きく頭を振ってみせたりするでしょう。注意深く観察していれば、馬にあなたの気持ちが届くのです。あなたは今、馬のボディランゲージに**耳を傾けて**います。

私たちがコンスタントに馬を観察して注意を払っていないと、馬は私たちに対して馬の言語で“叫ぶ”ことをせざるを得なくなります。つまり、嬉しさ、恐怖、混乱、痛み、アイデアなどを、大きなジェスチャーで訴えるのです。こうした大きな動きが悪癖と呼ばれることもあります。なぜなら、私たちにはそのような馬の行動理由がわからないからです。例えば繋ぎ場で馬がそわそわしたり、あなたの足を踏みつけたり、馬房から走って出ようとすることがあります。私たちはそんな馬に、頑固だ、頭が悪い、といったレッテルを貼りますが、実は無神経なのは**私たち**なのです。馬は気になることを繊細な言い方で伝えようとしていたのに、私たちは気づくことができなかったのです。

その結果、心を閉じ、自分の考えや感情を人に示そうとすらしなくなる馬もいます。それは人に伝える努力をしても無駄なことを学んだからです。自分たちの感じ方を学ぼうとも、見よ

図 1.8　馬を観察しはじめると、馬はそれに気づいてくれます！

うともしなければ、そういったものがあることすら認めるだけの関心をもたない動物と、なぜコミュニケーションを取る必要があるのでしょう。

会話の半分は相手に耳を傾けること、そして残りの半分が話すことです。あなたが馬の言語を“見たい”と思うなら、**馬があなたの聞きたくないことを言っているときですら**耳を傾けるのを忘れてはなりません。馬が感情的になり、あなたもどうしていいかわからなかったら、まず身の安全を確保し、それから自分の「内なるゼロ」に向かいましょう。少なくとも馬を観察するのにふさわしい精神状態になることができれば、良い戦略が思い浮かぶかもしれません。そして馬の言葉を知ったら、まったく新しいレベルの視点から馬をみることができるでしょう。

言語のマッピング

私は馬の言語が視覚的であることにとても感謝しています。「マッピング」がしやすいからです。私は、馬のジェスチャーや姿勢のそれぞれを“単語”と考えます。馬はこの“単語”を組み合わせて、私たちが“文章”ととらえる複雑なアイデアを表現することができます。例えば、近寄っていくあなたに馬が唇をピクピク動かしたら、「今日は気分がいい」と言っているのです。あなたも同じように唇を小刻みに動かして返すと、「私も気分がいい」と馬に言っていることになります。ホース・スピークには「確認の息」と呼ぶものがあって、馬があるものに向かって鼻をならしたり息を吹きかけたりする動作を指します(p.25)。つまりあなたが、バースデーケーキのキャンドルを吹き消すように、同じ方向に息を吐き、地面を見てガムを噛むふりをしたら、「お化け(監注：この本でのお化けは、馬にとって怖いもののことです)を見たけど吹き飛ばしたから、今は大丈夫だよ」というメッセージを馬に伝えたことになるのです。

感情のしるし

犬や猫や人間は、感情を**直接的な**方法で表現します。犬や猫は仕事から帰宅した人に寄ってきて、後ろをついてまわり、体をからませてくるでしょう。けれども捕食される動物である馬は、感情を**間接的な**方法で表現します。例えば、あなたにスペースを与え、注意を払うことが馬の愛情表現なのです。馬は仲間の馬に対するのと同ように、静かでいること、絆を結ぶこと、馬のスペースにあなたが入るのを許すこと、そして時には馬同士のやり方であなたにタッチしてくることなどで、あなたに対する愛情を表現します。

私たちは馬のそばにいるときの感覚を楽しみます。馬の「内なるゼロ」である平和と静けさに包まれていると感じられるからです。そして私たちは自分よりはるかに大きな体と一体になるために、馬に乗ります。馬の大きな心臓と自分の心臓が1つになっているのを感じたいと思います。私は誰もがこういう欲求をもっていると信じています。この欲求は学ぶためのテクニックより、また賞を獲るようなすばらしい演技より、そして楽しむことすらよりも、深いものです。それは愛情と優しさを馬に伝えたいという欲求、そして馬が人に愛情と優しさを返してくれていることを、なんの疑いもなく知りたいという欲求です。

母なる自然は、ユーモアの感覚、好奇心、そしてとても大きな“遊びへの衝動”を馬に与えました。それはまるで、馬が捕食動物に食べられることを四六時中心配しなければならないことへの埋め合わせのようです。これらはみな、ほとんどの馬のオーナーが見分けられるものです。例えば、馬が耳を小刻みに動かすときはユーモアの感覚をみせているのです。茶目っ気や愛情は、横に寝かせた耳や、大きく吐く息であらわされることもあります(**図1.9**)。

それから、よく見られる防衛的なメッセージもあります。例えば、馬が尻尾を振ったり、後肢で地面を叩きつけたりするのは「NO」と言っているのかもしれません。何か脅威を感じたとき、馬は頭を高く上げます。高くしていれば、ライオンやオオカミに鼻面をつかまれる可能性が低いからです(**図1.10**)。混乱が理由で頭を上げることもありますが、本当におびえたとき、馬は頭を後ろの方に高く上げ、危険だと思うものから遠ざかります。

口から青草や干し草をはみ出させたまま全速で走っている馬を見たことがあるでしょう。馬の軟口蓋は食道の上で閉じ、馬が鼻で呼吸できるようにしますが、このとき、馬はものを飲み

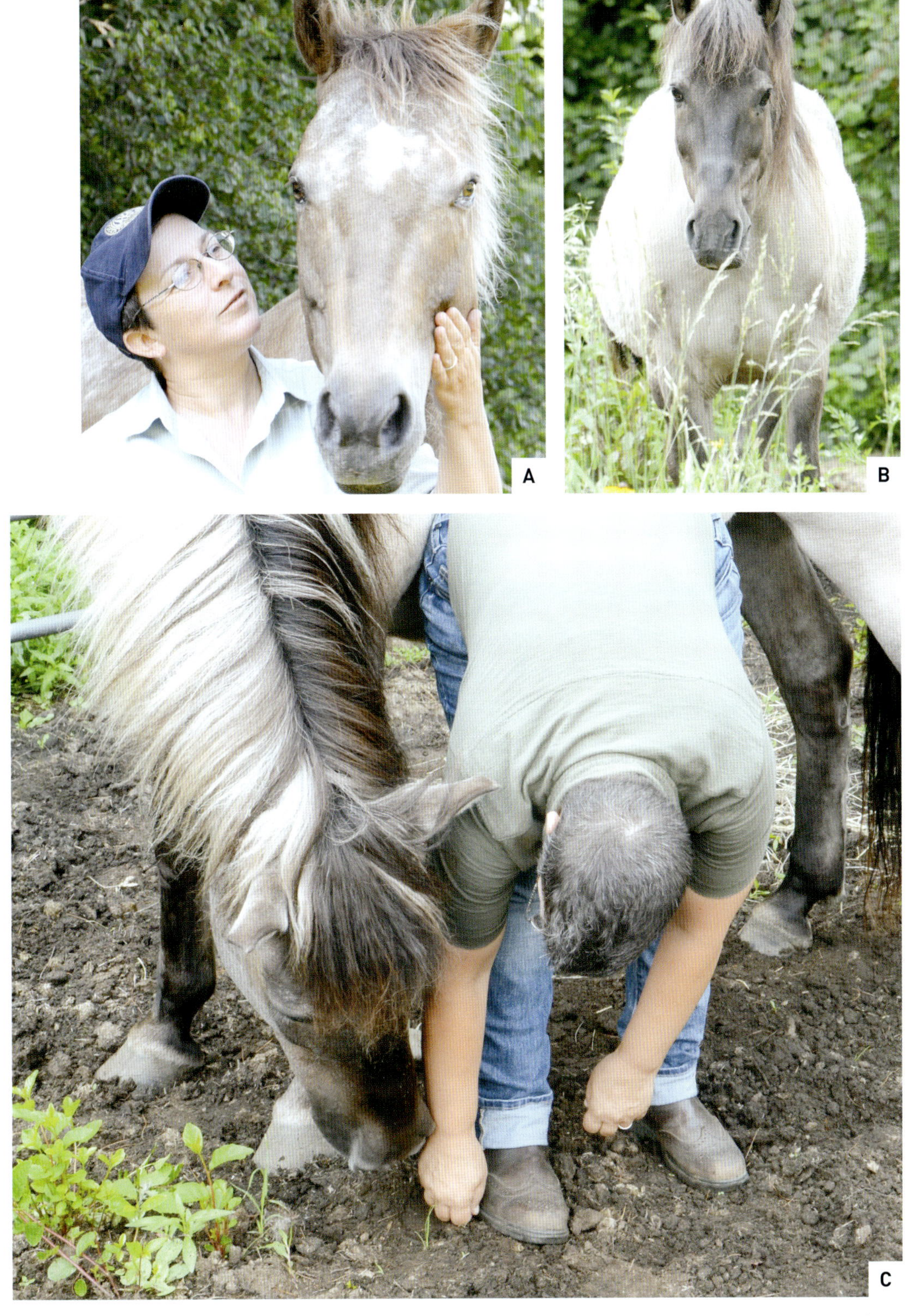

図 1.9　母なる自然は馬にユーモアの感覚(A)、好奇心(B)を与え、私たちは馬の表情にそれをよく見ることができます。馬の茶目っ気に人間も同調できると、とても楽しいものです(C)

こめません(**図 1.11**)。軟口蓋の長さと位置のおかげで、馬は鼻からだけの呼吸ができる数少ない動物の１つなのです。馬が驚いたときには、遠くのものをよく見ようとしているかのように、目が大きくなるのもよく見ます。

図 1.10　伝えたいメッセージが自己を守るものであればあるほど、馬は頭を高く上げます

またアドレナリンが出ることで、馬は短距離を高速で走ることができます。パニックになったとき、肩甲骨は体幹の骨との連結がないので、肩甲骨が回転しながら上方に滑ることで、肋骨で囲まれた胸腔の後半部が解放されて、大きく呼吸することができるようになります。

あなたは額を押しつけてくる馬も、知っているでしょう。あなたを押すということは、あなたのスペースを馬が要求しているのです。群れのなかの序列で、自分の方があなたより上だと考えている証拠です。この馬同士で発する防御的な極限のメッセージとして、体の側面をぶつけあい、まるで武道のような動きをします。

これらはあなたがこれから親しんでいく、ホース・スピークの表現の数例です。

図 1.11　馬がおびえると軟口蓋が閉じ、ものを飲み込めなくなります。これは鼻で呼吸できるようにするためです

ミラーリング

馬は高度に形式化された予測できる言語をもっています。それは特定のボディランゲージで表現されます。馬がどのように、何を伝えようとしているかを理解したら、あなたは馬のボディランゲージを真似して返すことができます。これは「ミラーリング」と呼ばれ、馬との会話を可能にします。

多くの人は、子どものときにお馬さんごっこをしたかと思います。2本足で"速歩"や"襲歩(ギャロップ)"で駆け回り、たてがみを振り回し、ものを飛び越えたりしたことがあるのではないでしょうか？ 馬は4本足で体を水平方向に動かす一方、人は2本足で動きは上下方向が多いですが、どちらにも頭や顔、頚、胴体、それに足がある、という共通点があります。動きやジェスチャーでの表現の仕方に違いはありますが、馬のボディランゲージの真似は、馬が視覚的に意思を伝えあう様子に常に基づいています(**図1.12**)。

馬のミラーリングをすることは、馬との会話を学ぶ良い機会です。馬が見るのと同じ方向を見て、馬がやめるときにやめる。それは"(号令をかける人のいう動作をする)サイモンさんの言うとおり"というゲームのようなもので

図1.12 馬とのミラーリングは楽しく、そこから多くのことが学べます

ミラーリングの実践

ある冬の日の夕方、私は馬たちを厩舎に連れ帰るために放牧地のゲートまで行きました。ところが馬たちは私の方に来ようとせず、速歩で牧草地の方に向かい、森の中の何かを見ています。そこで私も馬たちのミラーリングをして森に目を向けましたが、これといって何も見えません。やがて地面の近くで大きな灰色のフクロウが動いているのが見えました。馬たちと私は、フクロウが飛び上がり、木の枝に止まるのを見届けました。このとき、馬たちを厩舎に連れ帰る時間でしたし、さらにこの日はとても寒かったので、私はゲートのそばで、馬たちの気まぐれな行動に腹を立てていたかもしれません。しかし、その代わりに私は馬たちの真似をすることで一瞬とはいえ、馬の世界を共有することができました。

またある夏の日、私は普段の麦わら帽でなく野球帽をかぶり、庭で草むしりをしていました。すると私の方へ1頭の牝馬が近寄ってきて、まじまじと私の野球帽を見つめたのです。理由はよくわかりませんが、おそらく誰かほかの人だと思ったのか、自分の環境に何か異なる細部(このときは、私の野球帽でした)があるのに気がついたのかもしれません。彼女は数秒間、私の野球帽にじっと注目したあと、まるで自分が失礼だったのに気づいたかのように、目をそらしました。そこで彼女のジェスチャーに私が気づいたことを知ってほしかったので、私もそちらに目を向けました。すると馬は頭を下げ、舌をペロペロさせるリッキングと、ガムを噛むように口をクチャクチャさせるチューイングをしたので、私も同じことをしました。彼女と会話ができてその日の私にとって、とても甘美でおだやかな一瞬でした。

図 1.13 この2枚の写真では、私が馬の頭の動きをミラーリングし(A)、その後、馬が私の動きをミラーリングしています(B)

す。ばかげているように感じられるかもしれませんが、馬のミラーリングを自由にやってみましょう。何の目的ももたずに、ただ馬のボディランゲージを人間の動きに翻訳するのです。私たちはこれまで、馬の周りにいるときは主導権をもつべきだと教わってきていますから、簡単なことではないかもしれません。実際、これまで馬と交わした唯一の会話は「私は人間なのだから、馬のあなたは私の言うとおりにしなさい」だったかもしれません。自由なミラーリングは、深く根づいている条件付けからあなたを自由にし、あなた自身のなかに本物の瞬間をもたらしてくれるかもしれません(**図 1.13**)。

馬のミラーリングをすると、その馬の個性を読もうとする気持ちが生まれます。人間としてのやり方を手放し、馬の時間の感覚や関係性の感覚、感情、思考プロセスのなかで馬とともにいることは、大きな安心感を味わわせてくれます。人間側の予定表とエゴを手放し、わずかな時間でも馬との会話を実践すると、友なる馬とのあいだにより深いつながりが育まれます。

会話の技術

いったん馬の言語がみえるようになると、馬自身があなたといるときに考えていることに、気づけるようになります。ホース・スピークを通じてコミュニケーションが確立すると、馬がどれだけ**あなたの**考えに興味をもっているかもわかるでしょう。馬が考えることの大半は、ほかの馬との関係や「パーソナルスペース」の交渉、そしてもちろん食べものと飲みものといった必需品のことです。繁殖する馬は、周期や出産、子育てについて考えます。たいていの馬は、大きなボールを鼻で押してまわったり、障害物を飛び越えたり、横に並んでいようと背中に乗せていようと、2本足の人間と一緒に“ダンス”することが楽しいものだとは、自然には思わないものです(**図 1.14**)。

馬は褒めてもらうことが大好きです。私たちと一緒に成し遂げたことに誇りを感じ、褒められると喜びます。「ちゃんと認めてもらった」と感じると、多くの馬はできたことを“主張”し、みせびらかすのを楽しみます。

馬の調教では、エクササイズを反復するなかで馬の行動を形作ります。スクーリングではしばしば、求められる運動ができれば馬に報酬が与えられ、望まない行動は罰せられます。私はトレーナーをしてきた経験から、トレーナーの言動が一貫していれば、馬の行動をある程度は修正できることを知っています(**図 1.15**)。一般的に、馬は**考えずに**実行するよう調教されます。そのため、調教で同じパターンを何度も何度も繰り返し強要しますが、馬は理解できません。馬はそのとき、それらのことに思い入れはないですし、何が起こっているのかさえ考えていないのです。

一方、私は馬が私の求めることについて**考えている**のをみた瞬間に、**求めることをやめ**ます。この“(要求からの)解放”が、馬が**考えた**ことへのごほうびになるのです。こうすると、馬にとって成功はたやすくなり、間違いをおかすことが不可能になります。同時に馬をリラックスさせ、自信をつけさせます。ホース・スピークの考え方は、人馬ともにそれまでの束縛する信念や古い体験を過去のものとし、お互いにいろいろなアイデアをもつことで新しい相互理解へと進ませてくれます。

図 1.14 Shall we dance? 馬とダンスするのは楽しいですが、これは人間が思うことです！

ユーモアの感覚

私は馬と一緒にいて楽しいです。よく微笑んだり、声をあげて笑ったりしますし、馬も私が上機嫌なのを喜んでくれるようです。ユーモアの感覚がある人なら、ホース・スピークを学ぶなかで時々面白い行動をするでしょう。馬のボディジェスチャーはほかの馬に多くを語ります。でも人間のボディランゲージはほとんどが意味をなさず、行き当たりばったりです。ですから馬のジェスチャーを真似るために自分もジェスチャーを使いはじめると、思わず笑ってしまうかもしれません。けれども自分のことを笑えると、馬にあなたの動きをすぐに理解してもらえなくても、イライラしなくなるでしょう。学ぶときにユーモアの感覚をもてると、リラックスしてオープンでいられるでしょう。そして、ゴールにこだわりすぎるのを防いでくれます。

馬と会話をするうえで、抜群のコーディネート能力が必要なわけではありません。馬は人間に対して大きな忍耐の心をもつようになりました。あなたはまだ、どう体を動かしたらいいか考えながら馬に返事をしている段階かもしれません。でも、とにかく練習を続けましょう。馬は私たちが馬の言語を学ぼうと努力すると、いつも面白がっているように見えます。それは私たちが最初のうち、どれほど下手であってもです。

馬にかかわる人は、どんなことにもとても真剣になるようです。なぜ私たちは馬に対して、そんなに気難しいのでしょう？

褒めること の実践

かつて私は、高度に調教された温血種の馬に乗っていました。馬場馬術の動きをするよう厳しくしつけられていた馬は、時々、まるで私に叱られるのを待つかのように体を固くすることがありました。私は彼を叱らずに、いくつかの動きを提案し、馬がその動きが2人にとって楽しいからやりたいと思うか、様子を見たのです。彼の動きが優雅に感じられると私は褒めました。でも、彼は人馬ともに楽しんでいたことを忘れて、また体を固くしたのです。そこで私は声に出して「好きなだけ体を固くしてもいいけど、私はあなたをぶたないよ。でも一緒に流れるように動いていた方が楽しくなかった？」と言いました。やがて彼は私のポジティブな態度に感化されて花開き、どんどん美しい動きを見せてくれるようになりました。

図 1.15　考えている馬は集中していると、耳を後ろに倒すかもしれません。これは試験中にしかめっ面をしている人に似ています

馬への愛情や喜びは私たちが内面で静かに経験するものだとしても、少なくとも、「一緒にいて楽しいよ」と馬に知らせてはいけないのでしょうか？ ユーモアを交えた馬との会話は、馬と友だちになる手段であるだけでなく、馬に愛情と温かさを差し出してもらえ、とても嬉しいものです。その愛情と温かさの深さは、あなたが一度も味わったことのないものであることを保証します。馬がする小さなことに注意を払いながら、緊張を和らげ、自分の先入観を少なくしましょう。あなたの“予定表”を手放し、声に出して馬と会話をしましょう。そして笑みを浮かべ、声をあげて笑えば、馬から愛情を差し出してもらえるでしょう。

「内なるゼロ」と「外なるゼロ」「なんて不思議なんだろう」と思うこと、それにユーモアの感覚は、あなたが人と馬、2つの世界のギャップの橋渡しをするうえで大いに役立つはずです。

良い質問をしましょう

馬との会話は、質問をすることからはじめましょう。同じ答えをする馬は、1頭としていないはずです。馬それぞれに明確な個性があって、必要とすることや好みに基づいて答えてくるからです。馬が伝えてくることに応じて、馬の答えを観察してどう答えるかはあなた次第で

す。ですがあなたの次の動きやジェスチャーは、ふさわしい答えでなければなりません。そして今度はあなたが馬の動きを見つめます。会話が完結するまで、これを繰り返します。ホース・スピークを知ったら、馬は絶えず質問を投げかけていて、答えを待っているのに気がつくでしょう。

馬はあなたの日常的な行動に慣れていますから、あなたのしていることに関心をもってもらうには、最初のうちは質問を何回か繰り返さないといけないかもしれません。まるであなたがその努力を続けるかどうか、馬に試されているように思えるでしょう。そのうえ、あなたがジェスチャーをするには数秒しかかからないのに、馬側の"答え"はすぐには目に見えないかもしれません。でも忘れないでください。皮膚の震え、体重移動や耳の動き、まなざし、これらすべてが質問への**答え**なのです。ですから馬は答えているのに、あなたの目の訓練がまだ足りなくて気づけないのかもしれないのです。馬の答え方がとても繊細で、読み取れないこともあるでしょう。観察することに時間をかけ、練習することで、あなたにも小さなジェスチャーが見えるようになります(p.11)。馬が別にたいしたことをしていないように見えるときでも、実際にはいかに多くのことを語っているかを知れば驚くでしょう。

時には、私たちが見たくないような答えが返ってくることもあります。例えば、馬が尻尾を振り、後肢で地面を踏みつけて「NO」と言ったとしましょう(p.122)。このようなときは、人馬ともに気持ち良くいられるような、別の方向に進む必要があるかもしれません。

馬からも質問を投げ返してきたら、馬の言葉で話しかける努力を馬が理解してくれたと確信できるでしょう。でも最初のうちは、見逃してしまうかもしれません。

間(ま)を入れる

間(ま)(p.7の少しのあいだ「内なるゼロ」と「外なるゼロ」の状態に身を置くこと)は、馬と交わす会話において非常に大切なパーツになります。馬との会話における重要なポイントは、私たちが質問やアイデアを投げかけているときではなく、馬が答えを示しているときでもなく、馬との会話で私が応答しているときですらないことを、私は発見しました。会話の重要なポイントとは、**行動と行動のあいだの間**であり、馬に考えるための間を与える、静かな時間なのです。例えば、馬が耳をピクピクさせたり、さっと動かして答えるとき、私は会話を一瞬やめ、馬の答えを見たことを知らせます。馬は答えを考えるために、長い間が必要かもしれません。馬が本当に考えているとき、そのスピードはかたつむりの歩みぐらいのこともあるのです。

たとえ馬の動きやジェスチャーの意味が理解できなくても、すべての合図をやめて、「外なるゼロ」に行きましょう。間を入れて、自分自身に(そして馬にも)考える時間を与え、どう反応するか、あるいは次に何を尋ねるかを決めましょう。馬もあなたへの本当に良い答えをみつけるために時間をかけているのかもしれません。

私たちと同じように、考えるのに必要な時間は馬によって異なります。時には馬が私たちを会話から締め出すように感じられるでしょう。でもそれは無視しているのではなく、あれこれ

積極的な参加の実践

最近行ったあるホースクリニックで1頭のムスタング(半野生馬)がいて、彼は私のホース・スピークの技術に気がついて、喜んでいるようでした。そのとき馬場にはもう1頭の馬がいたので、私は参加者全員にこの2頭に簡単な会話を試してみるという課題を出しました。参加者の1人が会話の一部を思い出せないと、ムスタングは想定されるジェスチャーをやってみせて、参加者にきっかけを与えました。またもう1頭の馬が人間の示す会話を理解できていないように思えたときは、ムスタングがその馬にヒントを与えていました。それは馬が自らの意図で人間をホース・スピークにかかわらせようとした、最高の例でした。

考えているからかもしれません。思慮深い馬は待つ価値があります。ついに馬が答えを出したとき、その答えは明快でドラマチックなものだからです。ホース・スピークは馬が会話のなかで変化したり、混乱を手放したりするなど、馬の内側でどれだけのことが起きているかをみせてくれます。

私にとって自分の「間のボタン」を押すことは、自動的になってきています。でも会話を教えるレッスンで、いつ合図を出すのを**やめる**べきか指導したり、いつ**間を取る**べきかを生徒に尋ねてきた経験から、これがとても学びにくい課題であることもわかっています(**図1.16**)。

間違った答えはない

あなたの合図や質問に、馬がある決まったやり方で答えてくると思うことがあるかもしれませんね。「でも、聞いてびっくりですよ!」、馬があなたに向かってちょっと尻尾を振ったのが、答えだったかもしれないのです。でもホース・スピークを理解できると、馬がすることすべてが、あなたへの答えかもしれないことがわかるようになります。本当に馬との会話をしているとき、あなたは人間同士の会話と同じように馬から決まった答えを予想しなくなるでしょう。

本物の会話には、間違った答えというものはありません。私は質問やアイデアを投げかけて、どう思うかを馬に尋ねます。私は訓練によって定義された答えでなく、馬自身が答えを出

図1.16 馬に考える時間を与えるためにいつ間を入れるかを学ぶことは、会話の技術にはきわめて重要です

にぴったりです。

このタイプの息は、「私はこれを手放します」というメッセージです。馬がこの息とジェスチャーで緊張を解きほぐすのを見せてくれるとき、私はとても嬉しい気持ちになります(**図 1.18**)。

確認の息

短く、強い鼻息は恐れにつながっています。馬は周囲の心配の種になる何かに向かって鼻息を吐きます。私はこれを「確認の息」と呼んでいます。この息をミラーリングすることで、馬を落ち着かせることができます。まず頭を高くし、馬が見ている方向に目をやり、それからバースデーケーキのたくさんのキャンドルを吹き消すように息を吐いてください。私はパニックになりかけた馬にこの「確認の息」を使って、とても成功した経験があります。コツは習慣になるまで継続して行うことです。ホース・スピークのほかの形と同様、「私にもお化けが見えるよ」もいつのまにか馬に言えるようになっていることに、気づくでしょう(**図 1.19**)。

トランペット鳴き

この高音の声は、例えばいつも馬場で一緒にいる仲間から離されたときや、未知の物体が恐怖を引き起こし、その原因がずっとなくならないときに、まれに聞かれます(確認の息が鼻息による短い警告に終わるのに対し、こちらは馬が感じる脅威がなくなるまで長時間続きます)。これは象の声に少し似ています。かつて私は馬の「トランペット鳴き」を聞いたことがあります。このときは石壁の反対側にいたコヨーテが、しばらく動こうとしなかったためでした。

図 1.18 馬は何種類もの息を通して、感情を解き放ちます。時には、頭や体を振ることと息とが組み合わさっていることもあります

図 1.19　何かに注意を引かれて、Lunaが「確認の息」を使っています(A)。すぐあとに、彼女は「すべて順調」というメッセージを送ります(B)

意図的な息

リラックスして深い息をしている馬はお腹が膨らむので、妊娠しているように見えます。その一方、正常な息をしていない馬もお腹を強張らせるので、“ぱんと張った”ように見えます。人間と同じように、馬も心配しているときは呼吸を最小限にします。心配している馬の周囲で大きな呼吸をすると、**どんな**馬でも大いにリラックスさせることができます。私は時々、馬の脇腹に自分の頭をもたせかけ、馬が私と一緒になって「大きなため息」をつくまで大きな呼吸を続けます。「意図的な息」は馬との会話の鍵となる要素です。

パーソナルスペース：円と弧

馬が群れで安全に速いスピードで動くためには、群れの全員と「パーソナルスペース」について交渉しなければなりません。この交渉には、捕食動物から逃げなければならないときに、誰がリーダーになり、誰が誰に従うかを決めることも含まれます。

馬の周りの「パーソナルスペース」は私たち人間のものと同様に、円形をしています(**図 1.20**)。実際、馬が落ち着いていて考える時間があるときは、本能的に、予測できる

図 1.20　馬は「パーソナルスペース」をとても意識しています。私たちは馬に私たちの「パーソナルスペース」を尊重することを期待するように、馬の「パーソナルスペース」にも注意を払う必要があります

円または弧(円の一部)に沿って動きます。一方、おびえたりパニックになっていたら、真っすぐに走ります。通常、円や弧の大きさは変化します。馬が頭を動かし、同時に肢も動かしてあなたにスペースを譲るとき、馬は実際には自分の円や弧に沿って場所を譲っています。放牧地で馬が水桶に向かって真っすぐ歩いているように見えるときでも、注意深く見ていると、馬が前肢を微妙に右か左のどちらかに移動させているのに気づくでしょう。また群れで動いている馬たちを見たら、お互いの周りを「パーソナルスペース」の丸い境界線をなぞって、弧を描いて歩いているのがわかります(**図 1.21**)。

図 1.21 馬は「パーソナルスペース」に沿った円や弧の上を歩きます

馬は明確に、お互いの「パーソナルスペース」の縁に沿って動きます(**図 1.22**)。群れで動くときにほかの馬につまずかないよう、群れのなかでスペースに関して明確な認識が培われているのです。この本でこれから説明していきますが、馬の言語の多くは「パーソナルスペース」に関するものです。

コンタクトとパーソナルスペース

馬は群れのなかで安全を維持するよう生まれつき動機付けられているため、コンタクト**より**も「パーソナルスペース」を重視します(**図 1.23**)。一方、人間は「パーソナルスペース」より

円と弧 の実践

ある日、キッチンの窓から外を見た私は、放牧地で不思議なことが起きているのに気がつきました。高齢の騸馬(せんば)がいつも一緒にいる牝馬を追い払っていて、様子もどこかおかしかったのです。牝馬が近寄るたびに彼は顔をしかめ、彼女を追いやります。彼女は彼の周りを速歩で1周すると、また様子を見に戻ります。これが5、6回繰り返されるのを私は見ていました。それはまるで、騸馬が牝馬を調馬索で回しているようでした！ そして騸馬が前肢で地面を叩いたとき、それが痛みの印であり(おそらく疝痛でしょう)、彼にはすぐに私の助けが必要なことが明らかでした。彼女の円形のダンスは私の注意を引き、確実に私が早い時点で馬の不調に気づき、症状の悪化を防ぐようにしたのでした。

通常、馬はお互いの周りで半円(もしくは弧)を描いて動きますが、私はもう一度だけ、馬が完全な円を描いて動くのを見たことがあります。あるホースクリニックで、私は2頭の馬を何の馬具もつけずに丸馬場に入れ、そのうちの1頭を「送り出し」のメッセージ(p.30)を使って、「送り出し」ていました。その馬は、もう1頭の馬の後ろを通りながら私から遠ざかり、毎回、完全な円を描いて私のところに戻ってきました。それは私たちにはとてもユーモラスな光景でした。その馬が、まるでもう1頭の馬が樽であるかのように、彼の周りを回っていたからです。

図 1.22　Luna(左)が Jag(右)を見ています(A)。Jag が Luna に視線を返すと、2 頭はお互いに向かって弧を描きはじめます(B)

もコンタクトに重点をおきます。なぜなら私たちには手があり、**触る**欲求があるからです。馬に触りたいという気持ちは、時にトラブルを招きます。実際、馬に触って愛情を表現すると、馬とぎこちない感じになったり、馬に誤った情報を伝える原因になるのです。そのため、馬が「パーソナルスペース」を尊重されていると、感じられるようにする必要があります。馬の顔の表情による私たちとのコミュニケーションの多くは、馬の「パーソナルスペース」が侵されていると感じていることについてです(馬の表情については、STEP2、p.38 参照)。それなのに、私たちはしばしば馬の「パーソナルスペース」に入り込み、許可も得ず無口をかけ、いきなり鼻面にキスをします。もちろん、私たちが無口をかけたり、馬に愛撫やハグをしたり、触れ合ったりすべきでないといっているのではありません。ただ思いやりをもって接するために、私たちはもっと賢く振る舞うことを考えるべきでしょう。私たちが馬の「パーソナルスペース」に侵入したのを知るには、馬の耳よりも、目と唇をよく観察することです。人間に飼われている馬には、人間に「パーソナルスペース」から出ていくよう要求しても意味がないと感じている馬もいます。過去にそう要求して、罰せられたことがあるのかもしれません。人に飼われ、「パーソナルスペース」を侵されることに慣れてしまった馬は、ただまなざしをきつくし、唇を固くすることで、「これは好きではない」と言います。このような馬は繋ぎ場で手入れや馬装をされているあいだじっとしていますが、その表情は私たちが医師に注射をされるときと同じでしょう。

馬は表情を変化させて、「パーソナルスペース」を伝え合っています。群れに 2 頭しか馬がいないときでさえ、草を食べるスペースや干し草の山をシェアしながら、顔を使ったジェスチャーで「近くにいてもかまわないよ」とか「ちょっと！ 今はそばに来ないで」といったことを伝え合っているのです。馬は食べるのをやめたくありませんから、まずはお互いを見ることで、「パーソナルスペース」の交渉を試みます(**図 1.24**)。

馬は常に質問しあい、答えを受け取り合っています。ある馬がほかの馬に近づくとき、実際に体が触れあう前に 2 頭の「パーソナルスペース」が接触します。**スペースをシェアする**とは、**「パーソナルスペース」が重なっている**ことです。ホース・スピークを論じるうえで「パーソナルスペース」がすべてではありませんが、馬同士の交流で私たちが最も目にしやすく、わかりやすい題材です。

「パーソナルスペース」に関するもので、馬の行動からみつけやすい 2 つの会話が、「接近と

後退」と、「あっちへ行ってと戻ってきて」です。一見、同じことのように思えますが、前者は馬(もしくはあなた)がほかの馬の「パーソナルスペース」に入るやり方で、後者は馬が「パーソナルスペース」を要請したり、あなたを近くに招き寄せるやり方です。

図 1.23　Rocky(右)が Jag(左)に、前に進むようにと優しく伝えています。Jag は弧を描きながら横に動いて、「パーソナルスペース」を維持するように反応します

接近と後退

馬はお互いにとても具体的なコミュニケーションを行うので、人間のあいまいな表現を好みません。「接近と後退」により、ほかの馬や人の「パーソナルスペース」に入る許可を求めることで、相手のことを多く学ぶことができます。ホース・スピークの会話のひな型を使うと、馬の「パーソナルスペース」を感じ取ろうとしているのを馬に伝えられます。馬にはまず、あなたの(体の)「外なるゼロ」がどのように**見え**、あなたの(感情の)「内なるゼロ」がどのように**感じられる**かを知る機会が必要です。あなたが馬の「パーソナルスペース」からプレッシャーを取り去るためのシグナルを探していることを、いったん馬が理解したら、あなたをもっと信頼するでしょう。

「接近と後退」が基本であることを理解し、あなたの行動にしっかり根づいたら、馬同士でしているように、さまざまな交流にこれを使っていくことができるでしょう。「接近」は会話のなかの１つの表現ではありますが、単に馬に**向かって動く**ことだけを意味しません。「接近」はいかなる種類であれ、**要求する**ことを指します。「後退」は相手の馬が「接近」に対して返

図 1.24　Rocky(左)は Vati(右)に、干し草から頭を遠ざけるように頼んでいます

事をしたあとの、尋ねた側からの**返答**です。「後退」は行動、強度、あるいは要求を手放すことであり、「ゼロ」に戻ることです。捕食者である人間にとって「接近」は簡単ですが、会話のなかで「ゼロへの後退」と「接近」をうまく使うためには、より多くの努力が必要になります。そのために、「間」を取り入れることが重要になります(**図1.25**、p.21も参照)。

馬は気を配りながらほかの馬に「接近」します。単にお互いを見て、相手に向かって息をしたり、寄りかかったりするのです。挨拶に鼻を差し出すのも1種の「接近」です。「後退」では相手の「パーソナルスペース」から完全に引き下がることもあります。時には、「接近」するあいだに一瞬だけ動きを止めるという、とてもかすかな表現をすることもあります。「後退」は、相手の「パーソナルスペース」に対する配慮のあらわれです。

あっちへ行ってと戻ってきて

馬は会話で、「あっちへ行って(送り出し)」と「戻ってきて(招き寄せ)」というメッセージで、「パーソナルスペース」の交渉をします。馬がほかの馬を遠ざけるやり方は私たち人間にもおなじみのものです。「送り出し」の言葉の例は、耳を寝かす、顔をしかめる、頭(うなじ)を高くする、相手の顔や頚、脇腹、「腰のドライブボタン」(p.36)に顔を向ける、肢を地面に打ちつける、蹴る、そして噛みつく(**図1.26**)などです。「招き寄せ」のメッセージはもっと目立たないもので、リラックスした耳、柔和なまなざし、頭を下げる、またはうなずく、おだやかな息(p.23)によるコミュニケーションなどです。馬はこうした動作により、柔和で相手を受け入れる姿勢になります。

図1.25 「近づいてもいい?」と尋ねた私を見ようとしないVatiは、「NO」と言っています(A)。「じゃ、下がるね」と私が言うと、Vatiは私の方を見て、「ありがとう」と応じています(B)

友情のジェスチャー

馬は表情でほかの馬を「招き寄せ」ます。仲間がほしい馬は、歓迎する馬に対して、単に見つめたり、頭を低くします。また頭をかすかに上下させたり、柔らかな息のメッセージ(p.23)を使ったりもするでしょう。馬に近づくとき、私が「Aw-Shucks」(監注:安心、安全、快適を意味し、馬が頚を下げ草を食べるときのような状態を指します)と呼ぶ表情の馬を観察してください。馬は鼻面を地面につけ、あなたが馬にかけているプレッシャーを取り除くよう頼みます。このとき、馬の鼻の穴が動いているかもしれません。もう一度繰り返します。馬が無口やハミをつけていようと、または何もつけていない状態でも、馬が何も食べずに鼻

図 1.26 Dakota は平らに寝かせた耳、きついまなざし、固い鼻面で、「送り出し」のメッセージを出しています(A)。Rocky(左)は Vati(右)を遠ざけようとしています(B)

面を地面につけているときはいつも、「Aw-Shucks」を意味します(**図 1.28**)。馬に近づくのを一瞬やめ、数秒間、あなたも馬と同じようにやってみましょう。すり足になり、下を見ます(馬はあなたが常にこのミラーリングをするのを見たら、とても興味をもち、やがて馬の方からこの会話を何度でもはじめるようになるでしょう)。馬が柔和なまなざしであなたを見るか、注意してください。唇がリラックスしているか、モグモグと動いたら、「とてもいい１日を過ごしてるから、一緒にどうぞ！」と言っているのです。馬の鼻の穴があなたを「息で引き入れよう」としていないか、見てください(**図 1.29**)。

もう１つの友情と歓迎のジェスチャーは、私が「スペースを譲る」と名付けたものです。それは、あなたがソファに腰かけようとしたら、すでに座っている人が動いてスペースをつくってくれるときの感じに似ています。近づいてくるあなたに対して、馬が肢や体のほかの部分は

図 1.27 Zeke の顔は熱心に「招き寄せ」ています。自分の方に来てほしいのです(A)。Dakota の表情は柔らかく、「招き寄せ」ています。「近くに来て」と私を招いています(B)

そのままに、頭と頚だけ優雅に曲げていませんか(**図 1.30**)。そして特別に何を見ているわけでもないけれど、肩のあたりに“スペースをつくって”いないか見てください。私たちはこの歓迎をあらわす至高のジェスチャーを、馬が興味がなくて顔をそむけたとか、私たちを何かの理由で拒んだと受け取り、しばしば誤解してしまいます。

ホース・スピークの 13 ボタン

ホース・スピークのステップがわかりやすくなるように、馬の言語を馬の体中に散らばる 13 の「ボタン」にまとめました(**図 1.31**)。13 ボタンはホース・スピークの ABC と考えてください。このうちの少なくとも 2、3 個は、あなたが馬に関する知識やスキルを身につけてきたな

図 1.28 「安心で、安全で、快適だから、きみのそばにいたいんだ」

図 1.29 柔和な「招き寄せ」の表情の Rocky は、唇をモグモグさせて「とてもすてきな１日なので、あなたとシェアしたい」と言っています

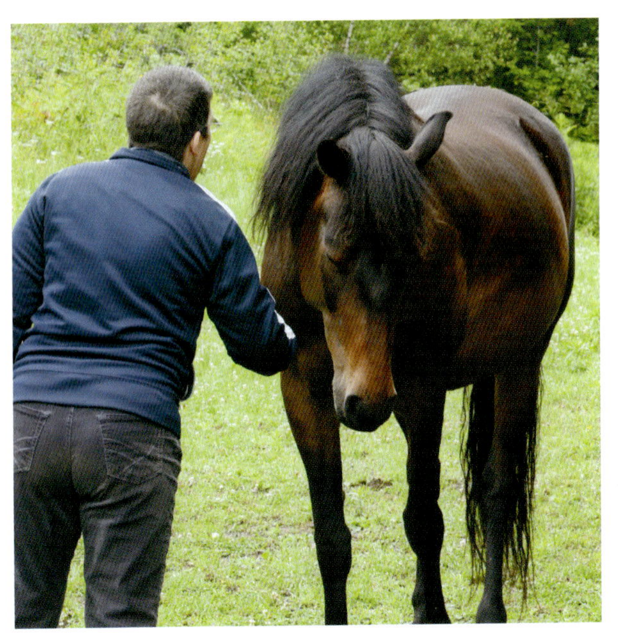

図 1.30 頭を横に動かして「パーソナルスペース」を譲るのは、友好的で相手への敬意を示すジェスチャーです

かで、“合図のゾーン”として学んだものであることに気づくでしょう。でもそれを馬への合図に使うことだけにこだわらないでください。合図のゾーンが機能する隠れた理由は、母馬が生まれたばかりの子馬に、自分やほかの馬とのコミュニケーション法を教えはじめた瞬間から、これらのボタンが馬の“プログラム”に埋め込まれているからなのです。

馬同士で“話す”ときに使うボタンは実際には 13 個以上あります。私がこれから教えるホース・スピークで使うボタンは、最もシンプルな要素に分けた 13 個になります。それらはわかりやすく、コミュニケーションに使いやすいものばかりです。馬は必ずしも 1 番のボタンから 13 番のボタンへ順に使っていくわけではないので、この本での説明も番号順ではありません。現実には、馬は自分が送りたいメッセージを伝えるのに必要なボタンを使います。さらに、馬はそれぞれのボタンを「招き寄せ」と「送り出し」の両方の意味で使ったり、“返事”の一部に動きを必要としない、シンプルでニュートラルなメッセージを送るためにも使うことも覚えておいてください。

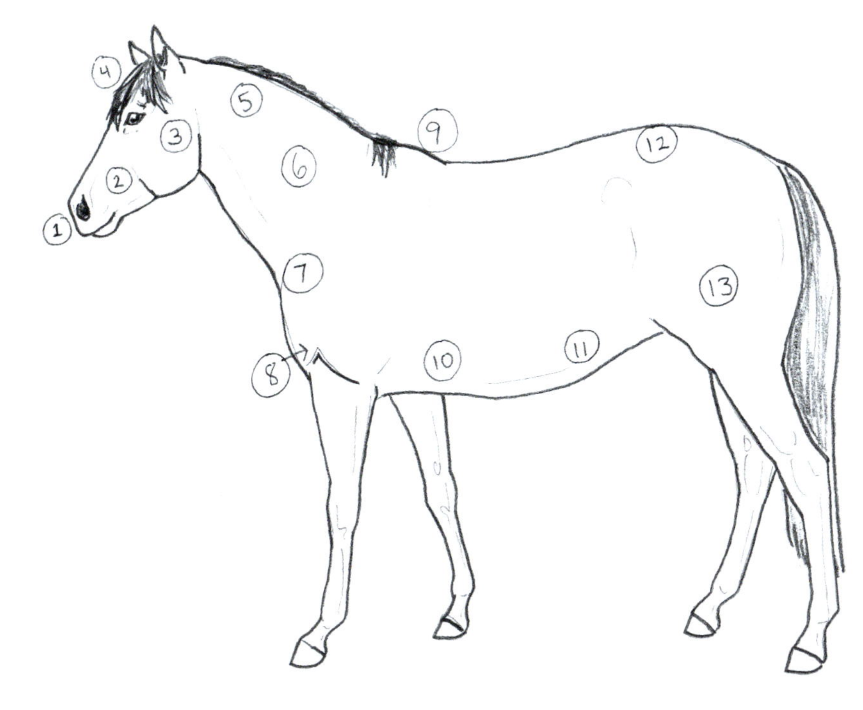

図 1.31 ホース・スピークの 13 ボタン

1　挨拶のボタン（図1.31 ①、p.48）

鼻面の正面にあり、馬同士の「挨拶」に使われます（**図1.32A**）。人間の握手に似たもので、この「ボタン」を経由して行われる「挨拶」で多くの情報が交換されます。このボタンはご機嫌伺いや、友好的なジェスチャーとしても使われます。

2　遊びのボタン（図1.31 ②、p.53）

馬の顔の側面で、ハミのリングが留まる位置のすぐ後ろで少し高いところにあり、これを押すと「あなたと遊びたい」というメッセージになります（**図1.32B**）。私たちはよく馬に向かって、「そんなにこっちにこないで」というつもりでここを押しますが、実際には、「私のスペースに侵入していいよ」というメッセージを出していることになります。

3　顔のちょっとどいてボタン（図1.31 ③、p.53）

このボタンは、馬の大きくて丸い頬の後方、目と耳の下にあります（**図1.32C**）。これは馬が標準的な革やナイロンの無口をつけているとわかりやすいでしょう。無口のバックルのすぐ下の、金属のリングの位置と一致することが多いからです。このボタンは、馬同士で頭の周りのスペースを手に入れるために使われます。（ホース・スピークのほかの提案をしないで）このボタンだけを使うと、「私の顔の周りに少しスペースをちょうだい」という意味になります。人の「パーソナルスペース」を侵すのが当たり前になっている馬に、ちょっとどいてほしいと要求し続けているのを理解させるには、このボタンを何度も押す必要があるかもしれません。

4　友好的なボタン（図1.31 ④、p.115）

馬の前髪の真下で長い髪が一点に集まるところに、「友好的なボタン」があります。このボタンをさすってもらうのが好きな馬ならすぐわかりますが、虐待されていたりおびえている馬は、このボタンを守ろうとすることが多いです。私がこれまでリハビリをした心の傷を負った馬たちの多くも、このボタンを“守ろう”としました。馬は本当に絆ができると、お互いのこのボタンに鼻を押しつけますし、あなたと絆を結んだ馬は体の正面に頭をすりつけてくるでしょう（**図1.32D**）。馬は自分の「友好的なボタン」を使って、あなたとつながりをつくろうとしているのです。お返しにこのスポットを軽くさすってあげるのは、あなた自身も馬と親密な友情をもちたいと思っていることを伝える最適な手段です。ただしこのやりとりの最中に、馬にあなたを押し倒すのを許す必要はありませんよ！

5　ついてきてボタン（図1.31 ⑤、p.114）

このボタンは頚の上部、うなじから10 cmほど下がったころにあります（**図1.32E**）。母馬は子馬のこのスポットをそっと押して、自分の後ろをついてくる時間であることを子馬に伝えます。このスポットに手を押しつけ、それから手を完全に離して（注意深くおだやかに）歩きはじめると、あなたは馬についてくるよう伝えていることになります。

6 頚の中央のボタン(図1.31 ⑥、p.59)

「頚の中央のボタン」は、馬同士で序列を示すために使われます(図1.32F)。それは「私のパーソナルスペースから、あなたの顔、頚、それに前肢を**完全に**どかして」というメッセージを発します。

7 肩のボタン(図1.31 ⑦、p.143)

「肩のボタン」も序列を示すのに使われますが、馬が「肩のボタン」に注目するときは、「頚の中央のボタン」よりも要求度が低く、それほど堅苦しくもありません(図1.32G)。「ちょっと。少しそっちに寄ってくれないかな？」と言っているのです。また、2頭の馬が一緒に「どこかに行く」モード(p.53)になっているときに、列をそろえるためにも使われます。このときは、「ぼくと一緒にいて。一緒に行動しようよ」というメッセージになります。

8 後ろに下がってのボタン(図1.31 ⑧、p.62)

このボタンは、ほかの馬の前にあるスペースを主張したいときに使います(図1.32H)。ここを押すと、「今いるところから後ろに下がりなさい」と馬に伝えることになります。このボタンは肩のとがったところにあります。

9 グルーミングのボタン(図1.31 ⑨、p.51)

誰でも、馬がお互いのキ甲をグルーミングしているのを見たことがあるでしょう。キ甲にあるこの「グルーミングのボタン」は、まさにお互いへのつながりと愛情をあらわすボタンです(図1.32I)。

10 腹帯のボタン(図1.31 ⑩、p.117)

馬は**前から後ろへ**、そして**横方向へ**スペースを要求することができます。「腹帯のボタン」は片側により多くのスペースを要求する一方、相手にもっと速く動くことも要求できます(図1.32J)。例えば、ある馬がほかの馬を「送り出し」ていて、もっとプレッシャーを高めたいとき、馬はこのボタンにさっと視線を送り、「あっちへ行け、もっと速く！」と言うことができます。その一方、このボタンは子馬が鼻を当てる目印でもあります。子馬の鼻がこの「腹帯のボタン」についているとき、子馬は4つの蹄で守られながら“ママ”の体の中心部分にいるので、たやすく動かすことができます。このため「腹帯のボタン」は、つながりのゾーンとしても使われるのです。

11 ジャンプアップのボタン(図1.31 ⑪、p.118)

「腹帯のボタン」から15 cmほど後ろに、「ジャンプアップのボタン」があります(図1.32K)。ここは捕食動物に襲われやすく守りにくい部位なので、馬はここを守ろうとします。このボタンに視線を送ると、馬に、「跳び上がりなさい」「蹴り出しなさい」または、「横に走りなさい」と伝えることになります。逆に牡馬は牝馬に求愛する際、時間をかけてこのボタンに働きかけ、「お願いだから、跳び上がらないで」と説得します。

12　腰のドライブボタン(図 1.31 ⑫、p.123)

これは、相手に「送り出し」のメッセージを送るためだけに使われるボタンの１つで、馬の腰の一番高いところ、腰角にあります(図 1.32L)。馬にはリーダーシップを示す２つのやり方があり、「ついてきなさい」と命じるか、「私があなたを追うあいだ、私の前で動きなさい」と命じます。ほかの馬を前に走らせるということは、究極的にはリーダーシップを示したあなたが「後衛」となって、後ろから迫る捕食動物に対処する、という意思を相手の馬に伝えているのです。

13　横に譲ってボタン(図 1.31 ⑬、p.126)

このボタンは馬の膝関節の上のくぼみにあります(図 1.32M)。このボタンはほかの馬に、後

図 1.32

肢を譲って動かし、そこからどくよう命じます。すれ違う馬たちがこのボタンに注目すると、蹴り合いを防ぎ、平和が保てます。基本的には「あなたが蹴らなければ、僕も蹴らないよ」と伝えているからです。またこのボタンによって、若い子馬の注意を母馬に向けさせ、母馬の方に体を向かせることができます。大人の馬がこの使い方をすると、「どこかにあるものを心配するのでなく、集中して、リーダーを敬え」というメッセージをお互いに送ることになります。この意味から、このボタンを優しくマッサージすると、馬を落ち着かせることができます。

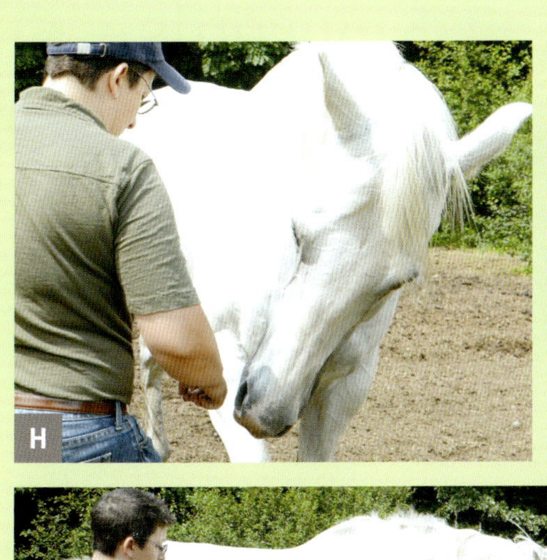

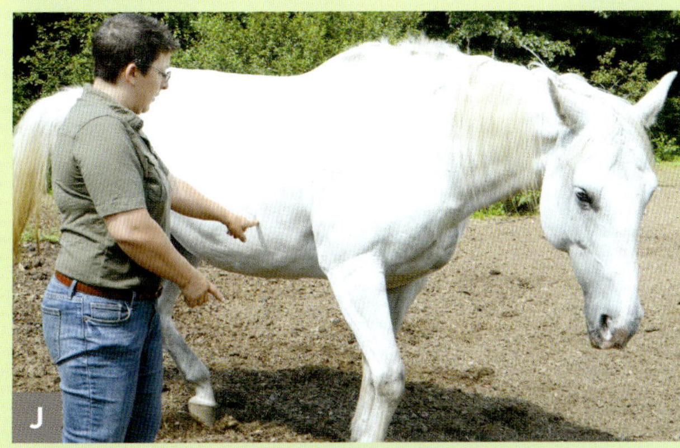

このSTEPでは、いくつかの特定の表情を理解していきましょう。厩舎や馬場であなたが日々馬と交わる際のホース・スピークの使い方を、これから学んでいきます。

どの馬も顔で多くのことを伝えるので、私は顔を注意深く見つめます。人間はお互いの顔を見つめる傾向があります。それは馬も同じなのですが、私たちは馬が表情で多くのことを伝えようとしていることに、なかなか気づきません。私たちが目にする表情は、考えや感情、意見といった馬の内側の景色をあらわしています。あなたが1頭の馬の顔のさまざまな側面を探索していくにつれて、その馬の内なる世界につながる地図を見出していくでしょう。

Keywords

頭の高さ(p.38)
鼻面／鼻口(p.39)
あご先(p.41)
鼻の穴(p.41)
あご(p.41)
目(p.42)
耳(p.43)

馬の頭の高さ、鼻面／鼻口、あご先、鼻の穴、あご、目、耳、そのどれもに意味(物語)があります。馬がほかの馬やあなたとコミュニケーションを取るために、どのように顔のあらゆるパーツを組み合わせているかを理解すると、物語はよりいっそう深みを増し、魅惑的になるでしょう。このSTEPでは、馬の顔の各部分のジェスチャーとニュアンスを分けて、それぞれが何を意味するか説明していきます。複数の表情やジェスチャーが組み合わさり、1つのメッセージになっている場合もあります。やがてあなたも、明確な意思表示が行えるようになり、どのように馬の表情やジェスチャーが組み合わされているか理解できるようになるでしょう。

馬が何を感じ、考え、あるいは伝えようとしていようと、それが顔にあらわれるのはほんの一瞬だけかもしれません。馬はなるべく早く**ニュートラルな**表情や**平和な**表情に戻ろうとするからです。馬の表情には瞬時に消えてしまうものもあるため、私がそれらの意味を理解して文章にするのに、何年もかかりました。

頭の高さ

馬に近づくとき、私が最初に気がつくのは馬の頭の高さです。頭を高くしていたら、馬は警

戒しています。緊張または単に好奇心のせいかもしれませんが、いずれにしてもアドレナリンが多く出ているような状況です。頭を低くしているのは“すべてが順調”を意味し、アドレナリンの放出も多くないでしょう。最も良いのは、馬がとても快適に感じて、頭を低いところに保っている状態です(図 2.1)。

鼻面／鼻口

鼻面／鼻口(監注：鼻口は、鼻、口、唇とその周辺全体を示したものです。この本だけで用いる名称です)は大きな親愛の情をあらわすことができます。馬は(馬または人間の)友だちを、ゆるめた唇とリラックスした鼻面で「グルーミング」します。それから、歯を立てて行うもっとハードな「グルーミング」に移ってもいいか、唇で相手の馬に尋ねます(図 2.2)。かつて私はとても心優しい馬に会ったことがあります。彼は馬房の外で自分に背を向けて立つすべての人間にマッサージをしてあげていたのです。つまり、もしも馬が唇をゆるめ、鼻面をリラックスさせていたら、馬はあなたを友だちとみなしているということです。

リッキングとチューイング

馬の表情によるコミュニケーション方法には、馬がその表情を長く保つので、簡単に気づきやすいものがあります。その1例が、(馬がものを食べていないときに)舌をペロペロさせ、口をクチャクチャ動かす「リッキングとチューイング」です。この動きは、馬があなたへの同意をあらわしているだけではないと私は思っています。私の経験では、これは馬が物事をよく考えていることを意味します。あなたが言おうとしていることを、馬は理解しようとしているのです。ガムを噛むふりをすれば「リッキングとチューイング」のミラーリングになり、あなたは「わかったかな？」と聞き、馬は「うん、私もそう理解しているよ」(図 2.3)と答える、といった“会話”が生ま

図 2.1　頭を中程度の高さに保ち、快活な表情を浮かべる Zeke。熱意から鼻面を前に出しています

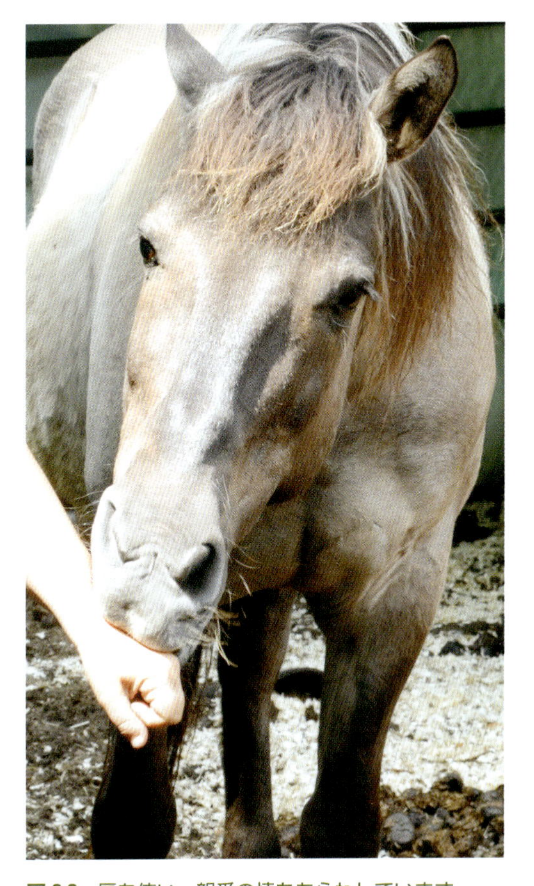

図 2.2　唇を使い、親愛の情をあらわしています

れます。

噛みつく

馬は明確に「あっちへ行って」と伝える噛み方をすることで、自分の「パーソナルスペース」を守ることができます。けれども本気で噛みつくのは、最後の手段です。馬はたくさんのより害のない方法で、「あっちへ行って」と、意思を伝えます。例えば、耳を後ろに寝かせ、尻尾を振り、体をある特定の角度に向けたりします。噛むことがいよいよ現実味を帯びてくると、馬は唇をこわばらせ、歯をむきだし、目を細め、鼻の穴をとがらせ、耳を後ろに寝かせます。相手に歯を食い込ませる前に、金切り声を上げるかもしれません。

馬が人を噛むときのメッセージは、馬がほかの馬を噛むときと同じです。馬は「パーソナルスペース」から出ていくように「あっちへ行って」と伝え、自分のことは放っておいてほしいのです。これまでの自分のより繊細なリクエストに、人間が耳を傾けなかったと思っているのかもしれません。

馬に噛まれるのは痛いし、危険です。もしも人間が馬のボディランゲージをもっとよく観察して理解すれば、本気で馬に噛まれるリスクは大いに減ることでしょう。

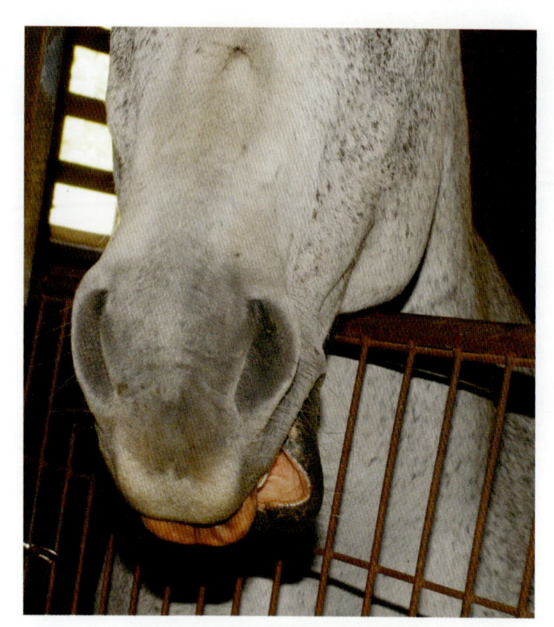

図 2.3 リッキングとチューイングのジェスチャーは、馬が物事を考え直していることをあらわします

図 2.4 こわばった唇、集中している耳、高く上げたうなじから、Dakota が非常に集中しているのがわかります

こわばった唇

こわばった唇は「これは好きじゃない」と言っています。その瞬間に起きていることに興味をもち、少し時間をかけて観察すれば、あなたは馬とより良い会話を交わせます。いつ唇がこわばるかこわばらないかを知るのは重要ではありません。固く結んだ唇は、ためらいや緊張を意味します。同時に、これはとても集中している馬にも見られる現象です。テスト中に意識を集中している人間と同じように、馬も唇を固く結ぶのです(**図 2.4**)。

めくれあがった唇

めくれあがった上唇もわかりやすいジェスチャーで、フレーメンと呼びます。馬はコーヒーやたばこのような強い匂いに反応して、フレーメンをすることがあります。また牡馬は牝馬との交尾前に、相手の匂いを鼻の奥まで吸い込むために唇をめくりあげます。同じ動作で

図 2.5　唇をめくりあげる動作は、フレーメンとして知られ、喜びや苦痛のあらわれです

図 2.6　きついまなざし、寝かせた耳、高く上げた頭、それに緊張した鼻の穴。これらは不機嫌さと攻撃性のシグナルです

あっても、時には痛みをあらわしていることもあります(図 2.5)。上唇の歯肉をマッサージすると刺激を受けてエンドルフィンが分泌されるので、痛みがあるときに馬が唇をめくりあげるのは痛みを和らげようとしているのかもしれません。

あご先

緊張や恐怖感が非常に強い場合、馬は唇をこわばらせるだけでなく、あご先をぐっと引くように力が入ります。反対に、リラックスした下あごは明確な自信のあらわれです。

鼻の穴

馬がさまざまな「息によるメッセージ」を使うのに合わせて、鼻の穴の形や大きさは変化します(p.23〜26)。一般的に、鼻の穴がリラックスしていれば馬は落ち着いています。しかし、鼻の穴が固い、小さい、こわばっている、または(何か悪臭をかいだかのように)すぼめられているといったときは、馬が否定的な感情をもっていることを示しています(図 2.6)。時には、馬の周囲のものを動かして馬との距離を変えてみて、鼻の穴がリラックスするか見てみましょう。鼻の穴を優しく叩いてやったり、鼻の穴の端をそっと引いてやることでも、鼻の穴のこわばりを和らげられます。

あご

馬のあごの関節は目の真下にあり、その丸い形はすぐにみつけられます。人間と同じように、馬も歯を食いしばることがありますが、それは緊張したり身構えているときや、息を止めているときもあります。「あくび」は「息によるメッセージ」の１種であり、緊張をほぐすものです(p.24)。馬にとって、あくびはあごの緊張を解きほぐし、リラックスさせる手段なのです(**図 2.7**)。

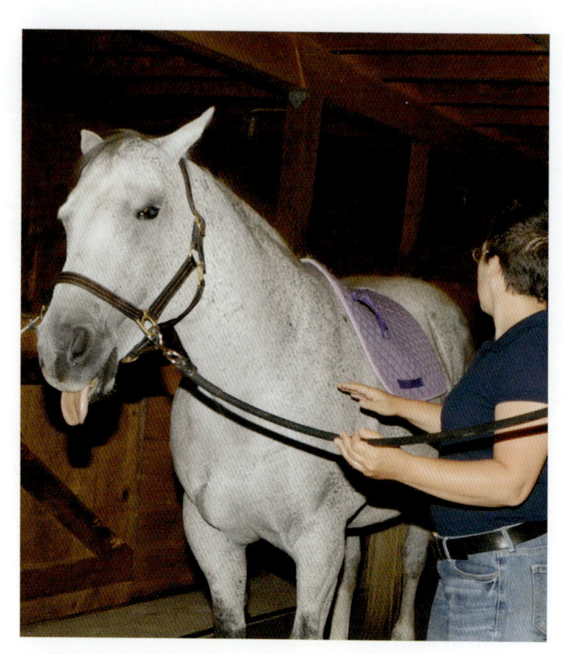

図 2.7 「あくび」は緊張を解きほぐしています

目

馬の目は感情を繊細に伝えます。馬の目から読み取れる例をいくつか挙げます。

図 2.8 低くした頭、活気のある耳、モグモグ動く口、開いた鼻の穴、そして前に突き出た唇などは、馬が近寄る許可を求めている印です

- 落ち着いている馬は“柔らかな目”をしています。目の周りの筋肉がリラックスしているからです。見慣れない犬や猫が厩舎に来たときの反応を見てください。馬の好奇心は(柔らかい口、前を向く耳、広がった鼻の穴のように)顔全体にあらわれますが、目はリラックスしています(**図 2.8**)。
- 目の下のしわや膨らみは、馬が身体的または感情的な苦痛を味わっていることを示します。上まぶたにしわが寄っていたり、まぶたが盛り上がっているように見えたら、馬は極度のストレスを受けています。
- 目を大きく見開き、白目を見せていたら、馬はパニック状態にあります。
- 目の周りの緊張は、「これ、ぼくは好きじゃない」を意味します。獣医師や装蹄師が到着したときによく見られます。
- 馬が隣にいる馬に、“きついまなざし”を向けたら、それは「そこをどいて」のメッセージです。人間は冗談で、昔のガンマンのように人を“にらんで”すごんでみせたりします。それと同じく、馬も単に“まなざしによるプレッシャー”だけでほかの馬を動かし、「パーソナルスペース」を得ることができます。まなざしで足りなかったら、馬は耳を動かしたり、うなじを高く上げるでしょう。どれほどわずかであってもうなじを高くする馬は、会話を次のより深刻な段階にもっていくことも辞さないでしょう。
- 私が「レーザービーム視線」と呼ぶものを使って、馬同士が向きを変えさせるのを見たことがあります。馬はお互いの目を真っすぐのぞき込み、１頭が相手の馬の進む方向を変えようとします。ほかの馬の視線の方向を変えさせた馬を私はたくさん見てきましたが、視線の向きが変わると、馬の体も進む方向を変えました。あなたにも「レーザービーム視線」を真似ることができます。相手の馬の目を真っすぐのぞき込み、あなたの目から光線が飛び出して

いて、馬の前進する勢いをブロックすると想像してみましょう。

図 2.9 「まばたき」、低くした頭、柔らかい耳、カメラを真っすぐ見つめる目は「私はいい気分です。あなたは元気？」と言っています

まばたき

馬が完全に目を閉じているところはめったに見られません。馬のリハビリをするときに、私は時々馬の目を見ながらうなずき、ゆっくりと「まばたき」をします。もしも馬が「まばたき」返してくれたら、私は大満足です。私は馬の「まばたき」は(p.39「リッキングとチューイング」のように)馬が考えている印と思っているので、馬が時間をかけて、物事をじっくり考えていることのあらわれと受け止めます。私はよく「まばたきは考えること」と呼んでいます。ゆっくりな「まばたき」は愛情を示すこともあります。このような心優しいジェスチャーを経験したら、こちらからもゆっくりと「まばたき」を返しましょう。馬に「まばたき」を送ると、馬はあなたのそばにいるときにリラックスできるようになります(**図 2.9**)。

耳

私たちは馬の顔のなかで、特に耳に注目しがちです。耳はよく動き、私たち人間の注意を引くからです。馬の耳は、馬の気持ちがどこに向いているか、何に注意を払っているかを

レーザービーム視線の実践

かつて私は参加していたホースクリニックで、心に深い傷を負った馬に突進されたことがあります。丸馬場の中には私１人しかおらず、私は短鞭を振り回し、自分の小さな体を精一杯大きく見せようとしましたが、馬は私への突進を止めません。そこで私は彼の進む方向を変えさせるために、目をのぞき込み、レーザービームで進路を断つところを想像しました。それはうまくいき、ほかの参加者は私がどうやったんだろう、と不思議がりました。

「レーザービーム視線」の最初の成功からまだまもないある日、私は馬の救護活動のコンサルティングをしていました。隣のパドックには気性の荒い騸馬の群れがいて、彼らの大騒ぎのおかげで、私が話しかけている馬はちっとも改善しません。そこで私は少しのあいだ、隣のグループを観察することにしました。それから群れのリーダーに向かって「レーザービーム視線」を送り、群れから引き離しました。すると彼はフェンスに寄ってきて、「一体、どこでそれを覚えたんだい？」とでも言いたげに、私の目を見たのです。今や私に主導権があることを、彼は理解していました。

図 2.10　片耳を前に、もう一方の耳を後ろに向け、「きついまなざし」になっています。クチャクチャと口を動かすチューイングをしているのは、「このままここにいようか、それとも移動しようか」と考えています

示します。

■ 馬がライダーまたは馬車の御者(ドライバー)の方に片耳もしくは両耳を向けているとき、その動作は「私はあなたに注意を払っています」と言っています。片耳が後ろを向き、同時にもう一方の耳が前を向いているときは、「今やっている仕事にも注意を払っています」を意味します(図 2.10)。

■ もしも両耳が基本的には前に向いているけれど、片耳が前後に動くときは、馬は「好奇心をもった耳」の状態です。この耳の表情は、例えば目の表情(p.42)のように、好奇心をあらわすほかの表情の特徴と組み合わされます。好奇心をもった馬の顔は、おやつをねだるときの馬の顔によく似ています。

■「飛行機の耳」をした馬はリラックスしていて、自信があります。この横に倒した耳は、ほかの馬や人間を「招き寄せ」ます(図 2.11)。

■ 私が「内向きの耳」と呼ぶ形の耳は、おだやかな精神状態をあらわしています。耳は柔らかく後ろを向き、少し垂れています(図 2.12)。この耳は、馬が“外界”の何にもあまり注意を払っていないことを示しています。母馬は子育て

図 2.11　「飛行機の耳」、低く下げた頭、柔らかい鼻面は歓迎の印です

図 2.12　「内向きの耳」と「リッキングとチューイング」の組み合せは、馬が静かに考えにふけっていることを示しています

図 2.13 「確認の耳」と“盛り上がった”ように見える目の組み合せは、極度の警戒心をあらわします

図 2.14 犬が体を振って水を飛ばすように、馬も耳を振ってストレスを振り払います

のあいだ、この「内向きの耳」になるかもしれません。あなたが馬と並んで歩くときに、馬が「内向きの耳」になっていないか見てみましょう。「内向きの耳」は馬の内なる静けさまたは平和を示すもので、通常は馬が一体感や友情を感じたときに見られます。

■「確認の耳」は真っすぐに立ちますが、ほんの一瞬だけです。「確認」役の馬(p.56)には群れのなかで危険を発見する役目があり、脅威を察知すると「確認の耳」になります。また「確認の耳」は、馬が攻勢に転じる用意があることも示します。ほかの馬に挑んでいる牡馬は「確認の耳」になり、うなじを高くして、敵に向かって自分は「大きくて、強いんだぞ」とアピールします。また牛の群れの移動に従事している馬は、耳を後ろに寝かせて牛たちを動かす“攻撃”モードに入る直前に、「確認の耳」をみせます。これ以外にも、馬が障害物を飛越する直前に、耳が“確認”モードから“攻撃”モードに切り替わるのをしばしば見ることができます(**図 2.13**)。

■ 馬は耳を振る(p.24「あくび、大きなため息、身震いの息」参照)ことで、ストレスを“振り払い”ます。馬は、犬が水を振り払うときのように、耳を振り回します。このとき、馬は賛成できないことや不快な出来事を、文字どおり振り払っているのです(**図 2.14**)。

■ 私は馬だけで遊んだりふざけているときに、馬の耳が“おしゃべり”しているのを見てきました。例えば、お互いの口から干し草を食べあっている2頭の馬の耳を見てみましょう。ピクっと動いたりクルクル回ったりします。私は、これは馬の笑いと理解しています(**図 2.15**)。

■ 馬は顔にどんな感情を見せたとしても、できるだけ早く常に平穏な状態に戻ろうとするでしょう。**図 2.16** は「ニュートラルな耳」です。

図 2.15　馬がお互いの口から干し草を食べるとき、彼らの耳はよくピクっと動いたり、クルクル回ります。これは馬の笑いに相当します

図 2.16　リラックスした、ニュートラルな耳

図 2.17　この牝馬の固いあご、集中している耳、「きついまなざし」、固い鼻の穴は「ストレスがあって、どうしていいかわからない」と言っています(A)。あごの力が抜け、耳は横を向き、目に意識が戻ったときは、「今はどうしたらいいかわかるから、大丈夫」と言っています(B)

読み方を学ぶ

今やあなたは、(頭の高さ、鼻面／鼻口、あご先、鼻の穴、あご、目、耳など)馬の表情を読むのに必要なツールを手に入れ、ホース・スピークの使い方を学ぶ次のステップに進む用意ができました(**図 2.17**)。あなたは観察して読み取ることができますから、ここからはどのようにして馬に理解できるような応答をするかを、説明していきましょう。さあ、会話をはじめましょう。

STEP 3

4つのGと挨拶の儀式

ホース・スピークの「4つのG」は、「Greeting(挨拶)」「Going Somewhere(どこかに行く)」「Grooming(グルーミング)」「Gone(離れる)」を指します。

Keywords

3回のタッチ(p.48)
拳のタッチ(p.48)
コピーキャット(p.48)
挨拶の儀式(p.49)
赤ちゃんを揺らすように(p.51)

■「挨拶」は、馬がほかの馬や人間、またはほかの動物と会うときの方法です(p.48)。

■「どこかに行く」(p.53)は動きを伴い、馬または人間がほかの存在を動かすこと、馬または人間がほかの存在によって動かされること、または馬同士で一緒に動くことを指します。これには小さな動き(あなたの「パーソナルスペース」から頭をどかすこと)や、大きな動き(馬場や放牧地で位置を変えること)があります。

■「グルーミング」(p.86)はタッチすることへの馬と人の双方からの招待です。(馬同士なら唇や歯を、人間の場合は手や指を使って)キ甲やたてがみ、体のほかの部分を喜んでグルーミングしたりされたりするのは、親密なつながりがある印です。

■「離れる」(p.121)は馬なりに、「これにはもう用はない」、またはきっぱりと「NO」と言っているのです。これは文末の句点や、会話を中断することに当たりますが、ホース・スピークでは馬と会話をするうえでとても重要な要素で、このサインに気づいて使えるようになることが欠かせません。

このSTEPでは最初のG、「挨拶」について学びます。

挨拶

人間は初対面のときに握手やお辞儀などで挨拶を交わすことがありますが、馬にも同様のシステムがあります。「挨拶の儀式」は、馬との“会話”をどのように成立させるかを人間に教えるために、私がつくった基礎部分です。

「挨拶の儀式」は、3回の「拳のタッチ」が必要になります。3回のタッチにはそれぞれ別々の意味合いがあり、出会った馬同士は、毎回相手の「挨拶のボタン」(p.34)に鼻を触れます。3回のタッチのスピードはさまざまで、稲妻のように素早く行われたり、とてもゆっくりなこともあります。この正式なタッチが3回行われる理由は単純です。最初の儀礼的な挨拶には伝えることがたくさんあって、それをすべて整理するのにその後2回のタッチが必要なのです。それに加えて私の見るところ、馬は周りの世界について3回以上繰り返すことで学んでいるようです。

最初のタッチ：儀礼的な挨拶、こんにちはとコピーキャット

馬同士の序列は、犬などの序列とは異なっています。馬の世界は常に危険と背中合わせのため、緊急時にいかに一緒に走って移動するかが重要な関心事で、序列(ステータス)のより上位にいる馬ほど、攻撃者を追い払う責任は大きくなります。犬の心理ではリーダーの犬が支配権をもちますが、馬の心理では、群れを導くことは自分より弱い馬の幸せに責任をもつことです。馬の世界で社会的な序列の差がみられるのは、牡馬同士の場合だけです。典型的な野生馬の群れは、複数の祖母、叔母、母親、娘にあたる牝馬で構成されます。そこに1頭の有力な牡馬がいて、彼は牝馬たちを群れに属さない牡馬たちからだけでなく、ヤマネコやオオカミ、クマからも守ります。牝馬がそばにいない牡馬たちは、独身者同士で群れをつくります。時には荒っぽい遊びを楽しみもしますが彼らは感情的に強固な絆を築き、ほかの群れと同様の群れの力関係に従っています。

人に飼育されている馬は、売買されて厩舎から厩舎へと移され、しばしば新しい群れのメンバーに対面することになります。新しい厩舎に移ってすぐはほかの馬と一緒に放牧されず、柵越しの付き合いもあるでしょう。それでも出会ったばかりの馬たちにとって、誰が誰に何を命令するのか命令系統を知るためには、儀礼的な「挨拶の儀式」は欠かせないものなのです。

図 3.1 「挨拶の儀式」の「最初のタッチ」
「こんにちは！」「あなたの群れでの序列は何？」

「最初のタッチ」は、人間の儀礼的な握手にとてもよく似ています(**図 3.1**)。それは「こんにちは」の挨拶であり、そのすぐあとに「あなたの群れでの序列は何？」という質問が続きます。馬は相手を品定めし、群れのなかでのお互いのステータスについてできるだけのことを素早く判断します。通常、群れに1頭の“リーダー”の馬がいるだけではありません。健全な群れには「仲裁

者」、「ガキ大将」、「確認」、「おどけ者」のように、多くの異なった役割があるからです。

鼻への最初のタッチのすぐあと、片方の馬がある方向に動くでしょう。それは頭をわずかに動かす程度のかすかな動きかもしれません。このとき、「私があっちに行こうとしたら、きみはついてくる？」という質問が発せられています。私はこれを「コピーキャット」と呼んでいます。友好的なやりとりでは、もう１頭の馬が相手の馬の動きをコピーして、「はい、ついていきます」と答えているからです。

2度目のタッチ：どうぞよろしくとコピーキャット

最初の繊細な挨拶のあと、通常は深く息を吸い込みながら、2度目のタッチが行われます。このタッチは「どうぞよろしく」と息で挨拶するもので、通常は「コピーキャット」のジェスチャーが繰り返されて、リーダーと従う者の役割を確認します。このステップは馬の性格によって、さっと済まされたり、ゆっくり行われたりします。

3度目のタッチ：次はどうする？

いよいよ3度目で最後のタッチが行われます。このタッチによって、異なるコンタクトにつながったり、コンタクトが終わってそれぞれで別行動に移ったりします。「3度目のタッチ」は重要で、例えばやや興奮している馬同士がよく行う猛スピードの挨拶では、これがきっかけとなって馬が金切り声をあげたり体をぶつけたり、また別の形で力を競ったり、遊びがはじまったりします。一方、リラックスした馬同士では、このタッチから「Gone(離れる)」も含むほかの3つのGにつながります。この段階で、馬たちが最も望む平和な群れの力関係が姿をあらわします。

私たちにとって幸運なのは、人間が馬たちの儀式を理解して「こんにちは」の意味で拳のタッチをすると、馬は感心してくれるようで、「挨拶の儀式」のすべての行程を踏まなくても、喜んで彼らの世界に受け入れてくれることです。それでも、もしも人間が「挨拶の儀式」の手順をすべて踏むことができたら、さらに多くの情報を交換でき、人間と馬はより親しみを覚え、相手への理解が深まるのを感じるでしょう。

会話：挨拶の儀式

❶馬の「挨拶のボタン」に拳でタッチして「こんにちは」と言ったあと、明確に横を向いて、馬があなたの動きを「コピーキャット」し、「あなたについていく」と言うか見てみましょう(図3.2A、B)。「拳のタッチ」では拳を柔らかく握り、手の甲を上にします。

❷「どうぞよろしく！」と伝える2度目の「拳のタッチ」をします。そのあと、もう1度横を向き、馬についてくる気持ちがあることを確認します(図3.2C、D)。

❸3度目の「拳のタッチ」は柔らかな息を伴って、「次はどうする？」と尋ねるものです。その結果、一緒にどこかに行く、グルーミングし合う、またはおだやかに別れるなどの行動に移ります(図3.2E、F)。3度目のタッチで、次の会話がはじまるのです。馬と人間とでは大事なものが本質的に異なるため、ここの行為について誤解が生まれる場合があります(図3.3A、B)。馬がタッチよりスペースを重視するのに対し、人間は(少なくとも動物と一緒の

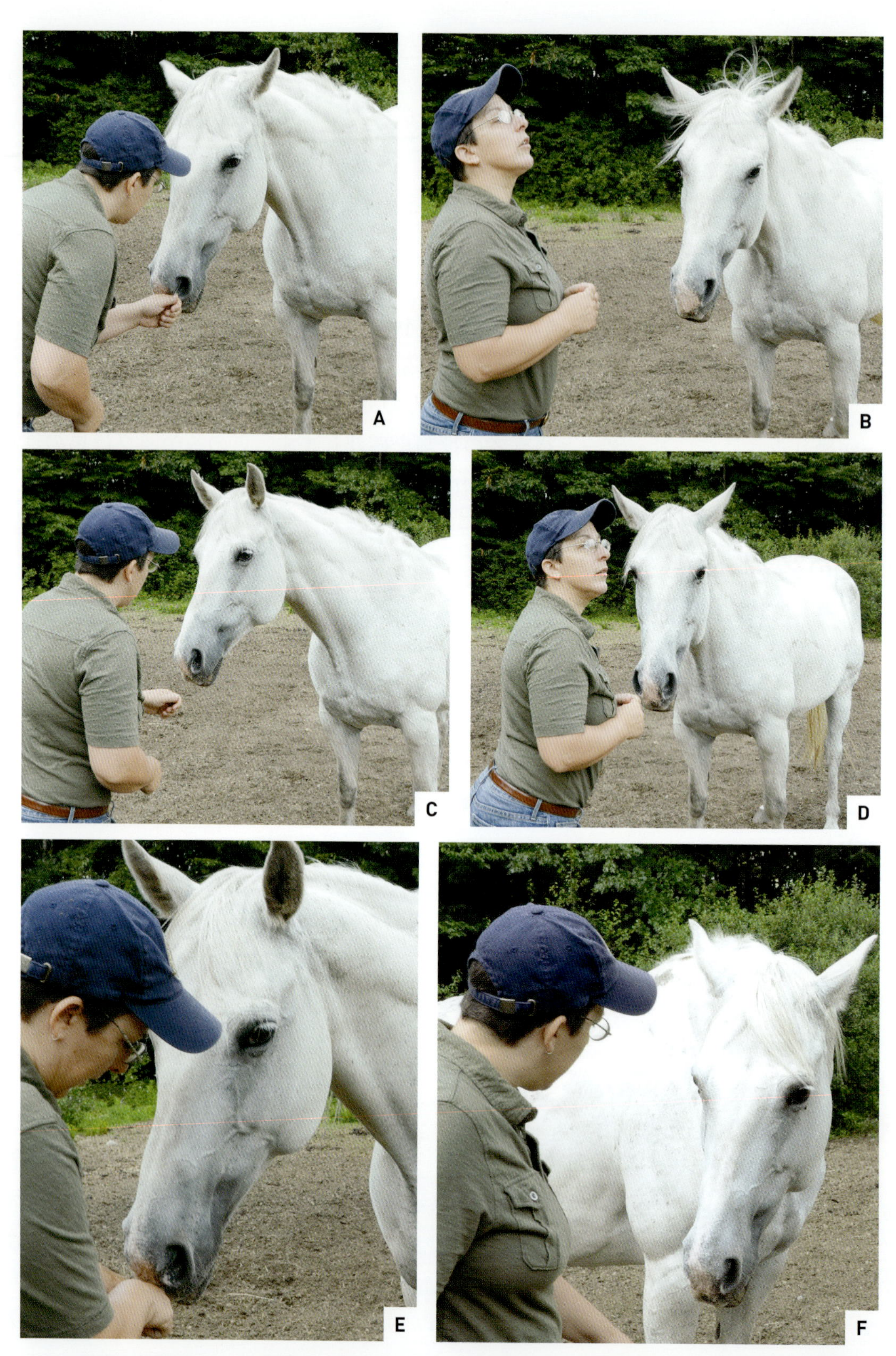

図 3.2 最初の「拳のタッチ」：お互いの「パーソナルスペース」を気にしながら、慎重に「こんにちは」の挨拶(A)。「コピーキャット」：私は自分がリードすることを提案し、Vati は片方の耳をそちらの方向に傾けます(B)。2 度目の「拳のタッチ」：お互いを知りつつあるので、より気が楽なタッチです。Vati が私の手の匂いをかぎ、耳を横に傾けます(C)。再び「コピーキャット」：私がまた横を見るあいだも、Vati は私の手の匂いをかぎ続けています。私をより信頼している印です(D)。3 度目の「拳のタッチ」：優しくお互いに息を吹きかけ(E)、そして「次はどうする？」と尋ねます(F)

ときは）スペースよりタッチを重視するからです。

一緒に体を揺らす

仲の良い馬たちが、相手のキ甲と背中をリズミカルに歯でこすりあってグルーミング（p.86）し合いながら、つながりをあらわすのをあなたも見たことがあるでしょう。ここでは３度目の「拳のタッチ」のあと、馬がその場から去らず、「グルーミング」を人間に求めることがあることだけ知っておいてください。そういう場合は、キ甲のあたりを自然に掻いてあげましょう。このとき、空いている方の手を握り、手の甲を馬の鼻面の下にもっていくと良いでしょう。こうすれば馬がお返しにあなたに唇で触りたいと思ったときに、触る場所ができるからです。

２頭の馬が歯を使ってお互いのキ甲を掻いているのを見ると、体を一緒に軽く揺らしているのに気づくでしょう。これは私が「赤ちゃんを揺らすように」と呼んでいるもので、あなたにも真似のできる優しい会話です。この会話には、馬のキ甲から背中へとカーブするところで馬が喜んでタッチを受け入れる部分、つまり「グルーミングのボタン」（p.35）が使われています。あなたと馬が信頼できる間柄だったら、馬が馬房や放牧地で何もつけていないときに、キ甲でこの「赤ちゃんを揺らすように」を行うことができます。無口と曳き手をつけている場合については、p.75で説明します。

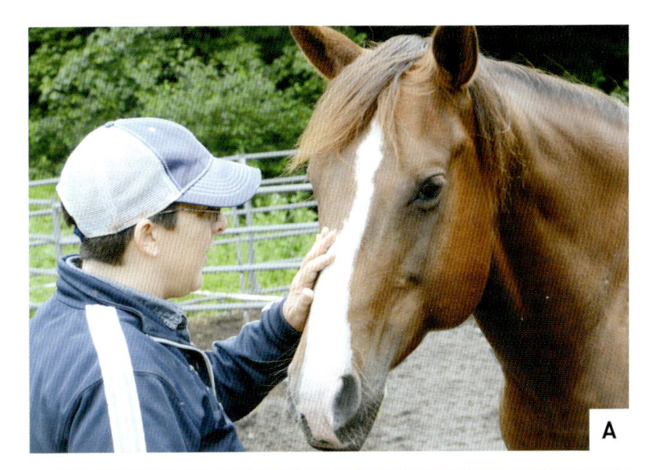

図 3.3　生まれつき、親しみのこもったタッチを楽しむ馬もいれば（A）、触られることに消極的な馬もいます。馬はタッチよりスペースを重んじます（B）

会話：赤ちゃんを揺らすように

❶「内なるゼロ」（p.7）になり、馬の腹帯を締める場所に立ちます。このとき、馬が見ているのと同じ方向を向きます。
❷馬に近い方の手を、馬のキ甲を横切るように置きます。
❸体重を片足からもう一方の足に、ゆっくり移動します。体重の移動を、自分の吸う息、吐く息と合わせます。
❹自分が馬の体に与えている影響を、手で感じてください。徐々に馬の体重が片方の前肢からもう一方の前肢に移るのが感じられるようになるでしょう。馬に体のなかを“揺らす”よう、静かに働きかけましょう。自分の体重移動に合わせて腰を揺らすなどして、動きを少し大きくします。馬を無理矢理揺らすのではなく、もしよかったら一緒に揺れてみないという

感覚です。

「赤ちゃんを揺らすように」の会話は、馬とあなたのバランスの感覚を結びつけます。馬とのバランスが取れたときはいつも、あなたは人馬のバランスをつくり出しています。(バランスを通して)気持ち良く馬と一緒に体を動かせたら、心も幸せになるでしょう。

ここで指摘しておきたいのは、多くの馬は「挨拶の儀式」のすぐあとに「グルーミング」ではなく、「どこかに行く」(p.53)を選ぶということです。けれども、タッチが大好きな人間は、少しでも早く馬に手を当てたがります。もしも私たちが触りたいと思う気持ちを後回しにして馬の儀礼の手順を尊重できたら、馬は私たちに深い信頼を寄せてくれるでしょう。馬はタッチを**望んで**いるように見えたり、人のタッチに馴らされてまるで大きな子犬のように振る舞い、あなたの体中に頭をすりつけてくるかもしれません。それでもあなたが自分の気持ちを抑えて、馬の儀式の「どこかへ行く」をまず行うことができたら、馬にはプラスになります。理由は単純です。誰が誰をリードし、誰が誰に付き従うかを明確にすることは人間と馬の相互の信頼や安全に欠かせないものであり、タッチがもたらす愛情よりも純粋な愛情を馬から引き出すからです。あなたが目的をはっきりさせると、馬は喜んで受け入れるでしょう。

STEP 4
どこかに行く

ホース・スピークの「4つのG」の「どこかに行く」の部分は簡単で楽に行うことができ、柵や馬房の扉越しに行ってもとても効果があります。

Keywords

どこかに行く①

顔のちょっとどいてボタンと遊びのボタン

馬の頬の後ろの方に、私が「顔のちょっとどいてボタン」と名付けたボタンがあります(p.34)。馬がこのボタンを使うときは、相手のこのボタンに視線を送るか、直接触ります。これは母馬が生まれたばかりの子馬に最初に教えるボタンの1つです。STEP1で説明したように、ホース・スピークでは、この動作は単に「私のパーソナルスペースから、あなたの顔をどかして」という意味です。馬は頚が長いので、今立っているところから動かなくても頚を動かすことでほかの馬にスペースを譲ることができます。顔を横に向けるだけで、相手の馬は敬意を払われたと感じます。

馬の顔の周りで行われるこの“パーソナルスペースに関するダンス”は、水桶や馬が一緒に食べている干し草の山をめぐって見られます。また馬が繋ぎ場でつながれ、すぐ近くにいる人間がつくり出した状況でも起こります。このような状況ではお互いから完全に離れられないので、頭の周りのスペースを譲るだけで十分に平和は保たれます。

「顔のちょっとどいてボタン」について知ることは、私たちの「パーソナルスペース」に対する馬の敬意を得るうえでの鍵になります。このとき必ずしも、馬に足を使ってどくよう要求する必要はありません。このボタンは、**すべての**馬が、おだやかにスペースを主張する場面も含めて使っているものです。私たちがホース・スピークで使うと、馬がおだやかな“会話”に

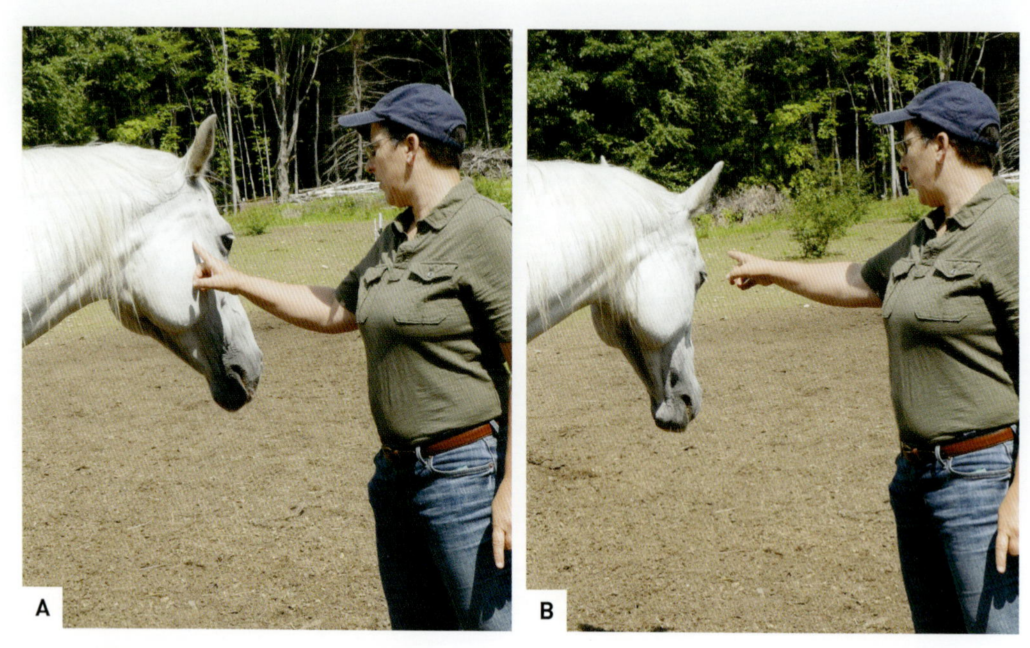

図 4.1 「顔のちょっとどいてボタン」を実際に押す必要がないことも多く(A)、このボタンを指さすだけで十分です(B)

関して生まれつきもっている感覚を味わうことができます。

「どこかに行く」ことを実行するよう馬に求める最初のステップは、「顔のちょっとどいてボタン」を使うことだけです。これで、馬に顔を横に動かし、スペースを譲るよう求めます(**図 4.1**)。

面白いことに、“スペース・インベーダー(スペースの侵略者)”になりがちな馬を、人間は鼻面や鼻を押して(それも時にはかなり力を入れて)遠ざけようとします。けれども馬の口と頬骨のあいだで、ちょうどハミのリングが当たる部分は、「遊びのボタン」(p.34)なのです！ 馬はお互いの鼻や鼻面を押したり軽く噛んだりして、遊びたい気持ちをあらわします。そのためこの部分にタッチすると、馬にあなたの「パーソナルスペース」へ侵入してもかまわない、と言っていることになるのです(**図 4.2**)。

このような大きな誤解は多くのフラストレーションを生み、馬が頭に触られるのを嫌う原因にすらなります。馬の顔を遠ざけるつもりで「遊びのボタン」を押してしまっている人間は、「パーソナルスペースに侵入して一緒に遊んで**いいよ**」と馬に言い、言われたとおりにしている馬に不満を抱くのです。

図 4.2 私に「遊びのボタン」を押され、お遊び気分で唇をよじらせる Rocky。人間は馬を自分のスペースから外に出そうとしてこのボタンを押し、馬を混乱させてしまいます

馬の頬の高いところ、目のすぐ下に手を向け、「顔のちょっとどいてボタン」を指でしっかり押します。馬にはこの動作の意味(自分の顔を横に動かし、あなたのスペースの境界線から遠ざけておきなさいとの要求)がわかるので、すばらしい結果が生まれます。馬があなたのスペースに顔を突っ込むことに慣れている場合は、このボタンを何回か押す必要があるかもしれません。そうす

れば、あなたが**この先もずっと**スペースを譲るよう望んでいることを、馬は理解します。反対に馬の口や鼻の横を押すと、すぐに馬は遊ぶ気になって、あなたのスペースに顔を揺らしながら入ってくるでしょう。

警戒心の強い馬は、あなたが顔を遠ざけるよう要求すると、耳をしぼるかもしれません。そうなったときは、まず安全のために馬から距離を取り、先端の柔らかい短鞭や、梱包用のひものように軽くて揺らせるものを、適当な距離から「顔のちょっとどいてボタン」の方に向けましょう。馬が**ごくわずかでも**顔を動かしたら、**すぐに**あなたは「ゼロ」の状態に戻り、その場から離れます。馬がこれほど身構えているのは、それなりの理由があるのです。そういう馬と力比べをするべきではないですし、馬を負かしてやるとか、自分がボスだと教えてやるのだ、といった不適切な態度や攻撃的な感情をもってこのような場面に臨むべきではありません。馬はすでに身構えているのですから、**今以上に**身構えさせても事態は良くなりません。あなたが真似をしているのは母馬が生まれたばかりの子馬に初めて鼻先で触れた動作であり、このボタンは馬の本能に深く刻まれていて、馬にとってはとても大きな意味をもっていることを思い出してください。

私はこれまで、自分を守ろうと身構えている馬に対して、“こんにちは”の「拳のタッチ」をしてから「ゼロ」の状態に留まるというやり方のリクエストを、同じ間隔をおいて何度も繰り返して、信じがたいほどの成功を収めたことがあります。どんな形でも馬が応じてくれたら感謝し、馬がわずかでも努力してくれたら、求めるのを止めていったん遠ざかります。そうすれば、このボタンは奇跡をもたらします。このボタンがそれほど大きな変化をもたらす理由は明解です。あなたが馬に顔以外の部分ではスペースを譲ることを求めておらず、しかもすぐに要求を切り上げて「ゼロ」に戻るという馬同士のリクエストの仕方を真似たアプローチをしたからです。さらにあなたは、ホース・スピークでのとても親密な関係のボタンを使っています。このボタンを馬は**たいていの場合**、争いの少ないおだやかな会話で使うことを忘れないでください。柵で隔てられている馬たちも、ほんのわずかな努力でお互いの信頼と尊敬を築くことができるボタンなので、あなたがこれを使うと、本当にホース・スピークで話しかけようとしていると馬はわかり納得するのです。

地平線を見渡すと確認

次に、馬に前肢を動かさせ、前肢を使った「どこかに行く」の儀式をはじめる前に、「挨拶の儀式」で学んだ「コピーキャット」(p.48)のゲームを、次のレベルまで高めましょう。馬は、私が「地平線を見渡す」と名付けたジェスチャーを使います。これは単に、リーダーの馬が時おり遠くを見渡しては、危険が迫っていないか調べることを指します(**図 4.3**)。群れのリーダーは1日のうち何回か定期的に、またそれ以外にも平穏を乱すものがあるときは、常に頭を高くして草を食べるのを止め、耳を立てて、あたりの匂いを深く吸い込みます。ほかの馬についてきてほしいとき、あるいはほかの馬に安全ですべては順調だと安心させたいとき、リーダーは「地平線を見渡す」をするのです。それは群れの“より弱い”メンバーに、自分がみんなを守っているのだから自分の言うことを聞きなさい、ということを示す**だけ**のためです。何も異常がなければ、リーダーは頭を下げて食事に戻りますが、次に説明する、鼻を通すような鼻息を伴うことも多く見られます。

「地平線を見渡す」の先には、「確認」という行為があります。通常は群れのなかで1頭が「確認」の役割を担当し、この馬だけが逃げるか否かの判断を下します。「確認」役の馬が周囲を判定するときの動作はより大げさで、不穏なものの方に向かって大きく鼻息を鳴らしたりします(p.25「確認の息」参照)。この大きな鼻息にはいくつか理由があります。まず、鼻の中のゴミを取り除いて、遠くにあるものの匂いをしっかりかぐことができるようにすることです。次には、大きな鼻息で、ほかの馬たちの注意を惹くこと、そして脅威かもしれないものに対して、私は気づいているぞ、と警告を発することです。

私は「確認の息」を「お化けを追い払う」とも呼んでいます。あなたは馬がおびえている方に向かって(実際には馬が何を見て、どんな匂いをかいでおびえているかはわかりませんから、お化けが出現したと思いましょう!)、大きく息を吹くことで、周囲に気を配り、馬の幸せを守ってあげていると信じさせることができます(事実、私が「お化けを吹き飛ばした」あと、自由に行動していた馬たちが私を頼って私の後ろに集まったことがあります)。「確認の息」を吐いた馬は、すべて異常なしと判断すると、頭を低くして見るからにリラックスし、「リッキングとチューイング」(p.39)をします。この動作が、すべては順調だと群れに伝えるのです。あなたも「確認の息」をしたら、「ゼロ」の状態に戻り、ガムを噛むふりもして、「すべて異常なし」と馬に伝えなければなりません。

図 4.3 「地平線を見渡す」をするRocky(左)。Vati(右)に自分が彼女を守っていると伝えています

「地平線を見渡す」と「確認の息」は、馬と「どこかに行く」の前に知っておくべき重要なポイントです。馬にとっては安全がとても大切で、大きな関心事だからです。馬たちが話し合うことの多くは安全にかかわるもので、リーダーの馬は群れの平和を守る能力があることをほかのメンバーに納得させるために、多くの時間を割いています。

会話:地平線を見渡すと確認

❶馬に近づき、馬の「挨拶のボタン」に「拳のタッチ」を使って、相手の様子を見るか、「こんにちは」の挨拶をします。

❷「確認の息」を使いながら、いずれかの方に向かって、明確に「地平線を見渡す」をします(**図 4.4A**)。あなたが日頃からその馬と「コピーキャット」をしていたら、あなたが見た方を見るかもしれません。馬はとても繊細ですから、反応は単なる体重移動だったり、耳を傾けるだけかもしれません。

❸あなたが「確認の息」を吐くと、馬は耳をぴんと立て、あなたが見ている“お化け”の方をじっと見るかもしれません(**図 4.4B**)。

❹大げさに馬の方を振り返り、ガムを噛むふりをします。「すべて異常なし！」と声に出して言っても良いでしょう。そして馬の反応を見ます(**図 4.4C**)。この時点で本当に緊張を解く馬も多く、唇をだらんとさせる、耳を横に垂らす、頭を下げる、「あくび」をする(p.24)などの反応を見せます。

馬が突然いたるところでお化けを見て驚くようになることがあるかもしれませんが、驚かないでください！ そのようになったとしても馬はあなたが「地平線を見渡す」をして、「見つかった危険にはすべて対処するよ」と伝えたことに、大喜びするでしょう。たった今、あなたは馬のリーダーとして難題に対処できることを納得させたのです。馬にとって、この世界のさまざまな問題からあなたが守ってくれることを意味します。また、みんなの子守り役を務め自分を抑えている馬は、日頃のストレスから解放してあげられるでしょう。相手がとても内気な馬だったら、しっかり守ってあげるとホース・スピークで伝えたら、馬は見るからにホッとするだけでなく、その事実に驚いてしまうかもしれません。

どこかに行く②

前肢

馬の世界での敬意のあらわし方は、お互いの「パーソナルスペース」への配慮です。馬同士でそれぞれの快適な「パーソナルスペース」について交渉する際は、相手に遠ざかるよう要求するだけでなく、近くに来て「スペースをシェアする」よう招待することもあります。STEP1 で、馬が自分のスペースを定義し、守るために使う「送り出し」のメッセージと、顔で表現する「招き寄せ」のメッセージについて説明しました(p.30)。顔と同様、馬の前肢にも「パーソナルスペース」を交渉するための表情がたくさんあります。また馬の頚、肩、肢にあるボタンも、「送り出し」と「招き寄せ」のメッセージを効果的に伝えます。前肢は馬の「パーソナルスペース」の正面に近いので、そのメッセージは明確で効果があるのです。

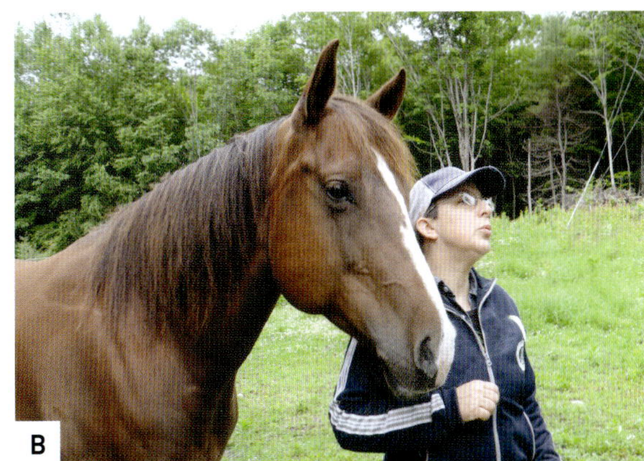

図 4.4 私が「地平線を見渡す」をして、Vati に「守ってあげる」と伝えると、私が見ている方向に片方の耳を向けます(A)。Jag のそばに立ち、私は人間版の「確認の息」を吐きます(B)。最後に「すべて異常なし」の印として、私は頭を下げ、「リッキングとチューイング」をします(C)

境目、影

馬にとっては、あらゆる**境目**(何かがはじまったり変化するポイント、またはレベル)に、危険をもたらす可能性があります。自然界では、木々が途切れるところや川床、大きな岩といった何かの物陰、それから道の交わるところなどには、捕食動物が今にも馬に跳びかかろうと潜んでいるかもしれないのです。自然の境目でも、ドアやゲート、小道の端といった人工の境目でも、馬にとってあまり違いはありません。馬は長年の進化の過程で、ライオンのような捕食動物の影が見えたときには全速力で逃げるという条件反射を身につけました。常に忘れないでほしいのは、自然界では馬が見る影は本当にライオンである**かもしれず**、私たちにとって都合が悪いからといって、馬のそうした反射運動を封じこむのは不可能だということです。

馬の世界において「どこかに行く」をはじめるときは、相手の馬と仲良くともに移動することを学び、影や境目に目を配り、すべて異常なしというフィードバックを絶えず送るよ、と常に伝えることを念頭に置いてください。

前肢でスペースを明確にする

馬は「パーソナルスペース」を明確にするのに前肢を使います。例えば、肢で地面を**叩く**のは、「パーソナルスペース」に侵入したほかの馬に、「下がった方がいいぞ」と明確に警告するジェスチャーです。**強く肢を打ちつける**のは、「パーソナルスペース」のリクエストを非常に強く訴える形です。またこれが不満をあらわすときもあり、繋ぎ場につながれたり背中に鞍を載せて待たされるときに、地面を肢で叩いたり、強く打ちつける馬もいます。

馬が頭や口を自分の肢や膝頭にすりつけて掻いているのを、見たことがありますか？ 馬の鍼灸師によると、太陰肺経の主なツボが肢に沿ってあるので、膝頭をこすったり掻いたりするとエンドルフィンが出るのだそうです(**図 4.5**)。子馬が、母馬やほかの子馬の膝頭を甘噛みするところを見たことがあるかもしれません。馬が自分の肢や膝頭を顔で掻こうとして地面に向かって顔から“突っ込む”のは、ただ顔がかゆいからとは限りません。馬は時間をかけて、気持ち良くなろうとしているのです。同じように、あなたも競技後の馬の膝頭をマッサージして、緊張をほぐしてあげることができます。

馬はほかの馬の前肢の夜目を甘噛みして、相手に前肢の蹄を上げさせることができます。ただしほかの馬に前肢を持ち上げさせるのには、2つのまったく異なった意味があります。1つはほかの馬の夜目を甘噛みして、相手のバランスを崩そうとすることです。これはいわば「お山の大将」というゲームのようなものです。若い騸馬が交互に相手の前肢を上げさせているところを見たことがありますが、それはまるでお辞儀をし合っているようでした。

会話として別の意味をもつのは、牡馬が交尾したい牝馬の前肢の夜目を甘噛みするときです。牡馬は夜目だけでなく、牝馬の前肢を上下に甘噛みし、舐めもします。それは牡馬がマウントするときに牝馬が確実に地面に肢をつけていて、自分を蹴らないようにさせるためです。

このように、まったく同じジェスチャーに、大きく異なる2つの目的があります。1つはほかの馬に肢を**持ち上げさせて**バランスを失わせること、もう1つは肢を**持ち上げさせず**、4本の肢すべてを地面につけさせて、しっかりバランスを保たせることです。

あなたが馬の肢を持ち上げるとき、馬は2つの正反対の目的をもとに、2つの完全に異なる結論を出せるのです。前肢を持ち上げたがらない馬は、あなたと「お山の大将」のゲームをしているつもりかもしれません。肢を持ち上げた馬は“ゲーム”であなたに負けたと思い、でも本当は肢を**持ち上げない**で勝ちたいので、従おうとしないのです。あなたが馬の蹄の裏をきれいにしようとするときに馬が地面を叩いたり前掻きをするのは、序列に関するメッセージです。その馬はあなたより自分の方が群れでの序列が高いと考えていて、ゲームに負けて群れのなかのステータスを失うことを認めようとしないのです。

こうした馬には反心理学が有効です。牡馬が牝馬との関係を調整するために行う会話を、時間をかけて行ってみましょう。

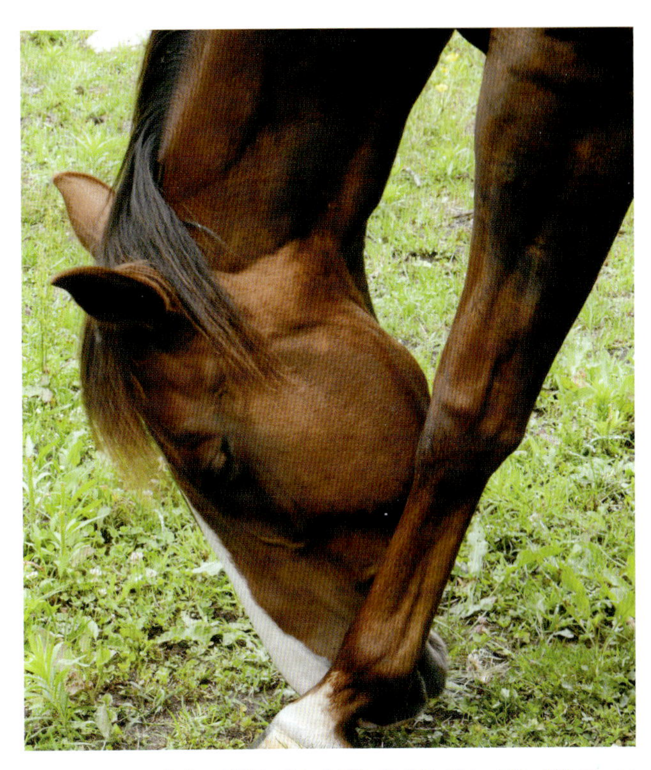

図 4.5　Jag は自分の前肢に鼻を上下にこすりつけ、エンドルフィンを出そうとしてます

会話：肢を持ち上げないで／肢を持ち上げて

❶サンドイッチを持つように、馬の片方の前肢の外側と内側に両手を添えます。

❷蹄を持ち上げることは**求めない**で、その肢を下までさすります。馬の肩から、長いストロークで手を下げていきます。この動作は、あなたが本当に馬に肢を**持ち上げてほしくない**ことを示す会話で、馬はそれを理解します。もし馬が肢を**持ち上げても**、蹄の掃除はしないで、そのまま会話を続けます。

❸最後は夜目に触り、今度は蹄を上げるよう**求めます**。そして馬の肢を優しく持ち上げながらまわします。それから蹄踵と球節をマッサージし、蹄踵を掻きます。肢をもとに戻したら、また❷に戻り、肢をさすります。一瞬のうちに、あなたは“序列に関する会話”を、“協力に関する会話”に変えています。

「どこかに行く」の会話の次のパートには馬の前肢が含まれますが、急いでこのパートに進む必要はありません。あなたが、馬に顔を動かしてもらう会話を上手に行え、馬が頭を下げて「あくび」をし、リラックスしている、または顔を“そむけた”位置でじっとしていたとしましょう。馬はあなたがホース・スピークを使って話しかけていることを理解しています。同時に、あなたに対する考えを改めつつあり、その結果、態度を和らげているのです。

肢をどかしてと頚の中央のボタン

この時点で、あなたが「顔のちょっとどいてボタン」に加えるべきものは、「頚の中央のボタン」です。これは頚の下の方の、筋肉の発達した部分にあります(もしも馬がこのボタンを使われるのを嫌がるようなら、「肩のボタン」〈p.35〉を試してみましょう)。これらは2つとも「肢をどかして」(p.60)を意味し、馬を「送り出す」のに使われる方法です(p.30)。ではこの2つのボタンのうちどちらを選ぶと良いのでしょうか？ 馬同士では、お互いの位置から一番使いやすいボタンが使われます(**図 4.6**)。

会話：肢をどかして

❶馬によっては、人が人差し指を頚に当てた方が前肢をよく動かしますが、肩に指を向けられた方が動く気になる馬もいます。どちらでもよく効く方で良いのですが、すでに練習した頬にある「顔のちょっとどいてボタン」も必ず指し示さなければいけません（**図4.7**）。馬の頚の横で馬に向いて立ち、体の前の部分を遠ざけるよう求めます。

この時点で、あなたは「ゼロ」に留まることができ、好奇心をもった態度を保ち、馬に向かって、顔を動かすことに**加えて**、前肢を礼儀正しく横に動かすことをどう感じるか、尋ねる準備もできているはずです。馬のあいだでこれは“パーソナルスペースの尊重”をより明確に示すものですが、食べものをめぐる争いに発展することもあります。馬はあなたが自分と言い争って強引になるのではないかと、心配するケースも珍しくありません。ですからあなたがごくわずかなリクエストをしては「ゼロ」に戻り、「確認の息」を吹いたり、単に深呼吸をしたりすることがとても重要になるのです。そうやって、あなたは対立ではなく、新しい「パーソナルスペースについての会話」を求めているだけだと馬に示すのです。

図4.6　Rocky は Vati の「頚の中央のボタン」に視線を当て、彼女の体の前の部分を動かそうとしています（A）。今2頭は一緒にどこかに行っています（B）。Jag が Vati の「頚の中央のボタン」に視線を送り、彼女を追いやっています（C）

あなたが「顔のちょっとどいてボタン」を使って、馬に顔だけでなく、前肢も動かすよう頼めるようになり、そして馬もあなたが何かを押しつけようとか、（馬がすでに知っている）何かを教えようとしているのでなく、単に話しかけているだけだと理解すると、顔の緊張を解き、頭を低くし、より深い息をするようになるはずです。こうした動作は、馬があなたを理解していることを伝えています。

この会話を、根をつめて練習しないようにしましょう。でも、あなたが「ゼロ」の地点から、好奇心と注意深さをもって馬にリクエストでき、馬もより興味と敬意をもって反応しているのが感じられるようになるまで、間隔をあけてこの会話を繰り返してください。あなたが馬に言っていることは、生まれ落ちたときの馬房で母馬が「あなたとお母さんはこの狭い場所でお互いの周りを動かなければならないの。お互いの肢を踏みつけないように、しっかりお互いのスペースを決めましょう。お母さんの言うとおりにすれば、何もかもうまくいくわ」と言っているのと同じなのです。

招き寄せると O の姿勢

次に、後ろに下がって、馬に顔と前肢をあなたの方に出すように誘ってみましょう。ここでもあなたは馬の顔、頚、前肢に影響を与えていますが、これは「招き寄せ」(p.30)の実践です。まず肩を丸くし、両手をおへその前で合わせて歓迎するような形をつくりましょう。体全体であなたは O の字をつくっています(**図 4.8**)。

体で O の形を取ることは歓迎する気持ちをあらわします。私たちはみな、犬を呼んだり、幼い子に膝にあがるのを促すときに太ももを叩くなど、無意識にこのボディランゲージを使っています。迎え入れの「O の姿勢」を取ることで、私たちは馬の鼻面にある「挨拶のボタン」に、**こちらに来るよう**伝えます。ここでも、あなたは馬の体の**前の部分**だけに働きかけていることを、この時点でしっかり覚

A

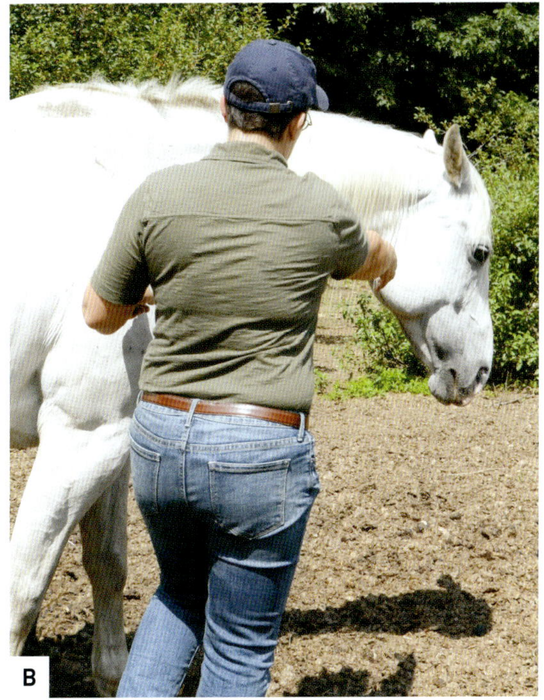
B

図 4.7 「顔のちょっとどいてボタン」と「頚の中央のボタン」を指さしています(A)。ほかの馬は、私がここで Vati にしているように「顔のちょっとどいてボタン」と「肩のボタン」を指で示すと、よりよく反応します(B)

A

B

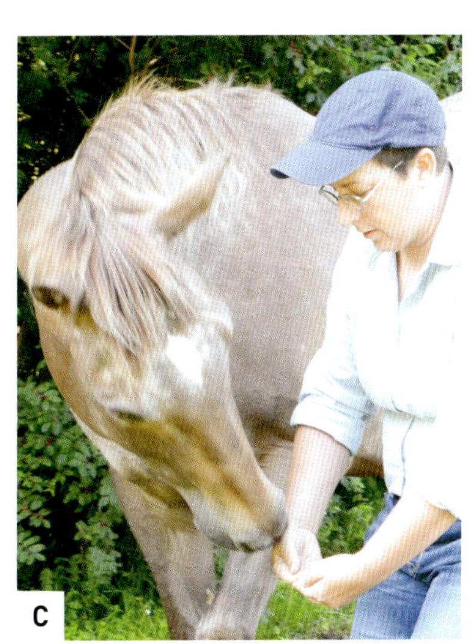
C

図 4.8 私は「O の姿勢」を使い、「ゼロ」の状態で Zeke とスペースをシェアします(A)。私の「O の姿勢」が Mama を「招き寄せ」ています(B)。「O の姿勢」が Dakota をハグの姿勢に誘います(C)

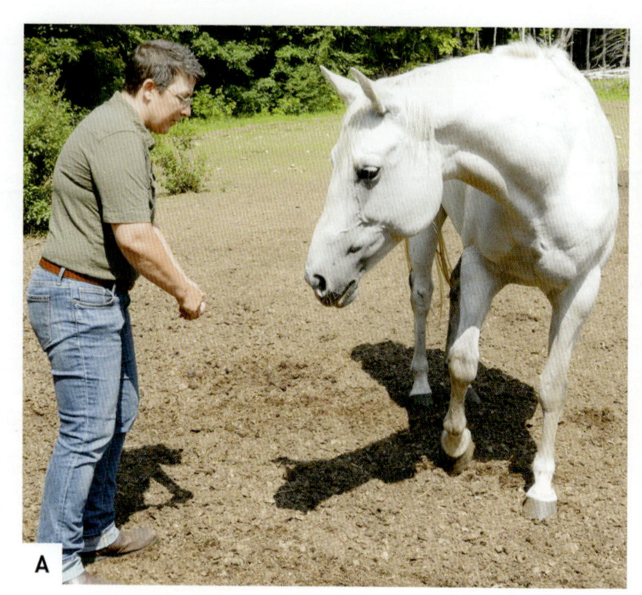
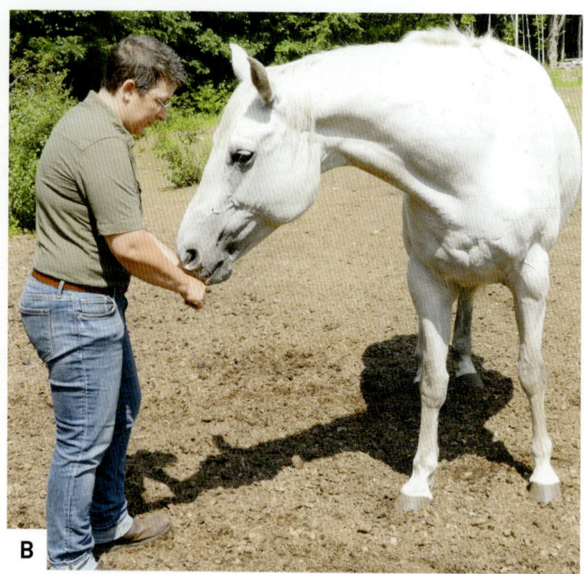

図 4.9　私は Vati に戻ってくるよう誘っています(A)。彼女は私の「拳のタッチ」を確認し、いとおしそうに私の手を舐めます(B)

えておくことが大切です。なぜなら馬の体の前の部分は、群れのなかでの対立の際に最もよく使われるからです。大きな衝突のとき、馬は相手の前肢を動かそうとするので、弱い馬はできるだけ早く後ろに跳びすさり、攻撃者から離れます(対決の際、頚と肩のボタンが最も狙われますが、身構えている2頭の牡馬同士の争いでは、より多くのボタンが使われます)。

こうしたボタンに触るのを認めたら、人間が攻撃的になるのではないかと、馬がそう心配するのは自然なことです。だからこそ、「確認」によってあなたたちを守るから、私たちにこれらのボタンを賢く使うことを認めてほしいと、馬におだやかに“話しかける”ことがとても重要なのです。こうすることで、私たちは馬の心の底からの尊敬を得ることができるでしょう。それは従来の調教を通じて馬が身につけてきた機械的な反応や表面的なふるまい、真似ごとの尊敬とは、大きく異なるものです。

会話：挨拶、ちょっとどいて、O の姿勢を使った招き寄せ

❶馬の「挨拶のボタン」に「拳のタッチ」を使って、馬の様子を見たり、「こんにちは」と挨拶します。

❷馬に前肢をどかしてもらうために、「頚の中央のボタン」または「肩のボタン」と一緒に「顔のちょっとどいてボタン」を使います。

❸「O の姿勢」を使って、馬を呼び戻します。ただし「招き寄せ」は、馬の体の前の部分を私たちの方に戻すのを歓迎することを覚えておいてください。馬が反応したら、「挨拶」として、様子見の「拳のタッチ」を含めるのも良い考えです(**図 4.9**)。

後ろに下がってのボタン

馬に頭や前肢を横に動かすのではなく、後ろに下がってスペースを譲ってほしいときに、馬の肩の正面のボタンを使うことができます。これを私は「後ろに下がってのボタン」(p.35)と

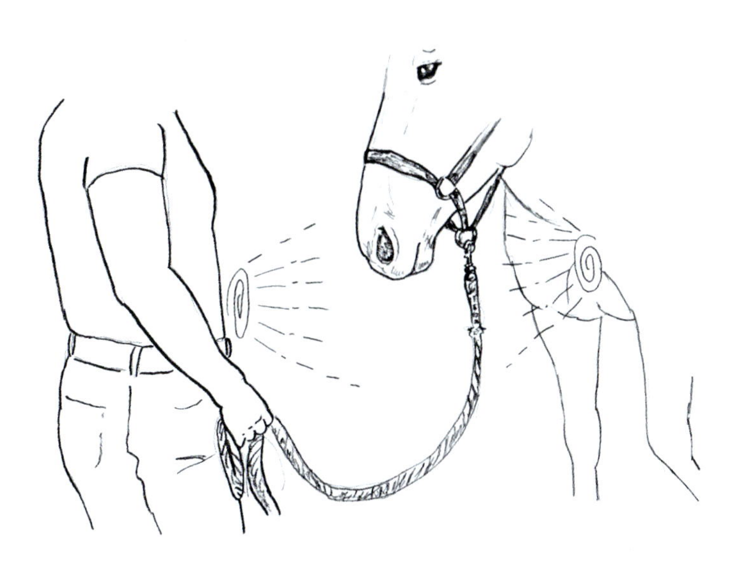

図 4.10 あなたの「体幹のエネルギー」は、おへそのすぐ後ろにある体の中心から発せられています。馬のエネルギーも馬の体の中央から放射され、胸を通して発せられています

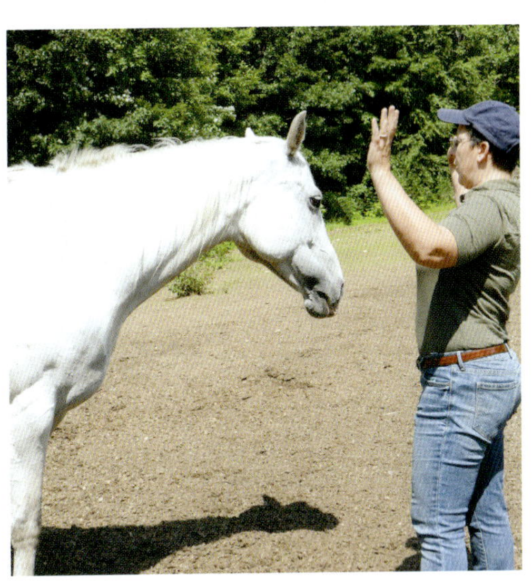

図 4.11 私は両手を上げて大きな X をつくり、Vati に向けて「体幹のエネルギー」を発しています。この動作は彼女に遠ざかるよう伝えています

名付けましたが、これは肩の外側の下の方、肢の一番上の部分が肩の筋肉につながるところにあります。ここには逆三角形のくぼみがあるので、みつけやすいでしょう。このボタンに触ると馬は後ずさりします。牡馬は戦うときに、相手のここを前肢の蹄で蹴ろうとします。

体幹のエネルギー(コアエネルギー)と X の姿勢

この段階までできていれば、あなたが体幹から発する「体幹のエネルギー(コアエネルギー)」に馬がどれくらい敏感かを調べはじめるのに、今はちょうど良いときです。あなたの本当の“中心”、すなわち平衡点は、おへその後ろにあります。人間のエネルギーは体幹から発すると考える武道では、この部位は「肚(はら)」と呼ばれていています。馬にも同様の「体幹のエネルギー」があるとすれば、それは“馬の”体の中心の奥深くから放射され、胸から出ていると考えるべきでしょう(**図 4.10**)。あなたが、自分自身の体幹から“エネルギーの放出”があることを信じても信じなくてもかまいません。でもエネルギーに反応する馬を、あなたは毎日目にするはずです。

「O の姿勢」は「招き寄せ」る姿勢でしたが、今度はその対極である「X の姿勢」を学びましょう。あなたが馬と向かい合うとき、つまり目や肩、両手、おへそ、両足が馬の正面を向いているとき、あなたの体は「X の姿勢」をつくりはじめています。両手を上げるか両足の幅を広げると、あなたはおへそと「体幹のエネルギー」を中心とした、大きな X の形をつくりはじめています(**図 4.11**)。

「X の姿勢」は、「あっちへ行って」を意味します。馬が耳を寝かせ、うなじで弧を描き、前肢か後肢、または 4 本の肢全部を広げて立っていたり、背を高くしているように見えたら、彼は X をつくっているのです。それは他者を迎え入れる姿勢ではなく、あなたを自分の方に「招き寄せ」をしてはいません。自分の体で X をつくるとき、あなたは馬のこのコミュニケーションのミラーリングをしています。

Xと0の実践

私のある生徒は、「Xの姿勢」と「0の姿勢」について学んだことが自分の牝馬に大変大きな影響を与えたので、とても興奮していました。彼女がその体験を私に生き生きと語るあいだ、彼女の愛馬はそばに立っていました。話を続けるうち、彼女の姿勢は見るからにX寄りになっていきます。数分もすると、馬は頭をどんどん下げていき、彼女の顔を見上げながら両耳を横に垂らしました。馬が3度目に鼻から息を吐くと私はもう我慢できなくなって、馬が「お願いだから、落ち着いて」と彼女に頼んでいることを指摘しました。生徒は話の途中で言葉を止め、大笑いすると、大げさに「0の姿勢」を取りました。馬はすぐさま頭を上げて、彼女の「拳のタッチ」に応え、その手をいとおしそうに舐めました。それはまるで、馬が彼女に「ほら、ほら、落ち着くのよ！ そう、いい子ね！」と言っているようでした。

会話：後ろに下がって

私はこの会話はまず馬房の中で行い、それから外でもするようにしています。

❶たいていの場合、あなたの「体幹のエネルギー」を馬の「後ろに下がってのボタン」に向ける(このボタンにおへそを向ける)だけで、馬を後ろに下がらせることができます。多くの馬は力づくで押さなくても後ろに下がることがわかるでしょう。人間に心を閉ざしてしまった馬には、実際にこのボタンに手を触れて、くすぐったり掻いたりしても良いでしょう(**図4.12A、B**)。

❷後ろに下がらない馬は、リーダーとしてのあなたに疑問をもっているので自分の前のスペースを譲ろうとしません。これはほかの馬を疑問視するときと同じです。こうした馬に動きを求めるとき、どれだけ大きく下がるかは問題では**ありません**。馬がただ体を傾けたり動く意思を示しただけで、その努力を褒めてあげましょう。そうやって成功したと認めることが、先につながります。STEP1などで、馬のごく小さな動きを観察することを学んできて、馬が“身構えている”状態から“考えている”状態に変わる瞬間など、多くのことにあなたは気づけるようになっているはずです。例えば「考えている」

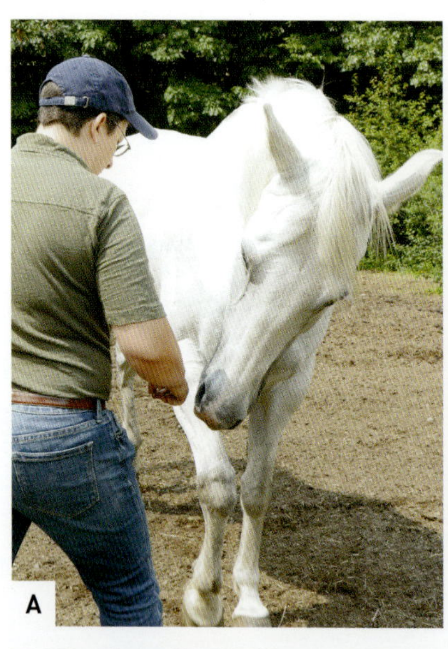

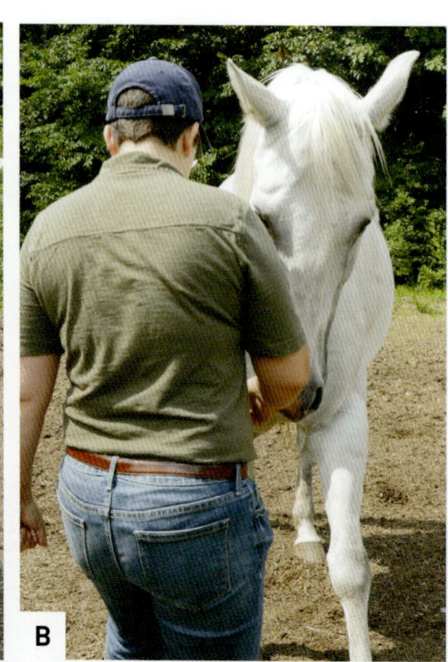

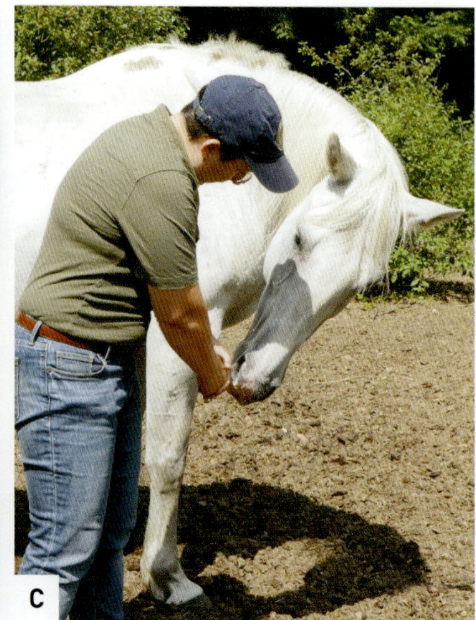

図4.12 Vatiの肢と肩が接する箇所ははっきりわかります(A)。私は彼女のそのボタンに「体幹のエネルギー」を向けています。さらに強調するために、私は「後ろに下がってのボタン」を人差し指で指します(B)。私は「0の姿勢」になり、「ゼロ」での「間」を取って、彼女にお礼をします(C)

ことを褒めてあげると、馬はあなたが求めていることに反応することではなく、考えることだと理解します(**図 4.12C**)。

会話：前進をブロックする

「前進をブロックする」のは「後ろに下がって」と関係があります。それは前に進もうとしている馬にとって、「同じ場所に留まるのは、頭のなかでは後退するのと同じ」だからです。馬房の扉やゲートが開いたとたんに人の脇をすり抜けようとする馬をあなたも知っているでしょう。あなたが求めることを馬の言葉で説明できれば、こうした行動も変えることができます。

❶地上から「前進をブロックする」、つまりハンドリングや曳き馬をしている馬をよりゆっくり歩かせたり立ち止まらせるには、リラックスした姿勢で、馬の正面より少し横に寄って立ちます。自分の息が足を通り、足先を通じて地面に流れこんでいくようなイメージをします。
❷馬が進んでいるのと同じ方向を向きます。少し「間」を入れ、「体幹のエネルギー」で馬の前進をブロックするイメージで、おへそから「体幹のエネルギー」を出します。馬の反応を見てください。必要であれば、あなたの「体幹のエネルギー」を、馬の肩の正面にある「後ろに下がってのボタン」に当てるよう意識します。このとき、敏感な馬は足並みをゆっくりにするか立ち止まって「間」を取りますが、あなたが「体幹のエネルギー」を馬の胸に向け続けると、後退をはじめるでしょう。

この本で紹介する会話はどれも、馬にとって重要な、馬の基本的なニーズを満たすものです。これらの会話をすることで、馬にとって大切なことは人間にとっても大切だということを馬もわかってくれます。その結果、馬は私たち人間が求めることについて、考えを改めるかもしれません。

Joe

Episode 1

会話をはじめる

多くの人は、少なくともあなたよりも前に1人のオーナーがいた馬を持ったことがあるでしょう。あなたはオーナーになると、以前あった出来事や条件付けに基づく馬の癖や態度、好き嫌いを見せられます。馬の言葉を解釈し、真似することを学ぶにつれて、あなたは馬が見せてきた謎をいくつかは解き明かせるでしょう。ここからは、元競走馬で大きな鹿毛のサラブレッドのJoeという想像の馬とのお話になります。私はホース・スピークの会話スキルを使って、Joeと会話をしていきますので、お付き合いください。

Joeは両極端な面をもった馬です。身体能力に優れ、人間のことは好きなように思えます。美しい馬で気立ても悪くありません。でも時々人を乗せたまま暴走し、馬房の中をイライラしながら歩きまわり、放牧のときに捕まえにくいこともあります。人懐こいと思えば、身構えます。曳き馬も難しく、戸口を通り抜けるときは緊張します。オーナーのMikeとLizはおだやかで思いやりがある人たちで、Joeと馬場で軽い運動をしたり、外乗もできればと思っています。

すでに何人もの馬のプロたちが、MikeとLizを助けるために、Joeのムラのある行動を矯正しようとして再調教を試みたあと、私に声がかかりました。でも私がここにいるのは調教が目的ではなく、彼と“会話”をするためです。Joeが自分のことをどう考え、自分の環境について何を理解し、そして人間のことをどう感じているのかを探るためです。

私のアプローチは、馬同士が初対面のときや、朝、一緒に放牧されたときに見せるさまざまな組み合わせのジェスチャーのような、「挨拶の儀式」の要素からはじめます(p.49)。「挨拶の儀式」からはじめることで、Joeのストレスが頭で考えていることや感情的な面に関連しているのか、知ることができるでしょう。もしかしたら何か体に痛みやダメージがあるせいかもしれません。

Joeがいる厩舎に入りながら、私は自分の内面を静めます(p.7「内なるゼロ」参照)。奥の馬房にいるJoeの姿がちらりと見え、私は通路を進みながら彼の観察をはじめます。馬には遠くまで見えていますから、Joeがすでに私の存在を意識しているのは間違いありません。今、私の周りの人たちは親しげにおしゃべりをし、彼らが考える問題の原因を説明しています。馬が今のこの瞬間だけに生きているように、私もこの瞬間に意識を集中させます。Joeに完全に集中するうちに、私の注意は人間の世界を離れます。

Joeに近づきながら、私はいくつかの手がかりを求めて彼の顔を見つめます。彼は人間に何を見せなければならないと考えているのだろう？ 人が近づいてくることを実際にはどう感じるのだろう？ おやつの期待、それともいじめられる心配？ 彼の安心できる「境界線」に、どの時点で私は近づきすぎている？

馬にとって唯一の重要なことは、何であれ、たった今起きていることです。

私は、Joe の私への注目や注意を示すかすかな手がかりを観察し、すべての情報を解釈します。彼は耳を緊張させ、用心深いまなざしで私を見つめています。口はこわばり、頭を高くしています。大きな息はしていませんが、時おり私の匂いをかごうとするかのように鼻孔を大きく広げます。好奇心を抱いている印です。これまでのところ、Joe は私が近づくのを、興味をもって受け入れています。でも耳が緊張し、頭を上げているので、警戒し、危険に備えていることがわかります。Joe は馬房から頭を出して私を見ています。馬房の奥に隠れているよりは、希望のもてる姿勢です。

耳が時々ぴくつくのは、Joe が反応しやすいことを示しています。顔が緊張しているのは、人間の気分に敏感なことのあらわれです。唇をこわばらせ、あごを噛みしめているのは、(おそらく彼には理由はわからないけれど)自分の周りで人間の機嫌が悪くなることを予測しているのでしょう。ある程度近づいたところで、不意に彼は頭を私から遠ざけ、耳をしぼりました。私はそこで足を止め、彼のジェスチャーが意味すること、つまり私が彼の「パーソナルスペース」(p.26)の縁に来たのを理解したと、彼に知らせます。

Joe は、「これ以上近づかないで」と頼んでもこれまで誰も耳を貸さなかったので、私が足を止めたことは彼の注意を引きます。あなたが傍まで行かないうちに馬が顔をそむけるなら、馬はあなたに“侵入された”と感じているのかもしれません。Joe は、私が彼の「パーソナルスペース」の縁(人間がかかわる場合は、基本的に安心だと思える境界線)まで来たと私に伝えたのです。人間と同様、「パーソナルスペース」の大きさは馬それぞれで異なります。あなたも馬に近づくとき、馬のかすかな反応にも気づく習慣を身につけましょう。反応は、あなたと彼の「パーソナルスペース」が触れたときに起こります。

今、私には彼の境界線がわかりました。私は馬同士でするような方法で、彼のスペースに入り続けて良いか許可を求めます。私は彼に対するプレッシャーをすべて取り除き、一瞬、顔をそむけます。そして人間版の「Aw-Shucks」(p.30)を行います。靴で地面を少しこすり、床を興味深げに見つめるのです。干し草を手に取って、じっくり調べるふりもします。馬は地面の匂いをかぐことで、相手の馬や人間にかけていたプレッシャーを取り除いて「Aw-Shucks」をしますから、私は彼の言葉で、自分は急いでいないことを伝えているのです。

「Aw-Shucks」をすることで、私は**私自身の**重要事項である、「接近と後退」をチェックする時間を自分に与えてもいます。これは冷静さと礼儀正しさを保つために馬同士で使うもので、挨拶の前段階にあたります。**馬にとって**唯一の重要なことは、何であれ、たった今起きていることです。馬にも欲求とニーズがあり、それが何であるか、馬はあなたに直接伝えるでしょう。私は Joe が伝えようとしているメッセージを知りたいのです。

まもなく Joe は頭を私の方に戻します。すると、彼はさっき以上に匂いをかいでいます。かすかですが、頭も低くしています。私に好奇心を抱いていることを示しているのです。私を見てはいますが、まぶたが少し緊張しています。彼は、私の意図が誠実で友好的なものだとはまだ納得していませんが、それについて話し合う気持ちはあるのです。

会話のダンスがはじまりました。私が1歩前に出ると、彼は頭を横にそらします。私は足を止めて下を向き、床をこすり、彼がたった今向いたのと同じ方を見ます。彼は顔を戻して私を見ます。この手順を私は彼が横を向いたときに、2度繰り返します。馬同士は交渉をよく3回繰り返して行います。私はJoeに「あなたに近づいてもいい？」と尋ねています。普通、私は質問を3度繰り返し、馬がそれに答えなければやり方を変えます。私が彼に近づいても良いか、そしていつなら良いかは彼が決めること、と私はJoeに伝えています。Joeのまなざしが和らぎ、頭がいっそう低くなります。

ようやく私はJoeに手の届くところまできました。私は頭を上下して待つことで、彼の「パーソナルスペース」に入っても良いか尋ねます。Joeが耳をしぼったり、完全にその場から離れたり、こわばった仕草を少しでも見せたら、答えは「NO」です。「NO」の答えが来たら私は床をこすり、顔をそむけ、腰を下ろして息をします。そして彼が私につながりをもつことを認めるまで、辛抱強く待ちます。私は馬の礼儀作法に従っているだけです。Joeから許可をもらえなかったので、私は待たなければなりません。

Joeは一息入れることにし、馬房の中に戻ってグルグル歩きます。おならをし、鼻を鳴らし、エサと水をチェックするのは、私を無視しているように見えます。でもホース・スピークではこれは失礼なことではなく、彼は状況をじっくり考えているのです。私は彼自身の言葉で、彼とつながりをもてるか尋ねました。Joeは自分にわかる形で人間が話しかけてきたという事実をじっくり考えていて、その事実に驚いているのかもしれません。これまで人間とのトラブルを経験していたら、おそらく過去の経験の“データベース”と私の行動を比較しているのでしょう。数分後に彼は馬房から頭を出しました。目の周りにしわが寄り、まなざしは心配そう、唇も緊張しています。それでも彼は私を見ます。

私はまた立ち上がり、体を彼に45度の角度で向けて立ちます。彼の頭に直接プレッシャーをかけないようにするためです。そしてまた正式なリクエストを繰り返します。頭を上下させて待ちます。今度はJoeは顔をそむけません。やった！ ついに近づいていいという答えが出たのです。私は腕の力を抜き、柔らかく握った拳の手の甲を上にして、彼の鼻面の方に差し出しながら彼に近づきます。このジェスチャーは馬がほかの馬の鼻に自分の鼻面を触れる動作を真似たものです。馬の鼻は敏感なので、「拳のタッチ」は優しく行わなければなりません。通常、「挨拶の儀式」では3回「拳のタッチ」を行います。

私はJoeに「拳のタッチ」をします。(正式な「挨拶」の段階で相手を噛むことは馬の礼儀作法に反しますが)このとき彼がコミュニケーションの1種である、防衛的な甘噛みをしてくる可能性はあるからです。そして彼が噛んだら引き下がれるよう、私は備えます。でもJoeは噛まないので、私は会話を続けられます。最初の「拳のタッチ」のあと、馬は「コピーキャット」のゲームをします。右か左のいずれかを見て、相手もそうするか見るのです。このジェスチャーで、どちらがリーダーで、どちらが従う側かが決まります。最初に方向を示した馬がリーダーになると申し出、同じ方向を向いた馬は、少なくとも今は相手に従うのはかまわない、と答えているのです。

私は馬の礼儀作法を理解していることをJoeに示すために、「コピーキャット」をはじめます。頭を片方に向けて彼のリーダーに

なると提案し、彼が同じ方向に頭を向けるか見ます。もしそれをしたら、彼には私の後ろにつく気持ちがあります。反対の方向を向いたら、まだ私をリーダーとして認めていませんが、会話を続ける意思はあります。ほんの少しでも馬房の中に下がったら、彼には人間と「コピーキャット」のゲームをするほどの安心感がまだないということです。間違った反応というものはありません。この時点で私は情報を集めているだけです。Joe のすることから、彼が見知らぬ人間についてどんな考えをもっているかがわかります。

最初の「拳のタッチ」のあと、Joe は「コピーキャット」をしませんが、それもまったくかまいません。私は彼の方を向き、もう1度、拳を彼の鼻面に向けてそっと差し出します。2度目の「拳のタッチ」のあと、私は彼の動きを真似します。Joe が厩舎の入口の方を見るので、私も同じ方へ振り向きます。私は彼の味方であり、途中まで歩み寄る気持ちがあるのを知ってもらいたいのです。すぐに彼が頭を私の方に向けるので、私も彼の方に顔を向けます。

この2度目の「コピーキャット」のあとJoe は後ろに下がり、丁重にコンタクトを断ります。それは無礼なのではなく、礼儀正しく引き下がっただけです。

「挨拶の儀式」を手順どおり行っても、Joe の唇はこわばり、まぶたを硬くしてしわが寄り、まだ1度も頭を下げていません。これらは緊張の印なので、私は追い払われることを覚悟しつつ、Joe が3度目の「拳のタッチ」で儀式を完了してくれるよう願います。3度目の「拳のタッチ」は、「挨拶」のこの部分の最後のタッチです。ここで会話の次のステップが決まるので、繊細さが必要です。この3度目の「拳のタッチ」は、馬のニーズと安心感のレベルにより、より多くの(またはより少ない)つながりと会話につながります。群れの状況では、挨拶のこの部分から「グルーミング」につながったり、遊びがはじまったり、2頭が「スペースをシェアする」ことに同意したり、一緒に移動したり、じっと立ったまま深い休息を取ったりします。その一方、1頭の馬が、金切り声をあげる、耳をしぼる、あるいは相手の頚を噛むといった「ちょっとどいて」の表現をして、相手の馬を攻撃的に追い払うこともあります。

基本的に3度目の「拳のタッチ」は、あなたが味方か敵かを決めるものです。Joe は私を追い払いません。それに対して私は、愛情表現の作法である、ゆっくりと彼のキ甲の方に手を伸ばす動作で、「グルーミング」を申し出ます。もしも彼が後ずさったら、「グルーミング」に対する彼の答えは「NO」です(グルーミングはスペースをシェアすることで、馬はあなたが「パーソナルスペース」に入ることを許可しています)。もしも馬が何かしら興味をもっているように見えたら、彼のスペースに私を歓迎する**かもしれない**と私にはわかります。今回、Joe の反応は最初のうち、私の「グルーミング」のジェスチャーを受け入れ、私に触らせていましたが、やがて体を遠ざけていきました。私にそんなに近くまで来させて良いのか迷っているのです。

私は、2人の「パーソナルスペース」のことを知っていると彼に示すことにします。お互いの「パーソナルスペース」を定義する一番の方法は、私にスペースを譲ってくれるよう、かつて彼の母親と同じやり方で頼むことです。私は「あなたの顔を私のスペースからちょっとどけて」を意味する、彼の頬の後ろの「顔のちょっとどいてボタン」(p.34)に手を伸ばし、片手の指先でこのボタンを優しく押し、彼の頭を私のスペースからどかすよう、明確に求めます。

Joe が頭を動かすと、私は1歩下がって「間」を取り、彼にこの情報を吸収する時間

会話のはじまり

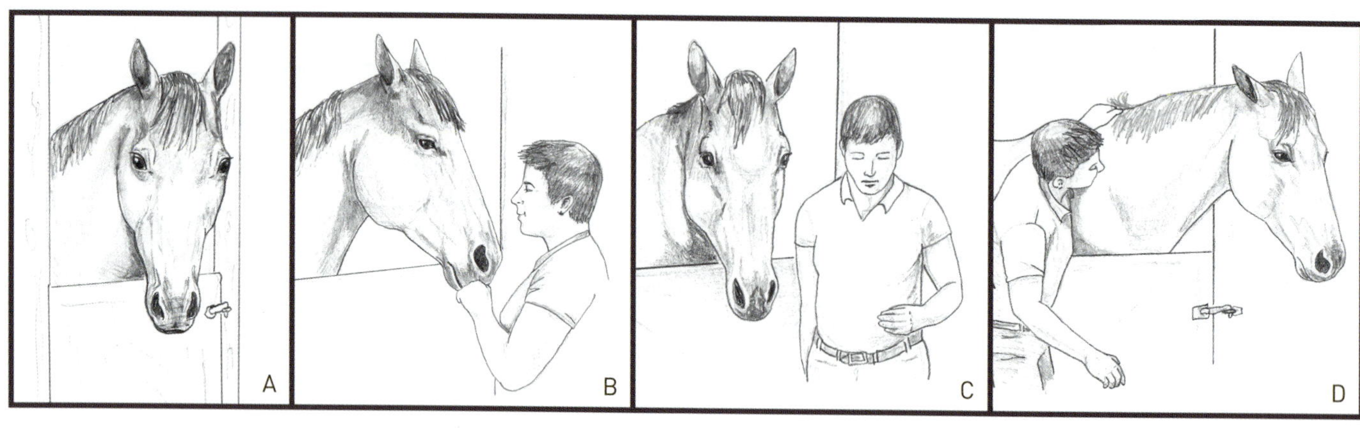

Joeは警戒しながら、近づいてくる私を見ています(A)。私たちの最初の挨拶は、希望はもてますが控えめです(B)。彼へのプレッシャーを取り除くために、私は「ゼロ」の状態になります(C)。それから私は動いて、Joeのキ甲にグルーミングをします(D)

を与えます。私は深く息をし、あごの力を抜きます。それから唇をモグモグさせて、「私には楽しい1日だけど、あなたはどう？」と尋ねます。私は「パーソナルスペース」に関する会話をはじめましたが、ソフトな形でつながっていたいと思うのです。

私は見ている人たちに冗談を飛ばし、唇をモグモグさせながら、ソフトですが馬鹿げた音を立てます。Joeとの会話をあまり深刻なものにしたくないので、私がユーモアの感覚を保ち、深い息をするのはとても大切です。緊張し不安で、爆発しかねないことを顔にあらわしている馬に対して、私は馬の群れにおける仲裁者のように振る舞う必要があります。なぜ私はJoeに自分が仲裁者だと信じてもらいたいのでしょうか？ それは、私が絶対に、馬と喧嘩はしたくないからです！ 私が本当に攻撃的な馬から実際に身を守る必要があったことは、非常に少ないです。それでも、どんなにかすかでも喧嘩や攻撃を思わせるようなことは絶対にしない人間であることを馬に納得してもらうために、私はできる限りのことをしたいのです。群れのなかで最も信頼されるリーダーは、最も冷静な馬でもあるのです。

Joeが頭を動かして、私のスペースを尊重したので、私は今度は「いつくしむ息」(p.24)をします。これは鼻を通そうとするときのような、深く吸い込む息です。これは母馬が子馬にかける息で、猫がのどを鳴らす音のように聞こえますが、それ以外にもストレスを受けている馬に、群れの保護者の立場にある馬がこの息を使うのを私は聞いたことがあります。私はこの音を使って、聞くことだけでなく、話をしたり落ち着かせてあげたいのだ、と馬に納得させたこともあります。

ここまで私は以下のことを行ってきました。

1. 「挨拶の儀式」の3つのステップ(p.49)をすべて行った。
2. Joeの「顔のちょっとどいてボタン」(p.34)を押して、彼に動いてくれるよう頼んだ。
3. Joeのスペースから遠ざかり、唇をモグモグさせ、「いつくしむ息」を彼に示した。

私はJoeに、「話はしたいけれどあれこれ無理強いするつもりはなく、彼の言うことを

私が絶対に、馬と喧嘩はしたくないからです！

聞きたいだけだ」と伝えました。

ここから面白い展開をみせます。どうやらJoeは、人間に混乱させられることはあっても、人間が好きなタイプの馬のようなのです。Joeはまた「こんにちは」と挨拶するために私の方に来ます。再び「拳のタッチ」をしたところ、“様子見の戦略”には1回の「拳のタッチ」で十分なのがわかります。今回、Joeは私の拳から鼻面を離さず、私に「グルーミング」をするかのように唇を押し当ててきます。けれども興奮しすぎて、私の安全の「境界線」にちょうどいい優しさでする方法が彼にはわかりません。この時点で、私は彼の前向きな気持ちを利用して、私がどういう「境界線」を望んでいるかを伝える必要がありました。私はもう1度、今回はより強い意志で、でも悪意をこめずに、彼の頭を遠ざけます。そして手を伸ばして、彼の頚と肩を掻いてやります。さらに“カッピング”もします。手の届く範囲で、彼の頚の一番上から下まで、カップのように丸くした手でしっかりなでてあげるのです。これはつながりを求めているけれど、緊張が解けない馬をリラックスさせます。緊張した馬は、私のタッチが軽すぎたり迷いがあるといらつくこともあるので、私はカッピングの強さをJoeの感情レベルに合わせ、リラックスするよう彼にゆっくりと働きかけます。

ホース・スピークの会話を使って、人間がJoeに何を望んでいるか、私は彼自身の言葉で説明することができます。

Joeが頭を低くし、少しリラックスしたので、お礼に私はその場から離れます。馬が食料と水以上に価値を認めるものは、スペースだけだからです。群れの平和は、馬がお互いに居心地の良い距離を取り、「パーソナルスペース」を保っているときに生まれます。馬にとってスペースが保たれていることは平和と同じことなので、私はJoeにスペースを与え、報酬として彼に平和を差し出したのです。

15分後に私はJoeを再び訪問しました。彼がどんな表情を浮かべるか見るために、私は厩舎の端で待ちます。今度は、彼は緊張せず真っすぐ私を見ます。鼻息を鳴らし、「リッキングとチューイング」をします。口も力んでいません。「リッキングとチューイング」ができる馬は、自分は安心だと感じています。そして文字どおり、彼は頭のなかでこれまでのことを“咀嚼(チューイング)しなおして”いました(p.39)。

Joeは「まばたき」もします。これは目が緊張していない印です(p.43)。「まばたき」と「リッキングとチューイング」から、Joeが私とした会話を考えていたことがわかります。彼はもっと対話をしたいと思っているのです。

私も彼に「まばたき」をし、ガムを噛むふりをし、頭を上下に振ります。私は「そう、さっきの会話は中身が盛りだくさんだったわね！」と言っています。これによってJoeに、私も考えていて、もっと話したいと思っていることが伝わります。Joeは軽く頭を上下に振りますが一瞬、目をそらします。Joeは、私に来てはほしいけれど、お互いの「パーソナルスペース」についてはまだ不安があることを私が理解しているか、チェックしているのです。私は彼の動きを「コピーキャット」し、彼のサインに今も注意を払っていると伝えます。

次に私は頭を上下に動かして、そっちに行くよと伝えます。私は手を軽く握り、手の甲を上にして腕を伸ばし、真っ直ぐ彼に近づきます。今回は長い3度にわたる正式な挨拶は必要ありません。お互いのことをゆっくり知るには1度で十分なのです。それで私は彼の鼻に対して「拳のタッチ」を続けて3度さっと行いますが、3度目はそのままにして、Joeが「グルーミング」を望むか見ます。今回、彼はその場を離れず、私の拳の上で唇をモグモグ動かします。私は人差し指を、彼の「顔のちょっとどいてボタン」のある頬の方に伸ばします。こうすると、侵入されたと感じたらいつでも彼に顔を動かすよう頼めるので、自分の「パーソナルスペース」を維持できるのです。私は手を伸ばして彼の頚を掻いてあげます。

Joeが私の手を拒否し、私の顔の匂いをかごうとしますが私は驚きません。彼のいくつかの問題の原因は、人間との上手な境界線のつくり方を知らないために、人間に馴れ馴れしくしすぎてしまうからなのです。彼はほかの馬ほど、人間の言葉を理解していないのです。でもホース・スピークの会話を使って、人間がJoeに何を望んでいるか、私は彼自身の言葉で説明することができます。

一瞬、私は彼を優しく掻いている手を止めます。ホース・スピークで私は彼に、頭を動かしてくれるようもう1度求めます。私は「顔のちょっとどいてボタン」を押して、彼の頭をそっと、でもきっぱりと動かします。その理由ですか？ 今は私が、お互いの「パーソナルスペース」が交わる方法を決めるリーダーだからです。そしてそのことがJoeに、1)「パーソナルスペース」を知っていること、2)スペースの侵害について知っていること、3)“どうやって”、“いつ”私にスペースを譲るか、私は彼に丁寧に伝えることができます。

今回、私はその場から去らず後ろに下がり、Joeにも考え直す機会を与えます。もう1度拳を差し出すと、Joeも予想どおり私の方に頚を伸ばします。彼の頭のなかで、灯りがともったのです。私が彼の質問を理解でき、彼自身の言葉で答えられることにJoeは気づきはじめています。そして今、彼はとても重要な質問をしようとしています。

彼は野生馬の群れにいるのと同じように、私との力関係について考えています。彼は遠くの、本物もしくは想像上の脅威の方に目を向けます。私はこの質問が来るのを予測していました。彼が私を仲裁者とリーダーとして受け入れるには、私は保護者の役割も果たさなければいけないからです。群れのなかの保護者の役割を、私は「確認」と名付けました。群れが逃げるべきかどうかの決定を下す馬のことです(p.56)。「確認」役の馬がいれば、群れの20頭が、逃げるかどうかをそれぞれが状況に応じて判断する必要がなくなるのです。

私は何であれ、Joeが見ているものの方を見ます。そして警戒し、じっと見つめ、一瞬体を硬くします。それから脅威に向かって強く息を吐きます。そして誰から見てもわかるようにリラックスするのです。頭を下げ、ガムを噛むふりをし、大きな息を吐くこともします。すぐさまJoeは頭を低くして、私を真似します。

私はJoeに「ええ、お化けのことは何でも知ってるわ！ でも心配しないで。私があなたを守ってあげるから！」と言ったのです。Joeが赤ん坊のときは、母馬が彼を守ってくれました。お母さんは頭を高く上げ、脅威かもしれないものをじっと見つめ、鼻から音を立てて息を吐き出したでしょう。赤ちゃんの

Joe は足を止めて母親を見つめ、母親に言われてから動きました。母親がリラックスし、リッキングとチューイングをしたら、Joe もリラックスすることができました。

Joe は今、私と会話をはじめる方法をみつけたのです。それでも、彼は何かに不安になることがあります。そして彼は毎回、私が彼の不安に注意を払うかどうか、熱心に見ています。彼がお化けを見るたびに、私は足を止めて彼のお化けを見なければなりません。彼の信頼を得るには、私は彼を守る母親のように振る舞う必要があるのです。

“お化けを息で追い払う”ことほど、馬の信頼を得るものはありません。これはさらに、のちに馬がいろいろなものにおびえなくなるよう馴致する際にも、大いに役に立ちます。あなたが馬の不安を理解して対処してくれると、馬が心から信じたとき、馬は大きな決定をあなたにゆだねるようになります。そして徐々におびえることが減り、不安なものがあれば直接あなたを頼るようになります。

Joe は私を信頼しはじめています。私はホース・スピークで彼に「挨拶」し、馬がやるようにキ甲から彼を「グルーミング」しはじめ、彼の母馬がしたように彼の顔を動かしました。私は彼に期待する安心感の「境界線」を示し、何回かお化けを追い払いました。彼に1人でじっと考える時間を何回も提供しました。馬房の中で、無口や曳き手を使わず、彼を自由に行動させました。Joe は今、「あくび」をしています。それは、彼が長年の混乱と緊張を手放している明確な証しなのです。

STEP 5

曳き手を使ったホース・スピーク

Keywords

無口を使って赤ちゃんを揺らすように(p.75)
曳き手を持つ手をスライドさせる(p.75)
セラピーの後ろに下がって(p.77)
足並みをそろえる(p.80)
ターゲットの拳(目印となる拳、p.81)
足のお遊び(p.82)

あなたはこの本を読み馬のあらゆる動きを細かく観察するようになり、馬がこれまで以上に興味深い生きものに見え、フィールドワーク中の生物学者になった気分かもしれませんね。これまで「儀式」を練習しましたが、あなたが馬に“うなずく”と、馬はうなずき返しますか？ 馬に近づくとき、あなたは拳を差し出して「拳のタッチ」をしますか？ 馬は、「自分に挨拶して」と催促しに来ますか？ 地面をとても興味ありげに見つめて、「Aw-Shucks」をする馬を見ましたか？ もしかしたら、あなたは誰も見ていないところで馬の動きを真似しているでしょうか。でもこれからまた別の“会話”を練習すると、もっともっと興味深くなっていきます。

ここまで私が説明してきた会話はどれも、馬が馬房、放牧場などで自由にしているときに行うものでした。もう少し詳しく説明する前に、曳き手(ロープ)をつけたときの「曳手を使った会話」のやり方を見ていきましょう。そうすれば、無口と曳き手をつけた馬のハンドリングや曳き手をとても上手に行えるようになるからです。

馬を落ち着かせる無口を使った会話

無口と曳き手をつけられると、馬は自由に動けなくなります。捕らわれているように感じるかもしれません。あなたは群れの序列で上位の役割を引き受けますが、馬はあなたを自分より上位の存在と認めているとは限りません。それはこれまで接した人間が、大切なことを必ずしも守ってくれなかったからです。また、あなたが要求したら後ろをついてくるよう求めても、馬は曳き馬で嫌な経験をしているかもしれません。そのような場合には無口をかけるだけで、馬の不安のレベルが上がるかもしれないのです。でも無口をつけた馬に「ゼロ」の状態に戻るよう促すことができる、短い会話がいくつかあります。1つは「無口を使って赤ちゃんを揺らすように」の変形です(馬具を何もつけないで行う「赤ちゃんを揺らすように」は p.51 参照)。これは無口を軽く持たれるのすら警戒する馬に、とても効果的な会話です。もう 1 つの「曳き手を持つ手をスライドさせる」では、曳き手を通して馬とあなたのつながりを調整し直します。

会話：無口を使って赤ちゃんを揺らすように

❶馬の前で、馬に向き合って立ちます。
❷左手で曳き手を軽く持ち、右の手のひらを下にして、指を無口の鼻革にかけます。曳き手を無口のところでなく、金具から 30 cm ほど離れたところで持たれる方が好きな馬もいるので、左手の位置に注意します。右手は鼻革からあまり遠くないところで、指を優しく鼻革にかけます。
❸すぐに、あなたの体重を左右の足に繰り返し移動させます。腰が軽く揺れてもかまいません。息を吸いながら左右どちらかへ体を揺らし、反対方向に揺らすときに息を吐きます(**図 5.1**)。
❹馬が少しでも体の力を抜いたら、手を離し、おだやかな声で褒めながら馬から離れます。顔をぐいっと引っ張られたり手荒に扱われてきた馬は、「無口を使って赤ちゃんを揺らすように」の会話に抵抗するでしょう。こうした馬には深呼吸をしながら接し、馬が少しでも緊張を和らげたり動いたりしたら、褒めてあげましょう。「接近と後退」を通じて、無口に触っては手を離すことを繰り返し、馬があなたとのコンタクトを信頼してくれるようにしていきます。
❺次に、馬の頚の横に立ち、左手を無口にかけ、右手は体の脇に垂らすか、曳き手をキ甲の上に置きます。こうしてあなたが体を揺らすのが馬の体に伝わるようにします(**図 5.2**)。左右どちらかに揺らすときに息を吸い、反対方向に揺らすときに息を吐きます。馬の抵抗が感じられたら、1 分間は揺らし続け、それから「間」を入れます。このあと、必要なだけ会話を繰り返します。やがて馬は、あなたが心地良い体験を提供していることに気づくでしょう。

会話：曳き手を持つ手をスライドさせる

❶馬の前で、少し馬の鼻の横に寄って立ちます。
❷「内なるゼロ」になり、利き手でない方の手で曳き手をまとめて持ちます。
❸利き手の手のひらを曳き手の上の

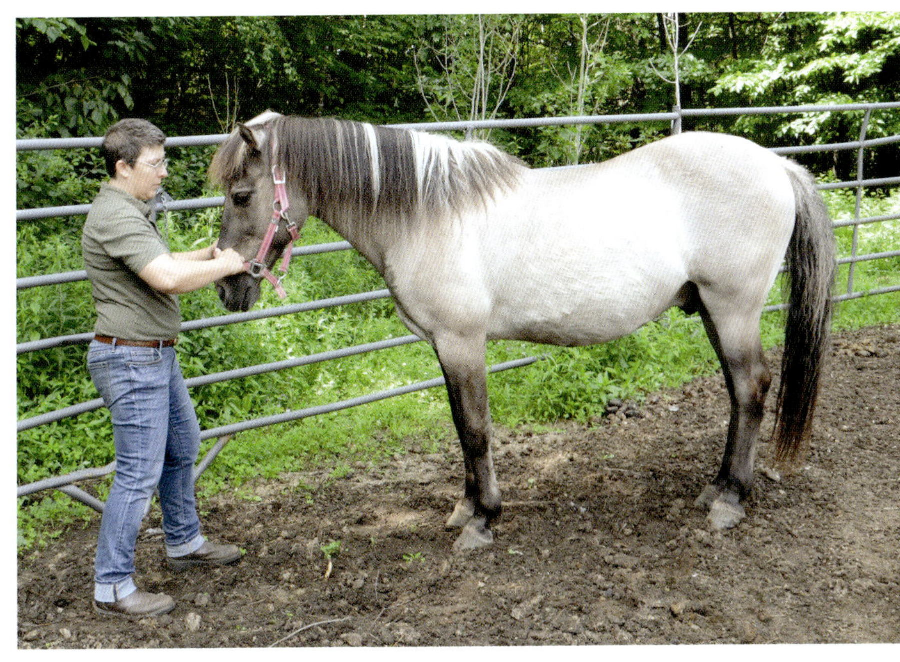

図 5.1　Rocky の正面に立って、私は「無口を使って赤ちゃんを揺らすように」の会話をします

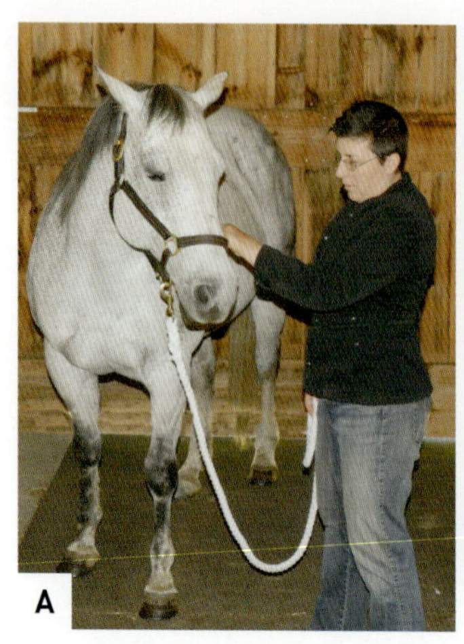

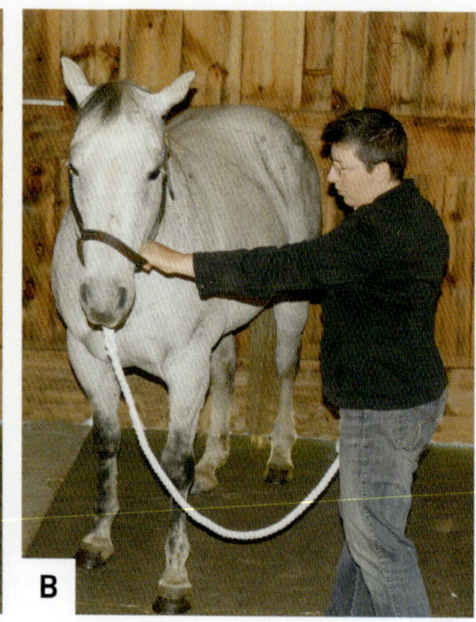

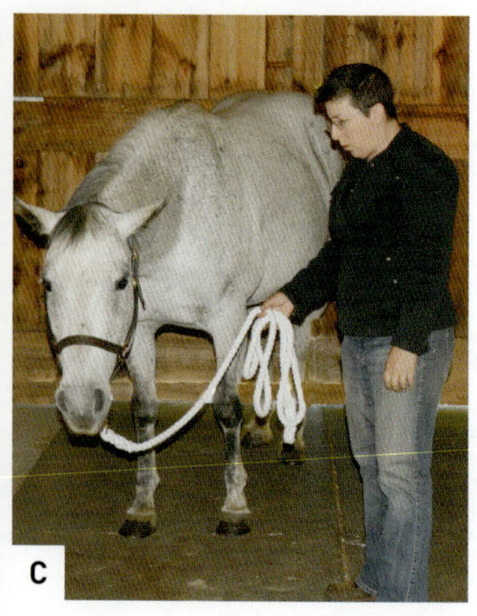

図 5.2 私は Image の横に立ち、左手を彼女の無口に当て、右手は体の脇に下げます(A)。彼女の頭を前後に押すのではなく、優しく揺らします(B)。Image は「赤ちゃんを揺らすように」の会話で、とても癒されています(C)

端近くに当て、クリップのところまで滑らせます。

❹このとき、あなたの小指は空を指し、肘も高くなっています(**図 5.3**)。手のひらを下に向けて曳き手を持つと、馬は抵抗なく、あなたの腕から馬のあごまでが滑らかにつながります。これが馬にとって心地良い揺れを生むのだと私は思います。

❺馬がどういう反応を示しても褒めてあげ、「ゼロ」の状態に戻ります。

馬をハンドリングしたり曳いて歩くとき、この「曳き手を持つ手をスライドさせる」の会話を必要なだけ繰り返しましょう。心地良いタッチを馬に与えられるようになり、曳き馬をする技術が向上します。

馬の前のスペースをもっと要求する

「セラピーの後ろに下がって」は、馬の前のスペースを要求する際に欠かせません。詳しくはあとで説明します。馬具をつけずに行うこのコミュニケーションについては、STEP4(p.64)で触れました。そこでは、馬の前のスペースを要求するのに、「体幹のエネルギー(コアエネルギー)」と「後ろに下がってのボタン」を使うことを学びました。ホース・スピークではリーダーがほかの馬の前のスペースを要求するときは、視線、頭、頚の順に使い、意思を示していきます。そしてそれでもダメなら、自分の肢を動かして相手の馬を「後ろに下がらせ」「パーソナルスペース」から引き下がらせます。序列の低い馬は、常に周りの馬の「パーソナルスペース」を注意深く観察していなければなりません。彼らは自分の頭の前のスペースを、すぐにほかの馬に譲れるようでないといけないのです。突然、群れが走って逃げる必要ができたとき

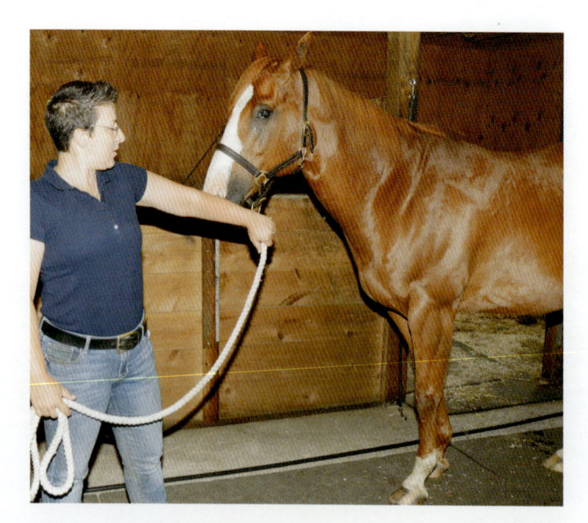

図 5.3 曳き手の上で利き手を馬の方にスライドさせる練習をし、軽いタッチで曳き手を扱えるようにします

に、お互いの肢を踏まないようにするためです。また1日中、少しずつお互いの「パーソナルスペース」をこまめに意識することで、ストレスの多い状況でも怪我をする危険性を減らせます。特に若い馬が年上の馬から下がって離れることを学ぶのはとても重要です。年上の馬は群れの経験の浅いメンバーに、頚や肩を**もろに**ぶつけて下がらせることがあります。

これまでみてきたように、この驚くべき会話のおかげで、私たちは馬のそばにいるときや曳き馬をするときに、馬の周りのスペースをよりよくコントロールできるのです。あなたが馬の頭の前のスペースを心理的に“所有”できたら、馬の動きを誘導しやすくなるでしょう。馬はたとえあなたが背中の上にいても、あなたに自分の動きを導く能力があると信じるからです。

会話：セラピーの後ろに下がって

手や腕だけで曳き手を使おうとせずに、気の流れから派生する動きで肩甲骨から動かすようにします。さらには、馬に後ろに下がりたいと思わせるだけでなく、頭からキ甲までをリラックスさせ、腰、お尻、後膝から緊張を取り除き、うなじを丸めて体幹の筋肉を使うといったことすべてを、同時に行わせることができます。だからこそ、これは「セラピー」なのです。馬は心地良い感覚が得られる運動を記憶し、その動きを繰り返したいと思います。そして馬はあなたを良い考えをもつリーダーの能力として認め、あなたのリクエストにしっかりと応えてくれるようになるでしょう。

❶馬の(真正面でなく)横に立ち、尻尾の方を向きます。この運動を馬の右側、左側のどちらからはじめてもかまいません。ほとんどの人は、馬を左側から扱うように教わっていますから、多くの場合左側からはじめるといいかもしれません(**図 5.4A**)。
❷馬の体に近い方の手を、手のひらを下にして曳き手にのせ、曳き手が馬のあごの下で無口のリングにつながっているところまで、手を滑らせます(**図 5.4B**)。正しく行うと、あなたの小指は馬のあごを感じられ、肘は少し上向きになります。
❸曳き手の大半をたばねているもう一方の手を、馬の肩の「後ろに下がってのボタン」の方に動かします。ただしボタンには触れず、そちらの方を指し示すだけにします。
❹無口のリング近くにある手を、親指が馬の顔に向かって上に向け、肘が下に向くように回転させます。この動きがあなたの肩甲骨や背中につながるまで回転を続けます(**図 5.4C**)。この動きでは驚くほど大きな力が生じるので、ゆっくり優しく回転させます。
❺曳き手を馬の胸の方に引き、馬に頭とうなじを低くして、胸に向かって頚が下向きの弧を描くよう促します(**図 5.4D**)。
❻最後に、曳き手に適切なプレッシャーをかけながら、馬の前肢に向かって明確な1歩を踏み出します。とても敏感な馬は、曳き手を持つあなたの腕が回転するのを最初に感じたとたんに動きます(STEP4、p.64 参照)。心を閉ざしている馬や頑固な馬には、相当のプレッシャーをかける必要があるでしょう。馬が動かないようであれば、前肢と肩が接する肩先にある「後ろに下がってのボタン」に、人差し指を当てて押しましょう。特に(はじめのうちは)馬が“1歩”下がるだけで十分です。不安になっている馬なら、後ろに**体を傾ける**だけでよしとしましょう。あなたの視線は馬の顔や胸、頚では**なく**、後躯に向けます(**図 5.4E、F**)。

❼馬がほんの少しでも後ろに下がったら、その瞬間にあなたは「ゼロ」の状態に戻り、馬を（そして自分自身も！）褒めてあげましょう。そして「0の姿勢」を取り、「拳のタッチ」に馬が近寄ってくるよう、馬を「招き寄せ」ます。

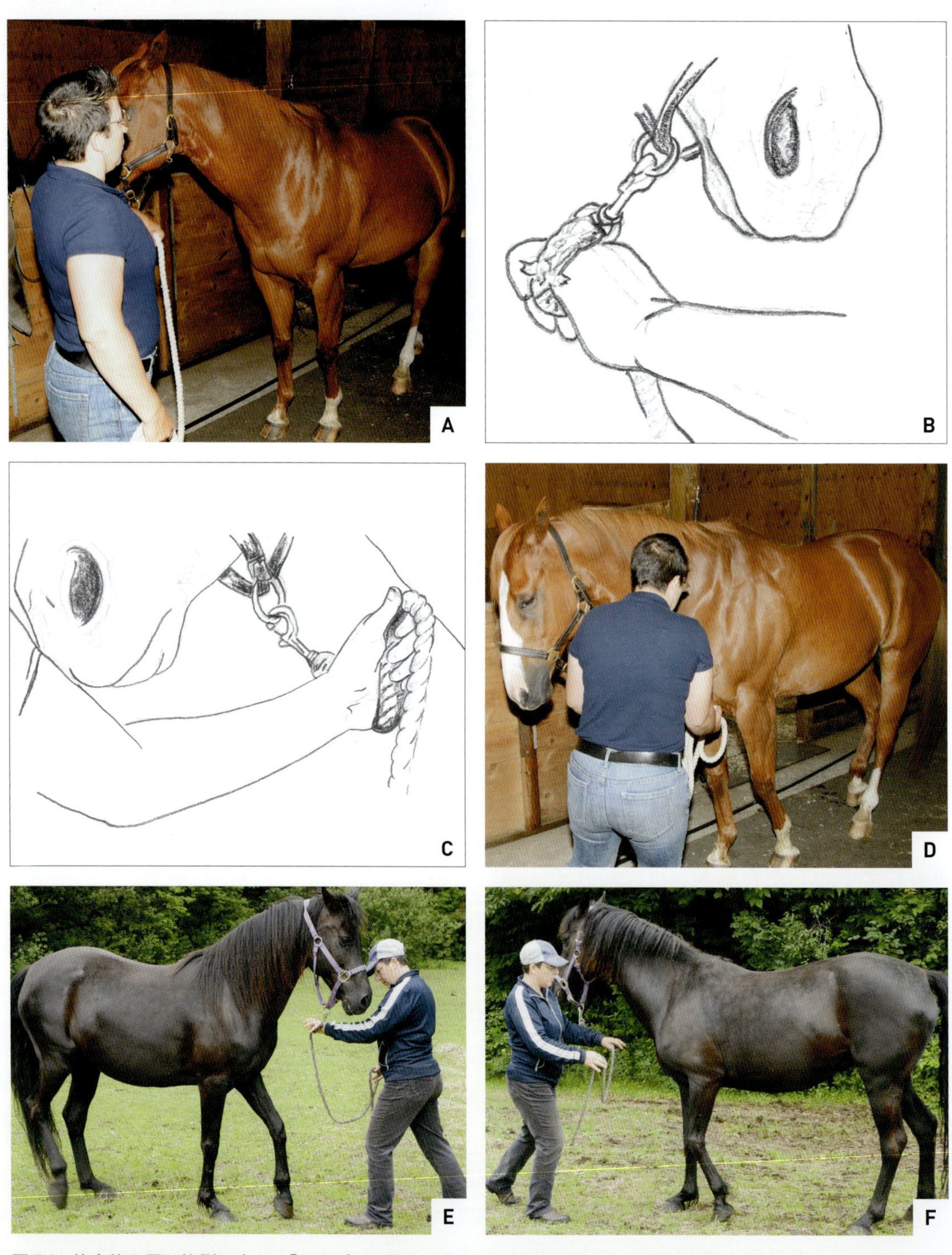

図5.4 体全体で馬の片側に立ち、「セラピーの後ろに下がって」の会話をはじめます(A)。曳き手にかけた手の小指を、馬のあごの方にスライドさせます(B)。親指が上を向くよう腕全体を回転させ、このときの軽い感触で、馬に抵抗しないで動くよう促します(C)。私はClarkに頭を下げ、うなじを丸くするよう頼みます。私は大げさに座りこむ姿勢を取り、彼にも後躯を低くするよう求めます(D)。腕を回転させるコツがつかめると、馬の体をすばらしく柔らかくさせることができます(E)。馬のどんな小さな努力も見逃さないようにしましょう。1歩下がってくれるだけで十分です(F)

こうやって、あなたの「パーソナルスペース」から下がるよう馬にリクエストするとき、あなたは馬に向かって、心配ごとや緊張、ストレスを手放してほしいと伝えるのです。あなたと馬の双方の世界に安全なスペースをつくり出すことを申し出ることで、あなたはリーダーになれます。そのあとは必ず拳を差し出して、馬にあなたのところに戻るよう招いてください。

これまでに学んだボタンで、あなたは以下のことを馬に要求できます。

- 顔をどかしてもらう。
- 前肢をどかしてもらう。
- 後ろに下がって、私の「パーソナルスペース」から出てくれる。

そしてあなたが馬から遠ざかったあと、拳を挨拶のポイントに使って、馬をあなたのところへ「招き寄せ」ることができます。

どこかに行く③

一緒に前に進む

それでは「どこかに行く」の儀式の次のステップに進みましょう。あなたはすでに「挨拶」をし、「ゼロ」をみつけ、「なんて不思議なんだろう」と思う気持ちを維持し、ボタンを使って馬に前肢をどかしてもらうことができます。そのうえ、「Oの姿勢」を使って、馬を再び「招き寄せ」ることもできます。これらができればあなたは馬に、**馬が**自分の世界で心配していること、つまりライオンやトラ、それに(なんと！)クマについて、**あなたも**気にかけていることを伝えることができます。また馬が心配するこれらのことに、あなたは「地平線を見渡す」をし、「確認の息」を吐き、馬のそばにいるときは常に「ゼロ」を維持することによって、対処できることも伝えられます。あなたがこれまでに学んだのは、基本的には、あなたが来たら「すべてが安全で楽しくて面白いよ」と馬に伝える方法です。

あなたは、「挨拶の儀式」を通じて馬からの**信頼**を築き、馬の前肢を横や前後に動かさせることで**尊敬**を得ることができます。人馬ともにお互いの「パーソナルスペース」を理解できるようになると、次の段階に進みたいと思っていることでしょう。

一緒に前に進むためには、あなたと馬は1人と1頭だけの群れのなかで、リーダーと従う者の役割を決めなければなりません。リーダーが群れのメンバーを動かすには、2つのやり方があります。

1. 群れのメンバーがリーダーに従う。
2. 群れのメンバーを、後ろにいるリーダーが前に進ませる。

ここでは、私たちはリーダーに**従うこと**だけに注目します。子馬は常に母馬の脇腹から離れず、鼻を母馬の帯径(おびみち)のあたりに向けています。こうすると子馬は母馬にぶつかられずに、母馬と同じ方に向きを変えられるのです。もしも母馬が子馬の「パーソナルスペース」に入ってきても、正しい位置にいれば子馬はすぐさま向きを変えられます。子馬は母馬の帯径をターゲットにして常に鼻面をつけ、母馬の足音を聞きながら、同じ速度で同じ方向に動きます。この習性があるからこそ、人間はこの大きな生きものを細い曳き手で導くことができるのです。馬の習性として、群れのなかで常にリーダーのそばに留まり、リーダーの足音に従うことになっているからです。こうしたつながりは、2頭の馬の肩のあいだにも起こります。馬車を引く2頭の馬が、完璧に足並みを合わせて走っているのを見たことがあるかもしれません。私はかつて大きさの異なる馬たちが、牧草地や競技会の馬場で歩幅を合わせているのを見たことがあります。彼らのエネルギーが肩のあいだでつながっているのです。あなたが馬の肩に並んで歩くときも、馬は本能的にあなたと足並みをそろえ、一緒に動こうとします。

「どこかに行く」の会話をはじめるには、まず「拳のタッチ」で軽く挨拶をします。それから「地平線を見渡す」をし、「確認の息」を吐いて、あなたが周囲を見回してまったく異常がなかったから、一緒に何かをしにいく時間だ、と馬に知らせます。無口と曳き手をつけた馬の前肢にさらに働きかけ、「どこかに行く」のプロセスをはじめます。でもこの段階では、必ずしも馬房の外に出る必要はありません。曳き馬がうまくできない馬の場合は、馬房の中で、時間をかけてスペースを譲るよう求めましょう。このとき、まず無口と曳き手をつけずに行い、それからこれらをつけて行います。馬が自分の「ゼロ」の状態をみつけられるよう、あなたの「ゼロ」を馬に教えてください。曳き手を使って「曳き手を持つ手をスライドさせる」と「無口を使って赤ちゃんを揺らすように」を、それから「セラピーの後ろに下がって」を行います(p.75、77)。馬に、前肢を譲って後ろに下がるよう求めます。次に、通路でこれらの会話をすべて繰り返します。

厩舎から出る際も、厩舎の出入り口に向かいながら、次に出入り口のそばで、そして外に出たらもう1度と、スペースを譲る会話を行います。そしてパドックに向かいながら、馬に後ろに下がるよう求めてください。あなたはできる限り、**馬と一緒に足を動かす**ようにします。やがて馬はあなたの足を見るようになるでしょう。

会話：足並みをそろえる

毎回曳き馬をするとき、あなたは蹄の置き方やリズムに関する馬の感性につながることができます。また歩幅を馬に合わせると、馬のミラーリングができます。

❶まず、馬の前肢のリズムに合わせることからはじめます。「足並みをそろえる」ことで遊びましょう。例えば、馬房から出ながら、または丸太や横木をまたぎながら、大きな歩幅ではっきりと足を動かします。曳き馬ではあちこちに馬を導くわけですから、馬と一緒にどこかに行きながら、すばらしい会話をすることができます。その瞬間に集中して馬の足音に注意を払いましょう。そして頭を軽く下げ、体をリラックスさせます。このときのあなたは、まさに歩く「ゼロ」の状態です(**図5.5**)。

❷馬と足並みがそろったら、あなたと一緒に歩幅を変えるよう馬に求めましょう。一緒に運動会などの入場行進をしているつもりになったり、「足で音を立てて止まる」と、馬も同じことをするでしょう。足並みがそろったときの目標は、拳や腕で強い力をかけなくても馬を導けるようになることです。馬にとって、力には**対抗するように**動くのが自然ですから、引っ

張られたら引っ張り返そうとすることを忘れないでください。それにほとんどの人は、曳き馬をするときただ歩いているだけです。たまに「足で音を立てて止まる」をしたり、これまでの会話で学んだ「ボタン」を使って、馬に後ろに下がることや横にずれることを求めたり、馬と足並みをそろえたりしてみましょう。馬との友情を深めることができます。

足の動きにホース・スピークを使って、一緒に歩いているときの馬のペースを見てみましょう。以下のことができます。

- 両足で音を立てて足踏みをすると、馬を止めることができます。
- いばって歩くと、馬の歩幅を広げられます。
- 体をかがめ、薄い氷の上を歩くふりをして、馬がどのようにあなたを真似するか見ます。
- 馬があなたの足に集中しているとき、あなたが横方向にずれると、馬も一緒に横に動きます。
- あなたが足を交差させると、馬も前肢を交差させるかもしれません。

足の動きを強調し、無口と曳き手で馬を動かそうとするのをやめるとあなたは曳き手を持つだけで、さらには馬のたてがみをつかむだけで、馬を導けるようになります。たてがみでの曳き馬は、あなたと馬が「足並みをそろえる」練習をして得られる恩恵の1つです(**図 5.6**)。

ターゲットの拳(目印となる拳)と、馬の円と弧を理解する

常に馬が確認する場所として使っていくと、あなたの拳は馬にとって、「ターゲットの拳(目印となる拳)」になります。馬は一般的にこの「ターゲットの拳」が大好きなようで、多くの馬は「なんだ、あなたがいつも望んでいたのは、私について一緒に歩いてっていうことだったの？ なんでもっと早くそう言わなかったのよ？」とでも言いたげな態度を見せます。拳をあなたの体から離して馬の顔の近くにもっていくと、曳き手が少したるみます。そうなると、馬は曳き手に頼らずに、あなたの拳をターゲットにしてついてくることができるのです(**図 5.7**)。やがて曳き手は馬を導くのには不要になり、ただ馬が勝手にどこかに行くのを防ぎ、緊急時の安全装置として機能するものになります。

p.26 で、馬が常に円や弧を描いて動くことを説明しましたね？ あなたの「ターゲットの拳」のあとをついて歩く馬と並んで動くと、これがさらによく理解できます。前に進むとき、必ず馬の

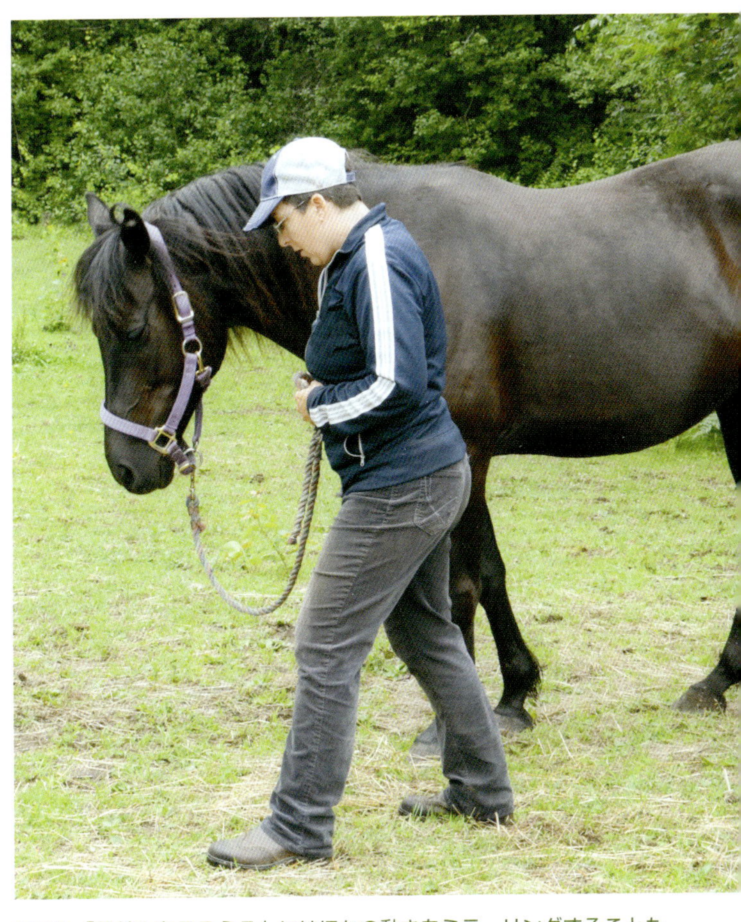

図 5.5 「足並みをそろえる」にはほかの動きをミラーリングすることも含まれます。ここで私は Mama と同じように、頭を低くします

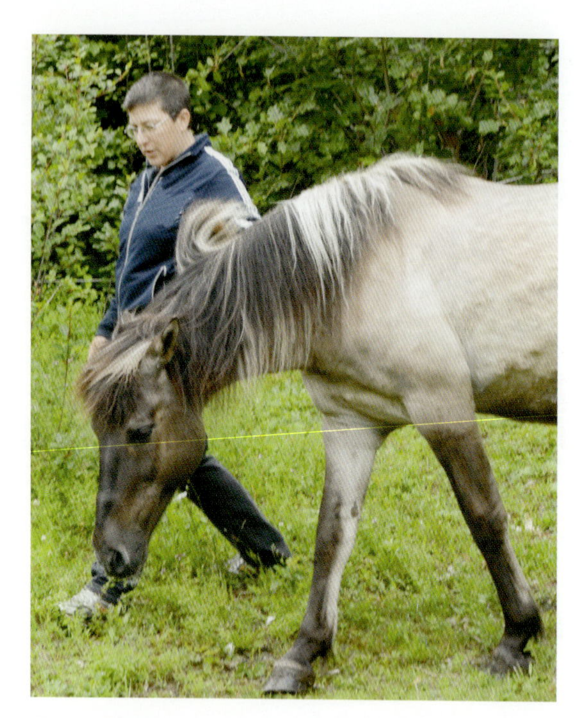

図 5.6 「足並みをそろえる」をしている Rocky と私。私は何も使わず、たてがみをつかむだけで、楽々と導くことができます

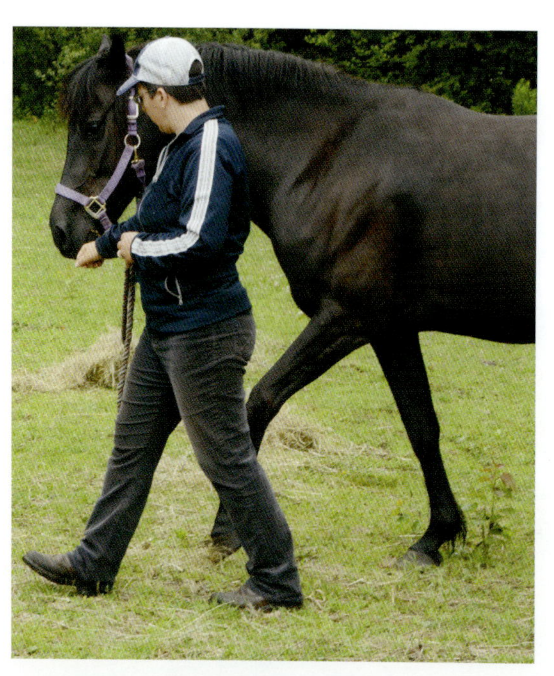

図 5.7 軽い挨拶をしながら導くように拳を前に出すと、Mama はこの拳をターゲットにしてあとをついてきます

頚と肩の近くに立ち、確実に「足並みをそろえる」ようにしてください。それから少しずつ進む方向を変えます(**図 5.8**)。馬がついてこなかったら、あなたの描いた弧の角度がきつすぎるか(直角に近いのかもしれません)、いきなり回転をはじめてしまったのかもしれません。人間は弧を描かずに直角に曲がろうとしますから、これは驚くことではありません。

「ターゲットの拳」のあとをついてくる馬と上手に円と弧を描けるようにするには、交通標識のコーンを置いてみるのも良いでしょう。コーンを見つめて、自分が進む方向の目安に使えるからです。いったん馬に「ターゲットの拳」のあとを上手について来させられるようになったら、一緒に楽しめることがたくさんあります。例えば、地面の横木をまたぐ、何かの周りを一緒にジグザグに動く、それを無口と曳き手なしで行うなどです(**図 5.9**)。

そしてここでも、あなたが求めたものに馬が応えてくれたら、「ゼロ」に戻り「間」を入れて、馬に「ありがとう」の気持ちを伝えましょう。これは、コントロールではなく**一貫性**と、完璧さではなく**進歩**を求めることが目的なのです。

お遊びのバリエーション

そろそろあなたにも、馬の見ている世界が理解できるようになってきたはずです。そうなると、馬はホース・スピークを使えばあなたに自分の思いを伝えることができると知っています。つまり、馬があなたの導きや注意を本当に必要としていることや、すてきなアイデアを思いついたことを、馬はあなたに伝えられるのです。あなたは「ターゲットの拳」を使って馬を前に導けますし、馬を「招き寄せ」たり、後ろに下がらせたり、横に動かしたりできます。また「足並みをそろえる」ことで、馬に小さな障害物をよけさせたり乗り越えさせたりできます。あなたは、私が「足のお遊び」と呼ぶ会話の領域にいよいよ近づいています。今はまだ馬の前肢を使った作業に集中していますが、そうすることによって、私たちは馬と会話を交わすごとに信頼と尊敬を築いているのです。

会話：足のお遊び

馬に**たった 1 歩**を求めるだけで、「ミラーリング」と

「足並みをそろえる」を次の段階にもっていくことができます。馬たちは蹄の位置を変えたり戻したりして、お互いのスペースを調整しています。ですからあなたが自分の足を明確に調整して動かすと、馬はスペースを要求したり譲ったりする**あなたの**言葉を理解します。「足のお遊び」はスペースについての会話なのです。この会話は、馬に向かって立つか、肩の横に立って行います。

❶ゆっくり、意識して大きく横に1歩踏み出し、馬がその真似をするか見ます(**図 5.10A**)。
❷それから大げさに足を交差させてから(**図 5.10B**)、また大きく横に踏み出します。あなたのリードに従う機会を馬にあげましょう。1回目で馬が理解できなかったら、はじめからやり直します。
❸馬の正面で馬と向き合い、片方の前肢の蹄の方に大げさに踏み出します。すでに「セラピーの後ろに下がって」(p.77)を練習していたら、曳き手に軽く触れて、あなたの望みを明解にするのも良いでしょう。でも「足並みをそろえる」ことを十分にやっていれば、馬はあなたの足の動きに合わせて動くでしょう。馬は片肢の蹄を持ち上げ、あなたが前に踏み出すと、持ち上げた肢を後ろに動かします。これは「足並みをそろえる」ときと同じような、"行進している"感覚をもたらすものでなければなりません。
❹ほかのやり方も紹介しましょう。例えば人も馬も左側というように、同じ側の肢の組み合わせで前や後ろに動かす、または2、3歩続けて前に踏み出して馬にミラーリングさせる、2、3歩後ろに下がって馬に同じ側の蹄を前に出させるなどです。
❺さらに、少し変わった面白いやり方もあります。持ち上げた足を途中で止め、宙に浮かせてみましょう。このとき、馬たちが蹄を宙に留まらせようとしながら、耳と唇をピクピク動かすことがあります(**図 5.10C**)。これは私がホース・スピークで"くすくす笑い"と呼んでいる表情です(p.14)。
❻「足で音を立てて止まる」をして、馬があなたの真似をするか見てみましょう(**図 5.10D**)。

さて、馬と前に進みながら「足並みをそろえる」をはじ

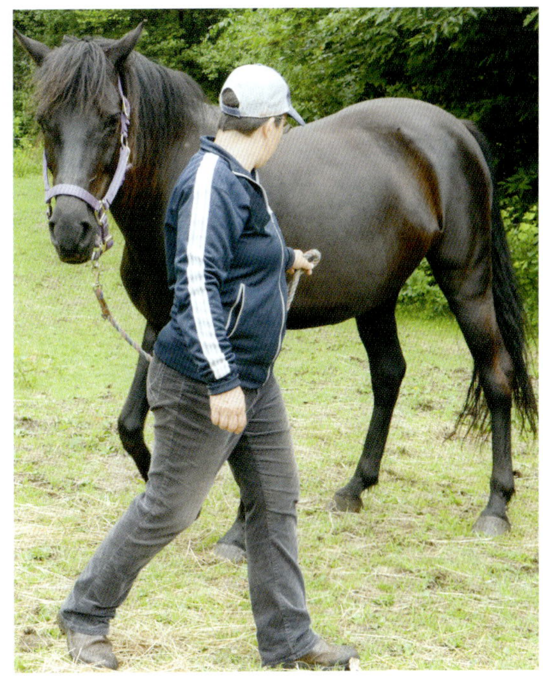

図 5.8　「足並みをそろえる」をしながら方向を変える際に、Mama が弧を描いて後ろをついてきやすいように、「ターゲットの拳」を使います

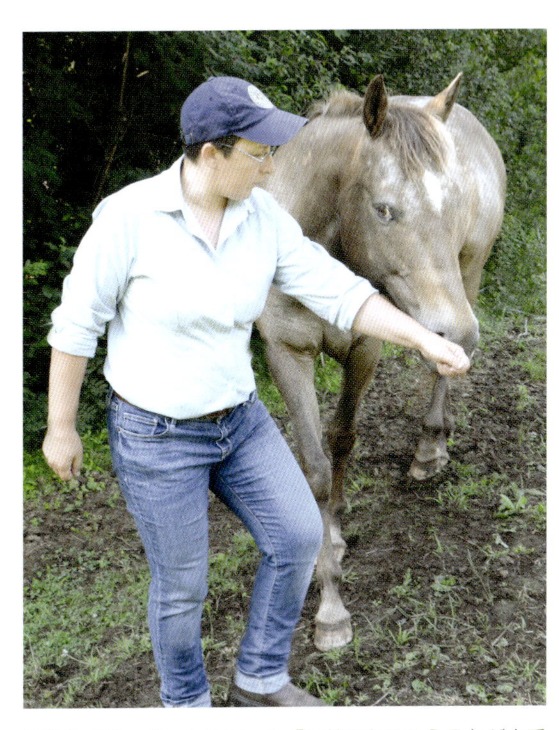

図 5.9　「ターゲットの拳」と「足並みをそろえる」が上手にできるようになると、無口と曳き手をつけなくても、馬に円と弧を描かせられます

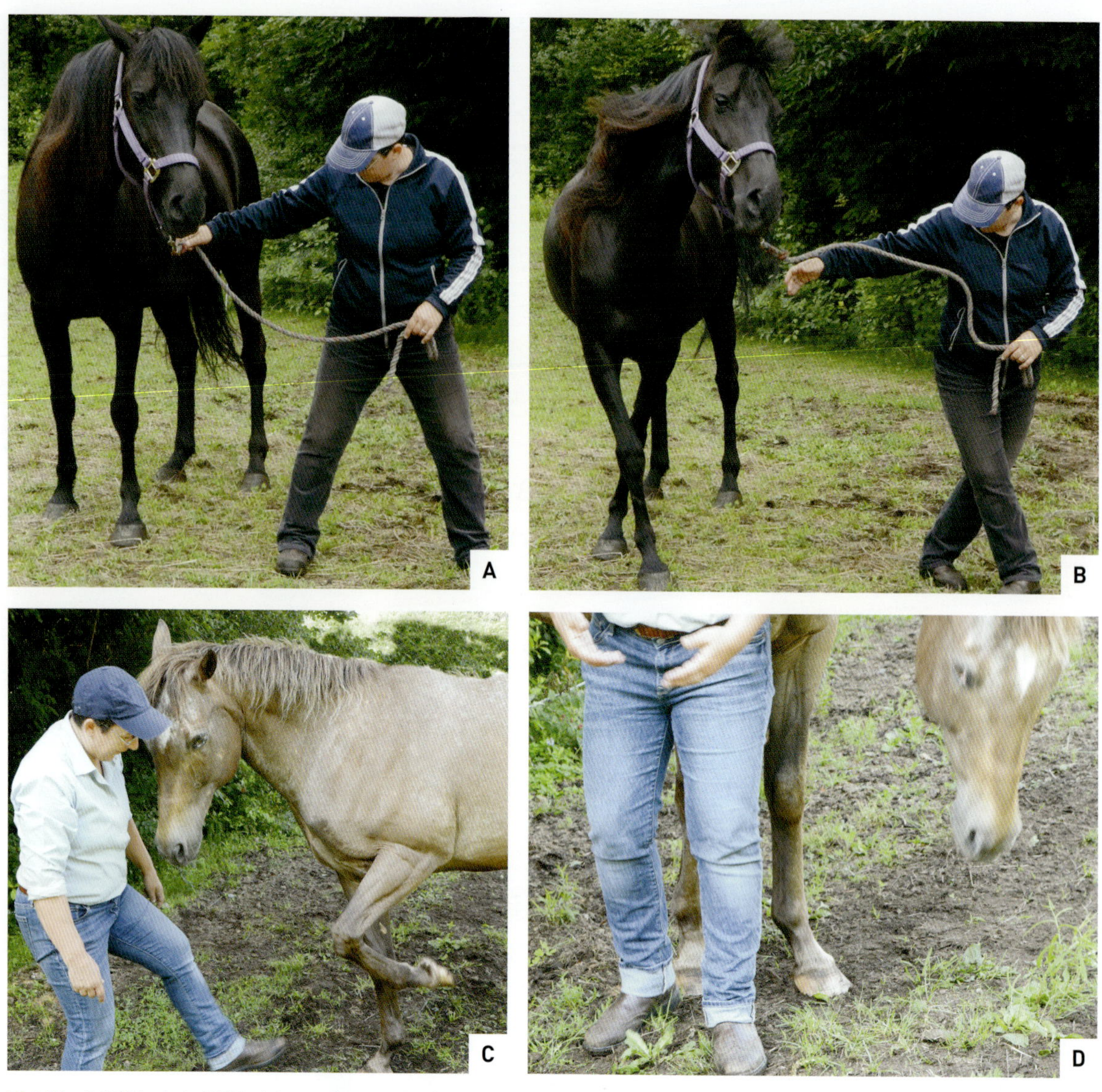

図 5.10　1 歩横に大きく踏み出して、「足のお遊び」をはじめます(A)。馬が理解するには 3〜4 回のトライが必要かもしれません。馬はゆっくりとタイミングを学びます(B)。「1 本足でどれくらい立っていられる？」(C)。私が「足で音を立てて止まる」をすると、Dakota は肢を私の足にそろえます(D)

めて「どこかに行く」をしている最中に、急に馬の方に振り向き、馬の蹄に向かって足を踏み出し、「足のお遊び」を求めることもできます。こうすると馬は気を抜けなくなり、あなたのことをとても面白くて興味深い存在だと感じます。そうなれば、あなたはバランス、調和、リズムを身につけられ、馬の自然な体の動きをより感じられるようになるでしょう。さらに、騎乗中に馬の肢をより意識できるようになり、あなたと馬のお互いへの意識はいっそうすばらしいものになるでしょう。

会話：障害物コース

「障害物コース」は、「一緒にどこかに行く」のやり方を楽しみながら学ぶことができます。これまで説明してきた、馬を横に動かす、後ろに下がらせる、足並みをそろえて前に行進させる、「招き寄せ」などのために、あなたのもっているボタンを組み合わせ使えるものは何でも使ってください。例えば、不慣れな場所で馬を下がらせたり、地面の横木をまたいだり、樽のあいだを通ってあなたの方に「招き寄せ」るといったシナリオを考えます。ただし障害物を組み入れるときは、安全のためにいつも馬の正面に対して45度の角度で立ってください。こうすると、自信のない馬が急に障害物を飛び越えたり前に飛び出してきても、馬にぶつかられにくいのです。これまでに説明した「セラピーの後ろに下がって」を使ってあなたが馬の正面のスペースを主張できていたら、馬はあなたの「パーソナルスペース」を侵さないよう最大限の努力をするでしょう。

❶「足並みをそろえる」をしながら前に行進するのは、馬にとってはとても楽しい練習です。横木をきれいにまたぐ(**図5.11**)には、進む速度と膝を持ち上げる高さを調整する必要があるため、このエクササイズをすると、人と馬が本当に「足並みをそろえる」ようになります。

❷ボールをもってくる、隅角に何かをぶら下げる、樽を置く、坂を上り下りする、ゲートや扉や不安を引き起こすもののそばにしばらく留まるなどをやってみてください。そうすると、馬との会話の種がたくさんできるのです！ 何が馬の、そしてあなたのユーモアの感覚を引き出すかを探りましょう。さらに何をしてあげると、馬が自分はよくやったんだと思うのかも知りましょう。体を掻いてもらうと喜ぶ馬、おもちゃの好きな馬、クッキーがかかわっているときだけ(！)、頭のなかで灯りがともるような馬もいます。

図5.11 地面の横木をまたいで「足並みをそろえる」とき、楽しい会話が生まれます！

STEP 6

グルーミングの儀式：調和をみつける

「どこかに行く」をいろいろなやり方で楽しめるようになったところで、4つのGの1つ、「グルーミング」について説明していきましょう。

Keywords

スペースをシェアする(p.86)
馬とのコンタクト(p.87)
自分のおへそを意識する(p.89)
腰を落として気づかせる(p.93)

ホース・スピークにおける「グルーミング」は、タッチを含むとは限りません。馬にとっての**社交的なグルーミング**は、どのようなものであっても、愛情のこもったエネルギーを共有することを意味します。これまでにも述べたように、馬はコンタクトよりスペースを大事にしますから、馬のお気に入りのつながりの形はシンプルなものです。

スペースをシェアすると、間隔と間

「スペースをシェアする」とはまさにその言葉どおりで、2つの生きものが完璧に「ゼロ」の状態で、お互いのそばで立ち、座り、機嫌良くうたた寝をすることです。これは馬にはすてきなことでも、私たち人間には少々退屈に思えます。だからこそ、最初に学んだ「間」(p.21)は、ホース・スピークを学ぶうえで欠かせない重要な要素なのです。

「ゼロ」に留まることを覚えていると、あなたはより頻繁に「間」を取り、一呼吸入れ、リラックスするようになります。馬たちが陽だまりで一緒に楽しむ長時間の居眠りと同じとはいえないまでも、「間」を入れることは「スペースをシェアする」の1バージョンであり、人間には覚えておきやすく、実行しやすい行動です。

会話：スペースをシェアする

❶「間」：これは、今日について“会話”をしよう、という誘いかけです。
❷唇をモグモグさせ、「Aw-Shucks」を加えたあと、深呼吸をするか「Oの姿勢」を取ると、「今気持ちが良いので、それを味わいたい」と言っていることになります。馬は静かな時間

を過ごすことが好きです。おそらく馬は頭を下げ、地面の匂いをかぎ(Aw-Shucksの馬バージョン)、耳を横むきにゆらゆらさせ(馬のOの姿勢の一部)、唇を交互にモグモグさせて深い息をするでしょう(**図6.1**)。

多くの馬にとって、この意識的で注意深い「間」は「スペースをシェアする」会話の1つで、安らぎをもたらすものです。これはホース・スピークのなかでも「社交的なグルーミング」の範疇に入ります。「間」を長く取ると、馬はあなたの拳に唇を触れる繊細な「挨拶」をするかもしれません。これはお互いにタッチして、グルーミングし合おうという招待です。

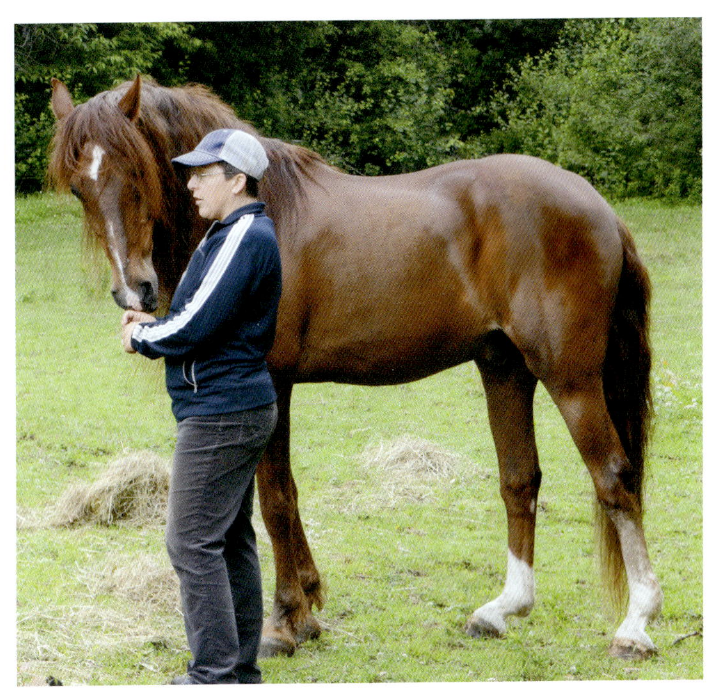

図6.1 私が「スペースをシェア」するよう誘うと、Zekeは私の「Oの姿勢」をチェックします

馬とのコンタクト

馬に触るとき、私はいつも馬同士がするように、頚の上の方かキ甲から触っていきます。ホース・スピークでは、私が相手の馬に同じレベルの親密さを望んでいることが、これではっきり伝わります。同時に私はもう一方の拳を、馬の唇の方に差し出します。馬が私へのお返しに舐められるものを提供するのです。この時点で、馬が私の手の甲を甘噛みしたり、“やり過ぎ”になることはめったにありませんが、もしそうなったら、私は「顔のちょっとどいてボタン」だけを使って、私の「パーソナルスペース」を主張し、馬の頚やキ甲を掻き続けながら、「Aw-Shucks」をします(**図6.2**)。

馬のテンションが高くておだやかに掻くのが難しいときは、頚に「カッピング」をすることもあります(**図6.3**)。このやり方は、「Joe Episode 1」(p.66)で最初に触れましたが、手を**カップ**の形にして馬のトップラインで上から下へとリズミカルに当てていきます。カッピングは、筋肉を包んでいる筋膜の緊張を和らげます。また、筋肉の弛緩を助けるエンドルフィンを放出させるので、緊張している馬に有効です。これ以外には、レイキ(監注：気のつながりや流れからのムーブメント)とテリントンTタッチ®も、馬とのつながりをもたらすすばらしいボディーワーク(監注：意識を今そこにあるところへ向けマッサージをすること)です。

いったん頚とキ甲で馬とコンタクトしたら、私はそのときに馬と一緒にやりたいと思っている「グルーミング」に取りかかります。例えば純粋に親しみの表現として掻いたりなでてあげることもあれば、ブラシを取り出して泥を落としてあげたりします。いずれにしても、「グルーミング」をホース・スピークの観点からはじめると(つまりスペースをシェアするの会話をしてからキ甲を掻くと)、馬は私が行いたい技術的な「グルーミング」を我慢してくれるだけでなく、積極的に体をもたれかかせてもくることを発見しました。

もともとブラシかけが好きな馬にとっては、一瞬「間」を入れて「スペースをシェアする」

図 6.2　馬はお互いへのグルーミングをキ甲や頚からはじめるので、私もそれに倣います(A)。私が「Aw-Shucks」を加えると、Dakota は頭を下げます(B)

図 6.3　緊張した馬の頚へのカッピングは、馬を落ち着かせるのにとても効果的です

の会話をされると、ブラシがけがさらに価値のある時間になります。けれどもブラシがけや触られることが好きでない多くの馬は、繋ぎ場で緊張して立っているか、そわそわするものです。「スペースをシェアする」の会話はホース・スピークで馬に、あなたの「パーソナルスペース」に直接にそして親密にかかわりたいけれど、受け入れてくれる？ と語りかけます。

X の姿勢と O の姿勢を忘れないように

たとえあなたがまだ上手に使えていなくても(！)、馬は常にあなたのボディランゲージを読み取っていることを忘れないでください。繋ぎ場にいる馬はつながれていますから、あまり動くことができません。そのような馬の正面に立ち、「X の姿勢」や「O の姿勢」で、「あっちに行って」や「こっちに来て」と言っても、馬は混乱していしまします。このような誤解を生まないように、自分の姿勢と動きに気をつけましょう。

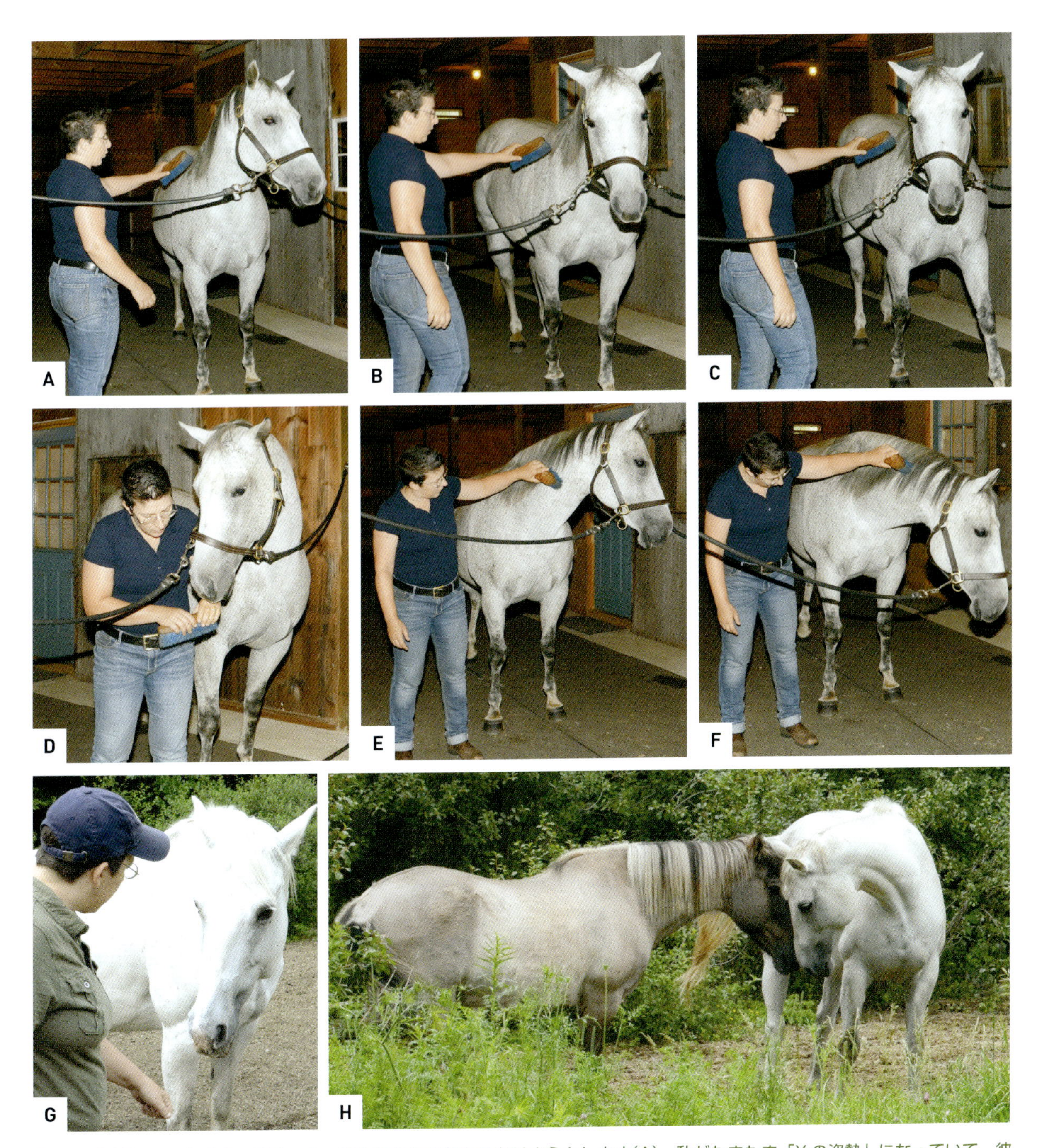

図 6.4 私が Image に向かって立つと、彼女は私から顔をそむけようとします(A)。私がたまたま「X の姿勢」になっていて、彼女は混乱したメッセージを受け取っていたのです(B)。私からのプレッシャーから離れたくて、彼女は遠ざかろうとします(C)。私が「O の姿勢」に変わると、Image はのぞきに来ます(D)。私はおへそと「体幹のエネルギー」の向きを彼女から逸らし、「O の姿勢」を維持して、彼女をリラックスさせます(E)。彼女は頭を動かしてスペースを譲りますが、不安が和らいだので、頭を下げもします(F)。馬に対して 45 度の角度で立つと、馬は私から楽に離れることができるので、閉じ込められたように感じません(G)。馬はお互いにプレッシャーをかけないよう、よくこの 45 度の角度で立ちます(H)

会話：自分のおへそを意識する

あなたは馬の手入れのとき、おへそを馬に向けると同時に、しょっちゅう両腕を上げ、両足を広げます。そんなつもりはなくても、「X の姿勢」になっているのです(図 6.4A〜C)。

これの対策は簡単です。ただ、おへそを馬に**向けない**ようにすればいいのです。

❶「ゼロ」の状態で、馬に対して約 45 度の角度で立ち、馬の目、唇、あご、耳を観察します(図 6.4D〜F)。リラックスのサインをみつけてください。

❷自分の呼吸と馬の呼吸に注意を向けます。人間におへそを向けられると息をつめる馬もいますが、注意するようになると、あなた自身も息を止めていたことに気づくかもしれません！

❸「ゼロ」に留まると、自分の失敗や、気づかないうちに緊張していることに気づきやすくなります。繋ぎ場の馬に対しては、何をするにも自分のおへそを意識してください。これが馬と人との多くの誤解の隠れた原因かもしれないからです。馬に対して常に 45 度の角度を保ちます(図 6.4G、H)。

❹自分が「X の姿勢」になって「体幹のエネルギー」を誤って使っていたら、すぐに「O の姿勢」になり、それに気づいたことを示します。理由が何であれ、あなたか馬のどちらかに緊張が感じられたら、すぐ「O の姿勢」になる習慣をつけましょう。そうすれば、あなたの「外なるゼロ」は「内なるゼロ」をおだやかに保てます。ホース・スピークのなかでも X と O の姿勢の会話は、非常に重要です！ 馬は X と O の姿勢について**あなたに**語りかける方法をみつけるでしょう。馬はあなたの「パーソナルスペース」に直接にそして親密にかかわりたいけれど、受け入れてくれる？ と語りかけます。

スペースをシェアする の実践

この本の写真を撮影していたある日、私は神経質で反応しやすく、黒鹿毛の気難しい牝馬のMamaを、栗毛の年配で自信があっておだやかな騸馬のZekeと一緒に放牧しました。馬同士の“本物でライブの会話”の詳細を、写真におさめようと思ったからです。写真には、馬の対話と、「スペースをシェアする」にいたる自然な過程が捉えられていました(**図 6.5**)。

Mama と Zeke はお互いを「招き寄せ」ます(**A**)。2頭は日頃いつも“柵越しに”お互いを見ていますが、2頭だけで一緒に過ごすとなると、“群れ”のなかでの序列と役割をすぐに確立しなければなりません。

Mama と Zeke が頭をとても低くしながら近づきます(**B**)。Zeke を知っている私は、彼が主導権を取っていて、Mama が「コピーキャット」をしていると思っていました。そう思う理由は、私が2頭の気質を知っているのと、Mama は普段何をするにも頭を高くしているからです。お互いの距離が縮まるにつれ、Zeke は Mama に落ち着いているように言わなければならないでしょう。

2頭の最初の正式な「挨拶」は、干し草を食べながら行われました(**C**)。Zeke が Mama に、「落ち着いてランチを食べなさい」と言います。最初の“正式な”「コピーキャット」を、2頭は頭を低くして行います。けれども、Mama は Zeke の主導に完全には従いません。頭を反対の方に向け、すでに彼のリーダーシップを試しています(**D**)。

Zeke は本気になり、頭を上げて、より真剣に Mama に「2度目のタッチ」で「挨拶」します。Mama は尻尾を振り、「あなたの図々しさは嬉しくない」と Zeke に伝えます(**E**)。

それでも(一瞬ですが)Zeke の努力は報われ、Mama は彼と同じ方向に「コピーキャット」をします(**F**)。

「3度目のタッチ」の前に、Zeke は小さな円を描き

ながら歩き、状況を見直そうとします。彼が頭を低くしているのは、別に問題はない、という表現ですが、尻尾を振り、ついてこないようにとMamaに伝えてもいます(**G**)。けれども彼がMamaの「パーソナルスペース」まで戻って来て、「3度目のタッチ」でMamaとつながり、彼女をなだめようとすると、Mamaは大げさに頭を振り、「地平線を見渡す」をしながら尻尾を振ります。Mamaは、「私は安全だと感じないし、このような形ではつながりをもちたくない」と言っているのです(**H**)。

Zekeが彼女の心配ごとに対処するまもないうちに、Mamaは全速力で駈けだします(**I**)。Mamaには“悲劇のヒロイン”ぶるところがあり、Zekeは彼女がいきなりここまで大騒ぎしたことに少し驚き、気分を害します。彼は耳を寝かせ、いら立ちの表情を浮かべ、とがめるように尻尾を振ります。Mamaに追いついたZekeは、「肩のボタン」「頚の中央のボタン」「顔のちょっとどいてのボタン」を使って、彼女の「パーソナルスペース」に入り、自分の周りで円を描くよう伝えます(**J**)。彼は前肢を彼女の肩に向けて大きく動かし、Mamaに、自分と「足並みをそろえて」スピードを落とすよう要求します。彼は今や腹を立て、耳をしぼり、尻尾を**本当に**振っています。

パニックになったMamaはZekeの指示を無視し、いっそう速く走り去ります。このとき26歳ぐらいだったZekeには、彼女を追いかける気はまったくありません。彼はただ牧草地の中央に行き、「ゼロ」の状態になります(**K**)。彼はここに静かに立って、Mamaに「きみが落ち着くのを待つ」と言い、さらに「準備ができたらまた話し合おうよ」とも言っているのです。

Mamaがどれだけ興奮するか知っている私は、介入することにします。まず私は「ゼロ」の状態になり、「0の姿勢」をつくってZekeに近づきます。Zekeと私がリーダー同士の絆で結ばれているのを、Mamaに示すためです。明らかにZekeは、この頭のおかしい牝馬を私にどうにかしてもらいたくて、私を「招き寄

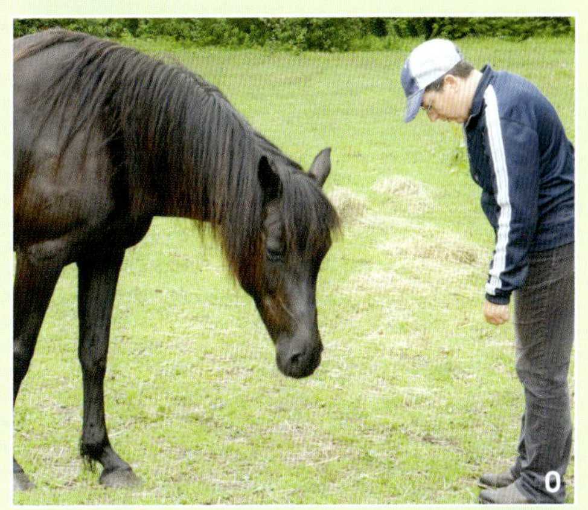

せ」ます。私がZekeに近づくと、Mamaは私の方を見ますが、スピードは落としません(L)。

パドックの中央でZekeのそばに立ったまま、私はMamaの歩幅に「足並みをそろえ」はじめます。同時に「0の姿勢」を保ち、彼女に対してわずかにうなずいて見せ、「いつでも私のところに来ていいよ」と伝えます(M)。何歩か歩いたあと、私は「腰を落として気づかせる」と呼んでいる動作をします。腰を落とし止まる姿勢を取るのです(N)。この動作で、私は彼女にも止まってほしいと思っていると伝えます。Mamaは私と「足並みをそろえて」いて私とつながっているため、徐々に私の要求を聞き入れる努力をします。私はMamaに、頭と緊張を下げて、そばに来るよう要求します。最初にZekeがしたのと同じようにです。私は肩を丸め、視線を落とし、彼女に落ち着いてほしいと思っていることを、とてもはっきりとあらわします(O)。

私は地面に置いてあった無口を手に取ります。それをMamaにつける前に、私は大げさに「地平線を見渡す」をします。そもそも何かにおびえたのが、彼女が興奮したきっかけだったからです(P)。

私は様子見の「挨拶」をし、しゃがんでMamaに、私と一緒に本当に「ゼロ」の状態になるよう求め、拳を差し出します(Q)。Mamaに無口をつけながら、私は彼女の肩に背を向けて、自分のおへそと「体幹のエネルギー」からのプレッシャーをすべてなくし、彼女を“ハグ”の姿勢に誘います(R)。お互いに“おだやかである”馬がこのような角度で立っているのを、あなたもよく目にするでしょう。

今、私たちは「スペースをシェア」しています。私は「ゼロ」の状態になり、片方の腰を傾けながら「0の姿勢」を取ります。Mamaと私は深い呼吸をします。Zekeは騒ぎが落ち着いたので、何かをしによそに行きます(**S**)。それからすべて異常がないか確かめようと、戻ってきます。私は頭を低く保ち、2頭に、私のそばでは静かにしているよう求めます(**T**)。そのあと、私は2頭それぞれの「顔のちょっとどいてボタン」を指さしてスペースを要求し、私がみんなのリーダーであることを宣言します。今の状況をこれ以上大げさにしたくないので、私は頭を低く保ちます。このやり取りが「ゼロ」のままであるようにしたいのです(**U**)。私が主導権を握ったので、Zekeにはリラックスして良いとわかったのです。

STEP 7

会話の強度のレベル

私は馬との“会話”で使う動きの強度のレベルを、数字を使って表現します(p.10)。ゼロ、1、2、3、4、と数字が大きくなるにつれて、あなたの動きや強調の度合いは大きくなります(図 7.1)。

Keywords

姿勢の練習(p.97)
毅然とした態度と攻撃的な態度(p.99)
感情の安定(p.100)
X の姿勢と O の姿勢(p.101)
体幹のエネルギー(コアエネルギー、p.102)
接近と後退(p.109)
あっちへ行ってと戻ってきて(p.111)
絆をつくるための招き寄せ(p.114)
馬のハグ(p.114)

強度レベルを学ぶ

ホース・スピークの基本を説明してきたので、次は状況に合わせて言葉の強度を調整する方法を学んでいきましょう。これまで学んだのは、いわば単語と文法です。これから、抑揚をつけて流暢に話したり読み取ったりすることを学びましょう。

レベルゼロ：外なるゼロと O の姿勢

すべては心と体の完全な静けさ、つまり「ゼロ」からはじまります(p.7「内なるゼロ」と「外なるゼロ」参照)。この STEP では会話の強度のレベルから勉強するので、少し復習しておきましょう。「O の姿勢」は「招き寄せ」る姿勢で、「内なるゼロ」に留まりながら体を内向きに曲げることで、馬が近づくのを歓迎します(図 7.1B)。

レベル 1

「意図」という言葉は一般的には精神的な領域で使われますから、ボディランゲージにはなじまないように思われるでしょう。でもこの 2 つがまったく相いれないわけではありません。あなたが意図(あるやり方で行動しようとか、あることをしようという決心)をもつと、体はごくわずかですが姿勢を変えます。そして、驚くことに、馬はあなたのあごの傾きや肩の角度、膝の曲げ具合など、姿勢の非常に小さな変化のすべてを読み取るのです。ですから「レベル 1」の強度は、姿勢を通して表現されるものを指します。意図をもつと、あなたは「内なるゼ

図7.1 「内なるゼロ」「外なるゼロ」に「Aw-Shucks」を加えると、プレッシャーがゼロになります(A)。「内なるゼロ」に留まって静かさを漂わせながら「0の姿勢」になると、あなたの体は馬を「招き寄せ」ます(B)。「レベル1」の強度は意図、つまりあなたが考えていることを示します(C)。「レベル2」は要求(D)、「レベル3」は命令(E)、「レベル4」は主張です(F)

ロ」や「外なるゼロ」でいるときより、真っすぐ立っているはずです(**図7.1C**)。(肩を丸める0の姿勢のときよりも)肩が開き、頭の位置も高くなります。

人間が気づかないだけで、敏感な馬はこの「レベル1」の「意図」に常に反応しています。あなたが正面に立つだけで、馬は体重を移動させたり、あなたにスペースを譲ったりしているのです。一方、心を閉じた馬は、あなたが真っすぐな姿勢で発するエネルギーにあまり反応しないかもしれません。あなたのしていることを理解するのに、時間がかかることもあるでしょう。それは人間が出す一貫しないコミュニケーションに対応するうちに“心を閉じた”多くの馬にみられます。また練習馬は、長年、バランスが悪く混乱したメッセージを送るライダーに乗られてきたために、かなり忍耐強くなっています。こうした馬に対しては、最初は強度のレベルを上げて行う必要があるかもしれません。そうであっても、いったん会話を通じて人間に心を開いても良いと感じると、ほかの馬に劣らずとても敏感になります。

会話：姿勢の練習

馬といるいろいろな場面で、自分の姿勢を練習してみましょう。例えば、パドックに向かって歩いていて、馬が近づくあなたを見つめているときに、❶〜❸をやってみましょう。

❶感情を「レベルゼロ」に保ち、馬に対して背筋を伸ばして立ちます。
❷馬の頚の側面に意識を集中し、馬が顔をそむけるところを思い描きます。馬はどんな反応を見せるでしょうか。
❸あなたの体を「外なるゼロ」に戻し、そして／または完全に馬から離れます。

膝を軽く曲げながら体幹に意識をおき、同時に自分の息が地面に**沁みこむ**イメージをします。この動作で、私は自分に突進してくる馬を何度も止めたことがあります。これをするときには、遊びの気持ちも少し交えながら学習しましょう。

「レベル 1」の強度では、メッセージを伝えるために手足を動かしはしませんが、それでも劇的な効果がみられます。ただ頭のなかで「意図」を形作り、自分の意図に合った馬のボタンを見つめ、体を真っすぐにして、「X の姿勢」(p.63) に似るようにします (p.101 からより詳細に説明します)。大切なことは、できるだけ素早くリラックスした「ゼロ」の姿勢に戻れるようにすることです。

レベル 2

このレベルでは、メッセージを伝えるのに体の動きを加えます。「レベル 2」は**礼儀正しく頼む**ことで、単に「レベル 1」の強度に動きを加えただけです。「レベル 2」へはこんなふうに進みます。あなたの心は「レベルゼロ」でリラックスしています。「ゼロ」の状態で、馬にしてほしいことを明確な意図としてまとめます。より真っすぐな姿勢を取り、依頼することに関係するボタンに意識を向けます。馬がスペースを譲らなかったり反応しなかったら、**意図に加えて**、ボタンを指さすか手を振るなど、実際に体を動かします (**図 7.1D**)。包装用のひもやハンカチ、レジ袋を端に結んだ短鞭や棒をボタンに向けて振ったり揺らしたりすると、離れていても間接的なプレッシャーを送れるでしょう。宙で手を優しくヒラヒラ動かしても、あなたのスペースから馬をどかすことができます。私は馬のボタンに向けて、指で“くすぐる動き”からはじめるのが好きです。そうするとあまり深刻にならないで済み、馬もこうしたジェスチャーを楽しんでくれるようです。

「レベル 2」は、「ボリュームを上げる」べきか下げるべきかをあなたが理解しはじめる場所という意味で、分岐点になる段階です。例えば、馬が突然言うことを聞かなくなるのは珍しいことではありません。それは、2 頭の馬のあいだで、お互いのレベルがどう見えるかを知るために、**すべての**強度レベルを試しているようなものです。片方の馬が興奮しやすく、すぐ力に

強度レベルの使い分けの実践

これまで、馬それぞれで敏感さの度合いが異なることを話してきました。ここではそれを踏まえたうえで、馬にあなたのメッセージを聞いてもらえるまで強度レベルを上げていくと、メッセージが伝わるレベルがわかります。その後、レベルを徐々に下げていきメッセージが伝わる最小限のレベルを探します。このように会話の強度のレベルを調整することは、重要なのです。例えば繊細な馬は、あなたがレベル3のつもりの強度で近づいても、レベル4と受け止めるかもしれません。自分がどれだけ効果的に意思を伝えられたかを知るには、馬の体重移動、わずかな筋肉の動きやそのほかのごく小さな反応に気づけなければなりません。馬の**どんな**答えも良い答えであり、あなたがレベル「ゼロ」に戻るべきサインです。あなたの強度レベルの違いを馬に本当に理解してもらえるよう努めましょう。

訴えるとわかったら、相手の馬は波風を立てるべきでないことを理解します。それと同じ理由で、馬は**あなたの**強度のレベルがどのようなものなのか知りたいのです。

レベル3

「レベル3」はより行動的なもので、馬に**向かって**1歩踏み出しながら手の動きを加えます(**図7.1E**)。それはより大きな“肉声”を使うことと同等で、人間の言葉でいえば“頼む”よりも“命令する”に近いものです。感情的に「内なるゼロ」を保ちつつ、体で姿勢を取りながら意図を決めましょう。ただし今回は馬に**向かって**踏み出して、馬のボタンに働きかけます。それから馬の「パーソナルスペース」に入ります。馬はしばしば、あなたと自分の「パーソナルスペース」が接したことを感じ取り、あなたが実際に触るほど近づく前に、あなたの意図を読み取ります。馬があなたの意図を聞き取らない、読み取らない、あなたの働きかけに耳を傾けないといったときは、メッセージに思慮深く段階的なタッチを加えても良いでしょう。メッセージを表現するのに必要なだけのプレッシャーをかけてから、それを止めて「ゼロ」に戻ります。このようにあなたが思慮深い状態でいれば、馬も同じような状態にいることでしょう。

馬にとって、噛む、蹴るという行為はとても大げさなタッチや命令と同等なので、通常は避けるものです。「レベル3」の強度で表現すると、馬からこうした形の抵抗を引き出すリスクがあります。馬がお互いに抵抗を生むような状況をずっともち続けたら、馬の一番望む群れの平安は保たれません。ですから、あなたのメッセージを伝えるのに**必要最低限の**強度を使うことが重要になるのです。一方で、馬が少なくともピクッと反応してあなたを認めたことを示すまで、あなたはその強度レベルを維持しなければなりません。あなたが馬の言葉に同調できればできるほど、あなたと馬とのすべてのやりとりは繊細なものになっていきます。

レベル4

レベル4は主張する段階ですが、それでもあなたはまだ“叫んで”はいません。それはあなたのジェスチャーがどんなものでも(今は両足を広げ両手を上げて、見るからにXの姿勢を取っているはずです)、**内側**では「ゼロ」の状態でいるべきだからです。「レベル4」にはこれまでのレベルの特徴がすべて含まれます。つまり、明確な意図、視線、動き、それにタッチです(**図7.1F**)。「レベル4」は、あなたの意図をはっきりさせるための、両手を振り上げてのジャンプと考えてください。大きく力強いジェスチャーを使いますが、タッチはしてもしなくてもかまいません。ただし、“大きい”とか“力強い”とは、馬を叩くことでは**ありません**。多くの場合、メッセージはタッチ**なし**で伝わるでしょう。これまでのSTEPを経てきて、あなたはすでに馬から信頼と敬意を得ているでしょうから、この種のコミュニケーションは当然なものではなく、極端な例外になっているはずです。

「レベル4」とは強調された動きのことです。相手の馬がまったく反応しないときに馬が最高レベルの強度に訴えるように、あなたも大きな動きを使います。時には、あなたは馬と一緒に危険な状況にいるでしょう。そんなごくまれな状況では、安全を確保するために「レベル4」の表現で馬の注意を惹く必要があるかもしれません。

これまで学んだ会話は、パニックになった馬や怒っている馬との極端な状況に対応するものではありませんでした。あなたが行う会話は、馬から反応が返ってくるまで徐々に強度のレベルを上げられるようでなければいけません。人間が強度を「レベル4」まで上げるとき(例えば地面を鞭の端で強く打ちつけて、大きな音を立てるなど)、本来ゴールとしていた完全な平静さ(内なるゼロまたは外なるゼロの)にはなかなかすぐに戻れず、馬にストレスを与えてしまいます。あなたの体からのプレッシャーは“オン”になったままになりやすいので、馬はそれを感じ取ってしまうからです。

毅然とした態度と攻撃的な態度

人間には、馬と楽しめない瞬間について考えるという欠点があります。例えば、「ああもう、この馬は絶対に変わらないんだわ！」「もう信じられない！ 裏切られた」「なんでこんなことに私はお金を払ってるんだ？」「この馬は私のことを理解したためしがない！」などと考えたことがあるかもしれません。こうした思いを繰り返し自分に聞かせていると、その出来事があなたの頭のなかでグルグル回り続け、馬と一緒にいても、馬と同じ時間を共有できなくなります。これはあなたが経験する内なるプレッシャーですが、馬はそれを敏感に感じ取るでしょう。

あなたが発する別のプレッシャーは、馬と意地の張り合いになったら絶対にいつも勝たなければならない、と思うことです。私はその逆で、馬と**決して争わない**よう努力するべきだと思っています。人間は捕食者としての本能のせいで、知らず知らずのうちに、不適切な行動をしていることがあります。つまり、何か誤ったことをしたせいで、ある馬と将来一緒にいたり作業したりすることが難しくなるかもしれないのです。また、馬に対して捕食者のように接するべきではありません。馬は非常に強い力をもち、また蹴る、噛みつく、といった自己防衛本能を働かせる正確さをもっているからです。

馬もあなたも、ストレスホルモンであるアドレナリンの影響下で会話をするべきではありません。馬と人のどちらも、考えることをせず、単に反応するだけになるからです。もしもそうなったら馬も人もそれぞれの「本能」に支配されるでしょう。人も馬もアドレナリンの効果が切れるまで、最低でも20分はかかってしまいます。

エクササイズ：毅然とした態度の練習

毅然とした態度と**攻撃的な**態度に関する混乱を終わらせるために、次のエクササイズをしてみましょう。このとき、**内側では**「ゼロ」を保ちつつ、**外側では**「レベル4」の強度をあらわす練習します。

図7.2 バランスボールを使って、「レベル4」の強度を探りましょう。1つの滑らかな動きで、大きなエネルギーを発散させます(A、B)。それが終わったら、本当に終わりにします(C)

❶馬が近くにいない開けた場所で、バランスボールを、鞭で力いっぱい叩きます(**図7.2A、B**)。
❷そしてすぐに「外なるゼロ」に戻ります(**図7.2C**)。
❸これを行いながら、自分の感情を観察してください。「ゼロ」から「レベル1(意図を形作る)」へ、「レベル2(礼儀正しく頼む)」へ、「レベル3(命令する。タッチも伴うかもしれない)」へ、「レベル4(強調された動き)」へと変えるあいだ、あなたの感情的な状態は変わっては**いけません**。けれどもこのボールを叩くエクササイズをするとき、多くの人はボールを叩いてすぐに「内なるゼロ」と「外なるゼロ」に戻るのを難しく感じるはずです。コツは、体には行動を許しながら、内側では"静けさ"を保つことです。まさしくサムライのようにです。

感情の安定

会話で必要があれば、**感情の安定**を保ちつつ大きな動作を使うことは欠かせません。感情の安定とは、馬と一緒にいるとき、常に自分の感情を特定し管理できることを指します。ですが、感情を交えずに大きな動きで表現するには、練習が必要です。

あなたが感情をコントロールできずに棒や旗を振ったり、大きな動作をするときに、馬との良い関係は生まれません。強い感情のプレッシャーを与えるのをやめたとき、馬と良い会話ができるのです。馬にプレッシャーを与え続けることは、繊細な会話をあっというまに感受性を鈍らせるものに変えてしまいます。馬は、ほかの馬を捕まえたまま離さないということはありません。最も会話を良いものにするためには、私たちも馬のように感情を安定させておく必要があります。つまり相手に聞き入れてもらうまでは強度のレベルを上げ、聞いてもらったら、すぐに「ゼロ」に戻るのです。

一緒に放牧されている複数の馬が、「レベル2」を超える強度で意思を伝え合っているのを見ることはめったにないでしょう。さらには彼らが「ゼロ」から「レベル2」に移ったり、すぐに「レベル1」や「ゼロ」に戻ったりするのも目にするでしょう。馬が目指すのは、一生を「ゼロ」の状態で過ごすことなのです。馬同士で「レベル3」や「レベル4」はめったに使いません(**図7.3**)。一方私たち人間は、馬のグルーミングを「レベル1」とか「レベル2」で行い、グラウンドワークをするときは「レベル3」や「レベル4」で行っています。つまり、それは命令や主張をしていることになるのです。

Xの姿勢とOの姿勢を微調整する

ここまで学んできたホース・スピークのいくつかについて考えてみましょう。人間同士のボディランゲージもそれほど変わりません。見知らぬ人に直接見つめられたら(送り出しのメッセージ)、あなたは居心地悪く感じるでしょう。恋人があなたの瞳を見つめてくれたら(招き寄せのメッセージ)、あなたの心はとろけるでしょう。誰かがすぐ近くや真正面に立った場合と、その人が少し片方にずれて立っている場合とは違う感じを受けます。誰かが理由もなくあなたの肩をつついたら、あなたは混乱するか、怒りを覚えるはずです。ダンスのパートナーがあなたの腕に優しく手をかけてあなたを回したら、あなたは進んでパートナーの腕に身を預けるでしょう。

これまで説明してきたように、あなたの胴体の位置、それに腕や足、頭をどう保つかは、馬にはとても大切なことです。体を使ってさまざまなレベルの「Xの姿勢」をつくるとき、あなたは馬に対して強力な「送り出し」のメッセージを送っています。

「Xの姿勢」にはたくさんのバリエーションがあります。胸を少しだけ上げたり、頭を高く保つことだけで「Xの姿勢」になりますし、胴体を見せる立ち方もXになります。片腕を上げて馬のボタンにプレッシャーをかけるのは「送り出し」のメッセージであり、「Xの姿勢」の1つです。究極のXは、ジャンピングジャック(有酸素運動系のトレーニングの1つ)をするときのように、両足を開いて立ち、両手を離して頭の上に上げる姿勢です。

図7.3 JagとLunaが強い強度で楽しそうに跳ね回っているあいだ、Rocky(右)は「ゼロ」に留まっています

Xの姿勢から
Oの姿勢へ、
再びXの姿勢へ
を実践する

ある冬の日、私の生徒の頑固な牝馬が牧草地から出てしまい、興奮してあたりを駆け回りました。馬が怪我をする危険性のある厩舎から遠ざけ、安全なパドックに入れるために、生徒は馬を追う必要がありました。生徒は、自分が馬に何を求めているかを伝えるために曳き手(ロープ)を馬の腰の上の方に向けて振り、「レベル3」の「送り出し」のメッセージを使ったのだそうです。

やがて馬は、パドックとパドックのあいだの、先が行き止まりの"細い通路"に入りました。生徒は1つのパドックのゲートを開けてから、通路の空いている方の端に立ちました。そして「ゼロ」の状態と、「なんて不思議なんだろう?」という気持ちを保ちながら、馬を自分の方に呼び寄せ、パドックに誘導しようとしました。馬が生徒の脇を走り抜けようとするたび、曳き手を地面に打ちつけるなど「レベル4」のジェスチャーを使って馬を自分から遠ざけましたが、同時に近くのパドックのゲートが開いていることを馬に気づかせる必要がありました。生徒は馬が戻ってくるたびに体をリラックスさせて「Oの姿勢」を取りましたが、馬に勢いがありすぎるときは、「レベル4」の「Xの姿勢」を取って、馬に向きを変えさせました。こうして「招き寄せ」と「送り出し」を交互に繰り返すうち、馬は開いているゲートに気がつき、パドックに入ることを自分で選びました。ホース・スピークはこの馬に、単に反応することを**やめ**させ、**考えること**をはじめさせたのです。

私たちはみな、馬と一緒にいるときに本能的になんらかの「Xの姿勢」を取っています。「Oの姿勢」で馬を引き寄せるのはあまり本能的な動作ではありません。復習すると「Oの姿勢」では、胴体の前の低い位置で、両腕で輪をつくり、膝をゆるめて自然に軽く前かがみになり、頭を低くします。馬にとってこの「Oの姿勢」は、誰かが満面の笑みであなたに手を差し出してくれたのと同じで、抵抗しがたい魅力があります。

自分の「パーソナルスペース」に馬が"入り"すぎるのを許しがちな人は、ボディランゲージが生まれつきOに似た姿勢、つまり肩が丸く、胸が引っ込み、膝は柔らかく、首が少し前に傾いているからです。一方で、放牧した馬を捕まえられない人たちは、基本的な姿勢がXになりすぎで、いつも胸が突き出ていて、肩が開いています。

こういうタイプの人たちは、意識して腕を使っていたり、XやOの姿勢を取っているわけではありませんが、馬はそれでも「招き寄せ」と「送り出し」のメッセージを感じ取り、それに反応します。今私たちは意図の「量」レベルの実験をしているところですから、「Xの姿勢」と「Oの姿勢」を微調整するために強度のレベルを使うのも理にかなったことでしょう。

体幹のエネルギー(コアエネルギー)を微調整する

あなたの姿勢は、馬にあなたの胴体の中心がどう見えるかに影響します。「Xの姿勢」ではあなたは真っすぐ立ち、おへそを完全に見せています。「Oの姿勢」ではおへそは内側に引き込まれ、あなたが下げた腕の後ろに隠れます。馬にとって、あなたのおへそはメッセージを強力に発する場所であることを思い出してください。おへその後ろに「体幹のエネルギー(コアエネルギー)」があるからです(p.63)。このことが、XとOの姿勢がこれほど効果的にメッセージを伝えられる理由かもしれません。

今のあなたには、馬があなたの「体幹のエネルギー」にどれだけ敏感かを探るためのツールがあります。

会話：あなたの体幹のエネルギーを調整する

❶パドックまたは馬房で馬具をつけていない状態(リバティな状態)でいる馬に柵や扉の外から、低い強度で「X の姿勢」を取り、あなたのおへそから出ている「体幹のエネルギー」が、馬体の特定の部位に当たっている様子をイメージします。10 まで数えます。馬はすぐに反応するか、まったく反応を示さないかもしれません。どの答えも誤りではありません。あなたは今、データを集めているのです。

❷今度は体の向きを変え、馬が見ている方向に、想像上のスポットライトの「体幹のエネルギー」を当てるようなイメージをしましょう。馬を自分の視野の端に入れておきながら、その方向を見ます。10 まで数えます。

❸あなたの「体幹のエネルギー」を、あなたが最初に焦点を当てた馬体の部位に向けます。馬の息や耳の位置、立ち方の変化や頭の高さなど、馬が何か反応を示さないか観察してください。

❹これを 3 回トライしますが、トライのあいだに「Aw-Shucks」をして、深く息を吐き出すことを忘れないでください。

「体幹のエネルギー」の方向を決め、強度レベルを使い分けることで、文字どおり馬が進む“道を開く”ことも、行く手をさえぎることもできます(**図 7.4**)。壁や柵に沿って馬が動いているときに、あなたの視線や「体幹のエネルギー」を馬のすぐ前の壁に向けることは、“扉を閉じる”ようなものです。そのあと、馬自身のエネルギーと馬

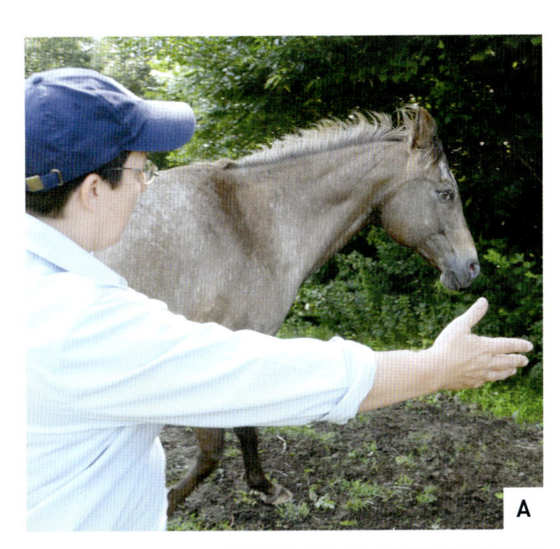

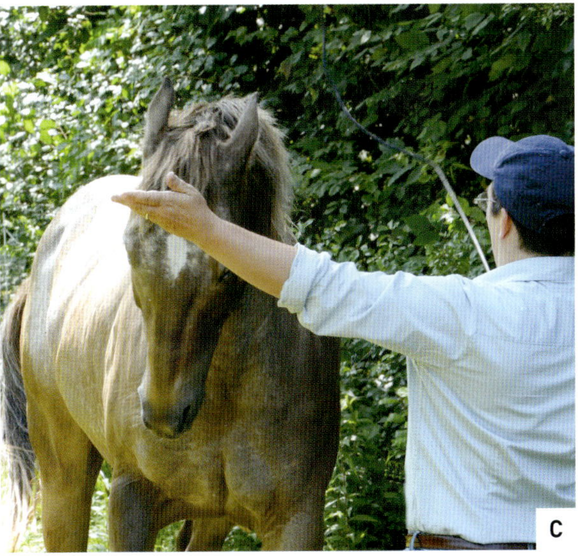

図 7.4　X や O の姿勢、それに「体幹のエネルギー」を使い、また強度のレベルを調整することで、馬に進んでほしい道を開くことができ(A)、どちらに進んでほしいかを示すことができます(B)。私は腕を高く上げ、Dakota の「顔のちょっとどいてボタン」に意識を向け、明確な「X の姿勢」で進んでほしい方向を示します(C)

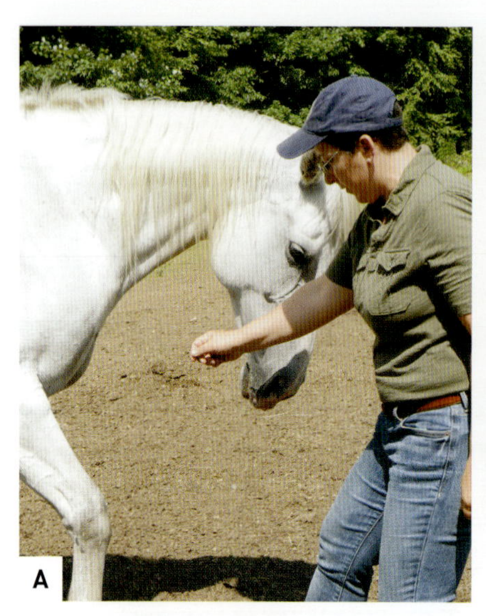

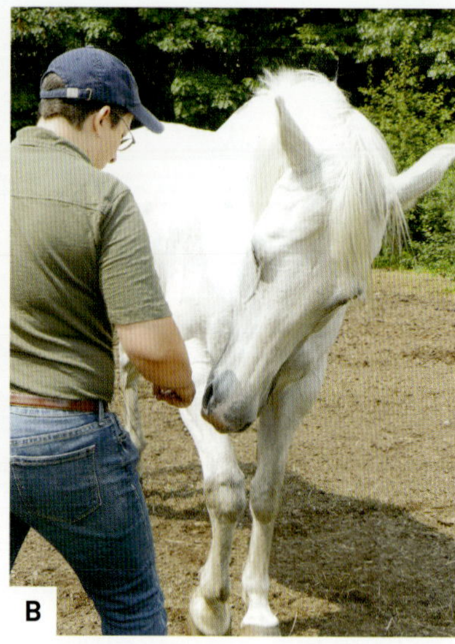

図 7.5 体の動きと「体幹のエネルギー」を意識的に使うことが大切です。私は Vati に 1 度に 1 歩だけ下がるよう指示します(A)。私の「招き寄せ」のサインに応じて、Vati は前へ出てきます(B、C)

の進行方向と平行になるよう「体幹のエネルギー」の向きを変えると、"扉を開く"ことができます。また馬の胸前の位置で、斜めまたは 45 度の角度で「体幹のエネルギー」を送って、馬の進む道を狭めてみましょう。すでに学んだように、馬の胸にあなたの「体幹のエネルギー」が向けられたら後退することを、馬に教えることができます。自分のおへそにどれだけ強い影響力があるかを自覚するだけでなく、それをどの程度の強さで使い分ければ良いのかを人馬双方が学ぶことも大切です(**図 7.5**)。

私たちが日頃どのように馬に接しているか考えてください。おそらく私たちの多くは、馬と一緒にいるあいだじゅう、でたらめにおへその向きを変え、馬の体のあらゆるところに向けているでしょう！ そのどれもが、馬にとってはさまざまな形の**プレッシャー**になるので、多くの馬は人間からの意思表示に混乱します。人間に何かを求められているのはわかっても、それが何なのか、馬には**見当もつかない**のです。

あなたがそばにいるとき、馬は絶えず頭を動かしています。なぜだと思いますか？ 例えばあなたのおへそが馬の頭に向いていたら、それは「送り出し」のメッセージなのです。あなたがキ甲をグルーミングしようと思って体の向きを変えたとたん、あなたからのプレッシャーがなくなり、馬はあなたの方に頭をもってきたいと思うでしょう。

そこで、あなたの「体幹のエネルギー」がどのように馬に影響しているかを学べるような会話をつくりました。

会話：「準備はいい？」「うん、いいよ」

たまたま、この会話の練習に「顔のちょっとどいてボタン」(p.34) を選びましたが、もちろんほかの**どの**ボタンでも使うことができます。この会話全体の責任はすべて**あなた**にあります。馬がどう反応するかはかまいません。どんな答えだろうと、ただ、馬の答えを探してみてください。

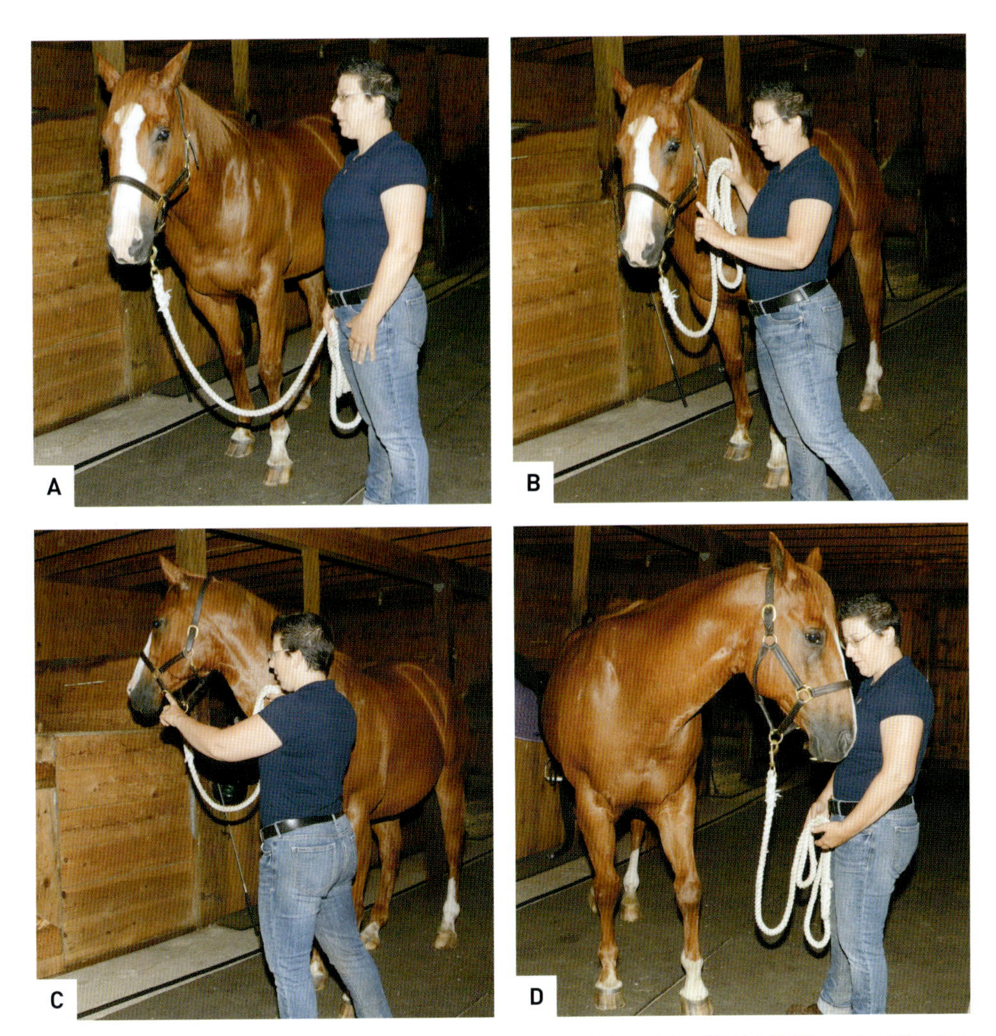

図 7.6 感情を出さず自分を閉ざしがちな Clark を相手に、強度レベルの強弱を練習します。真っすぐに立って、「顔のちょっとどいてボタン」に集中します(A)。その表情から、Clark は私が何かを望んでいることはわかりますが、どうしたらいいか理解していないことがわかります(B)。強度を「レベル 3」まで上げて、私のリクエストを明解にします(C)。「いい子ね、Clark ！」私は「0 の姿勢」を取って、Clark を呼び戻します(D)

❶馬にうなずき、馬が軽い挨拶ができるように拳を差し出しながら近づきます。これまであなたは「挨拶」を練習してきていますから、馬はすぐに興味を示すでしょう。

❷1.2 m ほど下がり、馬の片側で 45 度の角度で立ちます。このとき、馬の「顔のちょっとどいてボタン」が見えるようにします(**図 7.6A**)。動きはじめる前に、床を足でこすって、最初に立っていたところに印をつけておくと良いでしょう。

❸そこに立ち、あなたなりの「外なるゼロ」の姿勢を取ります(p.9)。例えば片方の腰を突き出す、膝の力を抜いて曲げるなど、リラックスした姿勢を取ります。直接馬を見つめずに、馬房のドアの外にかかっている毛布や、馬の背後の馬房の窓から外を見るなどします。両腕を脇に垂らすか、両手をポケットに入れましょう。あなたに「ゼロ」の状態を**思い起こさせる画像、歌、思い出など**を一瞬、頭に思い浮かべます(p.8)。

❹次に内側の感情を「ゼロ」に保って真っすぐに立ち、「外なるゼロ」から「X の姿勢」に移ります。そして「レベル 1」の強度で、馬の頬にある「顔のちょっとどいてボタン」を見ます。馬は、頭を上げる、唇を引き締める、耳を動かすなどをするかもしれません。

❺反応がどれほど小さくても、またどんな形でも馬があなたのことを認めた**瞬間に**、床を見て大きく息を吐き、「内なるゼロ」**と**「外なるゼロ」に戻ります。自分がどれだけ**静かに**なれるか、いろいろ試してみましょう。
❻今度は「体幹のエネルギー」を働かせて、「顔のちょっとどいてボタン」を見ます。今回も馬が気づいたら**すぐに**床を見て、片方の腰を休め、息を吐き出しながら「内なるゼロ」と「外なるゼロ」に戻ります。
❼視線を上げて馬に集中し、馬の反応を見たら、下を向いて、リラックスします。「ゼロ」の状態で、馬の顔をこっそり盗み見しましょう。プレッシャーをかけているときより、**プレッシャーを外したとき**の方が、馬からずっと大きな反応が返ってきます。

人と馬のあいだの会話は、こんな対話になっていました。「準備はいい？」「うん、いいよ」「よかった。じゃあゼロに戻るね」「わかった、僕もゼロに戻る」

よくあるのは、私が立ち上がると馬も頭を上げ、私がリラックスするとたんに、馬もリラックスすることです。それはまるで喜劇のようです。

この会話で、あなたは「ゼロ」と「レベル1」を行き来します。馬の「ボタン」を見る際の、表現の強度を調整する練習をしているのです。「レベル2」になると「ボタン」を指で指し示したり、紐や布切れを振って間接的に指し示すことが含まれます。「レベル3」では、「レベル1」と「レベル2」の特徴に**加えて**、馬に向かって1歩踏み込んだり、**もしかしたら**馬にタッチしたりします。「レベル4」になると、これまでのすべての動きを大げさに行い、指や鞭の端で直接馬に触ったり、馬にさらに近づいてより強くプレッシャーをかけられるようにしたり、舌鼓もするかもしれません。

わかりやすくするために、強度のすべてのレベルを少なくとも3回あらわしましょう。馬が顔をそむけたら、挨拶の「拳のタッチ」で呼び戻します。でも実際には顔はそむけないでしょう。なぜならこれは馬にとって、とても興味深いからです！ 強度レベルを明確にすると、驚くほど多くの混乱を解決できます。

この会話の❶～❼を繰り返しましょう。再び「内なるゼロ」と「外なるゼロ」からはじめ、「体幹のエネルギー」を働かせ、「顔のちょっとどいてボタン」に集中します。そしてなんらかの反応が見られたら、すぐに「ゼロ」の状態に戻ります。けれども、「Xの姿勢」のプレッシャーを増やし、対話を「レベル2」にもっていきます。

あなた：「頭を動かして、って頼んでもいいかな？」
馬：「あなたが頼んでいるのはわかる」
あなた：「よかった。それだけで十分だよ。ゼロに戻るね」
馬：「僕もゼロに戻る」

次は馬に**命令**し、さらには**主張**します(**図7.6**)。

この会話の目的は、馬の頭を動かすことでも、あなたのリクエストに馬を鈍感にさせることでもありません。あなた自身が馬のようになる方法を学ぶことです。これは「スペースを譲る」会話では**なく**、強度レベルを**変化させる**練習です。さらに重要なのは、強度を上下させたときのあなたがどう見えるかを、馬に見せることです。あなたの課題は、馬が少しでも体を動かしたり緊張を見せた瞬間に、いかにしてより早く「ゼロに後退する」(p.30)かを学ぶことです。

会話：ワルツ

これは、馬房から出るときや馬房に戻るときに行うのに最高の活動です。

❶馬と向かい合い、馬の頭の片側に少し寄って立ちます。
❷馬の片方の前肢の蹄に、「レベル1」の強度で意識を集中します。
❸向き合ったときの同じ側のあなたの足で、大きく1歩下がります。
❹立ち止まります。馬の反応が何であれ、「ゼロ」の状態に戻って馬を褒めます。
❺馬が蹄を前に出したら、**もう一方の**前肢の蹄に「レベル1」で意識を集中し、また1歩、大きく後ろに下がります(もしも馬が蹄を前に出さなかったら、もう1度やり直します)。
❻また立ち止まり、「ゼロ」の状態に戻ります。
❼あなた自身の細かい動きをコーディネートするために、「1歩」と大きく声に出しながら、繰り返します。あなたの後ろに下がる方の足に合わせながら、馬に1歩ずつあなたの方に来させます。
❽あなたの片足を宙に浮かせて、馬も肢を浮かせようとためらうか、様子を見ましょう。
❾これが馬とのダンスのはじまりです。あなたに近い方の前肢の蹄を見てください。それと同じ側のあなたの足を持ち上げはじめ、今度はそれを馬の**方に**「レベル1」の強度で動かします。練習を重ねると、馬はあなたの意図を**見る**ことができるようになり、あなたが1歩前に踏み出すのと同時に、同じ側の肢を後ろに下げるでしょう。あなたが同じ足を最初のポイントに戻すと、馬も肢を前に出すでしょう。ちょっとワルツのようですね！
❿息をついて馬の努力を褒め、「ゼロ」に戻ります。たとえ馬があなたの足を見るだけでもです。それは、馬が求められていることを理解しようと努力している印だからです。

敏感さは馬それぞれです。あまり敏感でない馬にこの会話を試すときは、あなたが注目している蹄を短鞭で示す必要があるかもしれません。踏み出そうと思う足と同じ側の手に、短鞭をもちます。少し横に寄ったまま、馬から少し離れたところからはじめます。これからステップする足を持ち上げ、馬に前または後ろへ動かしてほしい前肢の蹄に短鞭を向けます。強度を高める必要がある場合は、蹄壁を短鞭の先で軽く触れます。

馬が肢を動かしたら、大きく息をして「ゼロ」の状態に戻り、それから「体幹のエネルギー」を出し、あなたの足をもとの位置に戻します。ダンスは、あなたが足を後ろに下げて馬に肢を前に出させるか、あなたが足を前に出して馬に肢を下げさせる、のどちらでもはじめられます。どっちにしても楽しいものです。

いったん馬がこれを理解し、あなたと同じくらい楽しむようになったら、今度は馬の肩の位置で馬と同じ方向を向いて、練習しましょう。あなたが左足を前に出すのを、馬が左前肢を出す合図にし、右足を出したら馬に右前肢の蹄を出すよう促します。前後に1歩ずつステップしたり、何歩か後ろに下がったり、あるいはまったく違う組み合わせでもかまいません。馬はあなたの足と同じように肢を動かすでしょう。やがては、あなたが足を交差させて動かすと、馬もあなたと一緒に肢を横に動かすでしょう。

のちにリバティな状態で「足のお遊び」の会話をたくさんしていきます(p.161)。馬との遊びは、あなたに心をもっと軽やかにすることを教えてくれます。このような幸せな気持ちで乗馬や馬と作業ができたら、人馬双方に恩恵があるでしょう(**図 7.7**)。

図 7.7　小枝を加えて、「足のお遊び」

強度レベルを下げる

馬の前で(心身両面で)「外なるゼロ」と「内なるゼロ」でいることは、マインドフルネスの練習です。このSTEPで学んだことから、あなたは、何も求めていないつもりなのに強度を上げていたことに気づけるようになり、「ゼロに後退する」が実行できるようになります。

私は馬のことを理解できますが、同時に人間でもあり、人間がどう考えるか知っています。私たちの多くはこのレッスンから、強度を**上げる**ときの感覚を知り、それぞれのレベルに自分の動きをどう関連づけるかを学びます。その一方で、もしも私たちが馬のように考えるなら、強度を**下げる**ことにもっと関心を抱くことでしょう。馬は“強度を下げて”平穏さを得るためには、あらゆる理由を探すことを忘れないでください。

馬と一緒にいるときは、「常に堂々と振る舞って、人間が支配する側にあることを忘れるな」と教えられた人が多いのではないでしょうか？ 馬の世界では、これとは正反対です。リーダーの馬は、いっぺんに多くの馬を視線だけで動かせるほどの力をもっています。でもいったん要求が聞き入れられたら、リーダーはプレッシャーをかけ続けはしません。リーダーはすみやかに「ゼロに後退する」のです。

たとえ無意識にでもプレッシャーをかけ続けることは、馬の抵抗を生む一番手っ取り早い方法です。プレッシャーを**手放す**とき、あなたは尊敬を得ます。馬と楽しいつながりをもつには、あなたは自分の姿が馬からどのように見えているのかを認識できなければなりません。あなたが出会うあらゆる馬の抵抗は、馬があなたとの関係をどう感じているかを示しています。あなたのリクエストに対して馬の動きがあまりに早いなら、馬は本当には耳を傾けていなくて、あなたを避けようとしているか、間違えることを恐れて答えを急いでいるのです。逆に反応がとてもゆっくりだったら、馬は心を閉ざしているか“単に動かない”か、頑固なのでしょう。心を閉ざしている馬や頑固な馬には、“理解”できるまでもっと頻繁に褒めてあげる必要があります。馬がその両極端のどちらだったとしても、あなたはプレッシャーを取り除き、**強度を下げる**ことで、自分がどの馬にも劣らず、有能で公平で思いやりがあることを示さなければなりません。

あなたは体が強度の上げ方を、そしてより重要な**強度を下げる**ことを記憶したとき、あなたはより繊細になるでしょう。このSTEPの会話では、それほど多くのことを達成しているようには思えないかもしれませんが、何度か馬とこのSTEPの会話を行うと、馬はあなたの「ゼロ」を“見る”ことができるようになり、プレッシャーをかけて**いない**ときのあなたがどう見えるかも知るでしょう。あなたを読み、あなたの動きを予測できるとわかっているので、馬はあなたの周りでリラックスでき、安心していられるのです。

接近と後退を微調整する

「接近と後退」、そしてホース・スピークでの「接近と後退」の使い方は、最初にSTEP1で述べました(p.29)。今度は強度レベルに関する知識を使って、このテクニックの使い方に磨きをかけていきましょう。

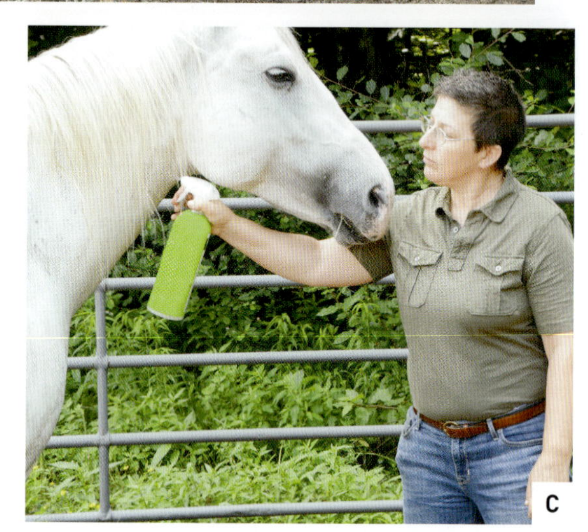

図 7.8 「このハエよけスプレーを持って近づいてもいい？」と私は Vati に尋ねます。彼女は私を見ているので、答えは「YES」(A)。私は「ありがとう」を言うために後ろに下がります(B)。そして、実際にスプレーをかけられるまで、「接近と後退」を繰り返します(C)

恐ろしいもの

馬は恐ろしいものから生まれつき「接近と後退」をします。それは「接近と後退」を使うと、確証をもてないものに対する馬の気持ちを変えられることを意味します。例えば、馬がハエよけスプレーが嫌いだとしましょう。あなたは内と外で「ゼロ」の強度を保ち、スプレーを馬のそばに持って行きます。馬が反応したら、すぐにスプレーを遠ざけます。ハエよけのスプレーはプレッシャーを与えるものですが、**あなた**はプレッシャーを与えては**いけません**。あなた自身の体からの強度を、ハエよけのスプレーのプレッシャーに加えないようにします。これまでのエクササイズを通して、ボディランゲージが「ゼロ」のときのあなたがどう見えるか、馬は知っています。

馬はハエよけスプレーのプレッシャーを受け入れても良い気持ちになりつつあるでしょうから、スプレーを近くに持ちながら「接近と後退」を繰り返します。まずボトルで馬に触り、次は馬とは反対の方向にスプレーし、やがて実際に馬自身にスプレーします(**図 7.8**)。大切なことは、馬が反応したらすぐに、必ずプレッシャーを取り除くことです。これにより、馬はあなたが自分の答えを敏感に感じてくれるとわかり、信頼が生まれます。この「接近と後退」を繰り返す必要はあるかもしれませんが、いずれ馬はハエよけのスプレーをまったく気にしなくなるでしょう！

怪我

「接近と後退」のパターンは、怪我をしたりおびえている馬にも使えます。それはこのよう

に行います。あなたは傷口を見て、息をつき、傷口から目をそらします。そこにまた視線を戻す前に、地面を見ます。馬の「パーソナルスペース」に入って、傷口の上や下をさすります。再び目をそらします(これが後退になります)。また息をして、優しくそして少しずつ、傷口に近づきます。そして「接近と後退」の会話を繰り返しながら、傷口を洗い、治療し、傷口をおおいます。

捕まえる

馬を捕まえる際にも「接近と後退」は役に立ちます。馬に向かって「接近」し、馬があなたを見たその瞬間に「ゼロ」の状態になり、地面に視線を落とし、「Aw-Shucks」をします。「きみには来てほしくない」と声に出しても良いでしょう。あなたのこの「後退」は、馬の好奇心に訴えます。このやり方で、私は何度も逃げた馬を私のところに来させたことがあります。馬は私の行動に惹きつけられたのです！ 「ゼロ」に戻る方法と自分の体の強度の調整法を知ることは、“捕まえにくい”馬を変える鍵となります。

あっちへ行ってと戻ってきてを微調整する

STEP1で、「接近と後退」と「あっちへ行ってと戻ってきて」の違いを学びましたよね？「接近と後退」はほかの馬のスペースに入る方法であり、「あっちへ行ってと戻ってきて」はほかの馬をあなたのスペースから出ていかせ、また戻ってくるよう頼む方法です。私は「接近と後退」に似た会話をつくりましたが、違う点は、今回は馬に下がって(あっちへ行って)と頼み、それからあなたのところに来るように(戻ってきて)頼む点です。これは馬が生まれて初めて母馬と交わした会話であるだけではありません。遠ざけられたあと、また戻ってきてと招かれるのは、馬が群れのなかで1日中やっていることなので、すべての馬が理解できます。

ここでは、どれほどかすかな「送り出し」のメッセージで、馬を遠ざけられるかを学びます。ほんのわずかに体重移動するだけでも十分なのです。そのあとで、馬に戻ってきてもらうための「招き寄せ」のメッセージも、どこまで小さくできるか試してみてください。あなたはこれまで強度レベルの調整を練習してきましたから、とても繊細になれるでしょう。

会話：この干し草をあげる

干し草の山をめぐって、また1つ、すばらしい会話をすることができます。干し草を会話のツールに使うととても効果的ですが、食べものに関して問題のある馬もいることを忘れないで、まずは安全を第一に行動してください。

❶パドックに干し草を少しまき、その上に立ちます。
❷馬はたぶん、干し草の近くにいますが、馬を今いるところから、あなたのところに「招き寄せ」ます(**図7.9A、B**)。
❸馬があなたを**見た**だけでも、あなたはすぐに「ゼロ」に後退し、馬の場所から離れて、干し草を食べさせてあげます(**図7.9C**)。

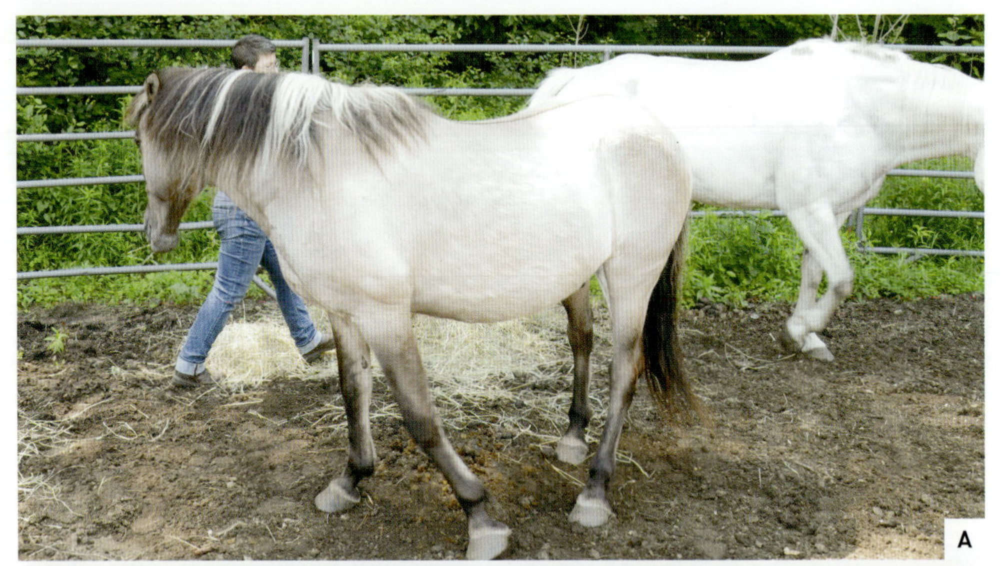

図 7.9　「X の姿勢」になった私は、2 頭に干し草の山から離れるよう丁重に頼みます(A)。馬が自然に体でつくる円と弧がここで明確に見られます(B)。彼らを呼び戻すと、2 頭は干し草を食べはじめる前に、私に軽く挨拶をします(C)

❹「X の姿勢」になり、今度は馬を追い払うような様子で、干し草の山に戻ってください。ただし、馬を完全に追いやるのではなく、耳をぴくりと動かすといった、「よそへ行く」意思を示す小さなサインを探します。
❺できるだけ大げさに「内なるゼロ」と「外なるゼロ」を見せながら、これを繰り返します。干し草を食べるふりをし、ゆっくりと深い息をします。

「あっちへ行ってと戻ってきて」を微調整すると、あなたのスペースへの要求と接近への招待に馬がどう反応するか知ることができ、明確な強度レベルの調整を行えるようになるでしょう。あなたのところに気配りしつつおだやかに戻る馬もいれば、急ぎすぎたり、あなたにのしかかってくる馬もいるでしょう。馬はあなたの周りでどの強度レベルでいるべきか、理解していないかもしれません。それもここで学んでいることの1つです。馬の儀式に基づいたホース・スピークを会話で使うことによって、大半の馬は、数歩かもしれませんが「送り出し」や「招き寄せ」に応じるでしょう。馬が出したサインを見逃さずに感じ取ってください。

会話：後ろに下がって、前に出てきて

❶馬の頭の脇に、尻尾の方を向いて立ちます。
❷レベル1の強度を使い、「後ろに下がってのボタン」に意識を向けながら、馬に下がるよう求めます(p.35)。
❸馬が**何かしら**反応を示すか譲る気持ちを見せるまで、「後ろに下がってのボタン」を指さす、ジェスチャーで示す、それでもダメならタッチするというように、強度のレベルを上げていきます。
❹馬がただ後ろへ体を反らしただけでも、「ゼロ」の状態に戻ります。馬の“努力”はいつも認めてあげなければいけません。
❺今度は後ろに下がり、姿勢を「招き寄せる戻ってきて」に変えます。つまり、少しおじぎをするようにし、両腕で円をつくって「O の姿勢」になるのです。膝を曲げて、軽くかがみこむ姿勢を取ります。「こっちに来て！」と明るい声で言いましょう。
❻馬があなたの方に体重移動したり近寄ってきたら、内も外も「ゼロ」に戻ります。「Aw-Shucks」をするか大きなため息をついて、馬に答えてあげてください。
❼このプロセスを3回繰り返し、馬があなたの求めているものが何かを理解したあとの、反応の違いを観察します。

この手順が楽にできるようになったら、馬房の中でこの会話を試してみましょう。馬が何もつけていなくても、あるいは無口と曳き手をつけていてもかまいません。馬房内での会話は、ほかの場所でするより馬の抵抗が少ないはずです。馬房、通路、車寄せ、馬場はどれも馬にとっては異なる「境目」(p.57)になります。こうした場所には人馬それぞれに、先入観からくる連想があるからです。

会話：絆をつくるための招き寄せ

❶馬具をつけていない状態(リバティな状態)馬と「ついてきてボタン」を試してみましょう。馬の頚の上部を手のひら全体で軽く、でもしっかりと1〜2秒押さえます(p.34)。

❷そのあと、後ろを向き、ゆっくり歩いて遠ざかります。あなたは今、馬語で、ついてくるよう馬に頼みました。馬はあなたがこの表現とその意味を知っていることに驚くでしょう。これは母馬が使った言葉で、信頼とつながりを促すものです。馬がついてこなかったら、戻ってもう一度行います。おそらく、馬はあなたが手を離したときに、少なくともあなたの手のプレッシャーに従って、頚をあなたの方に動かすでしょう。

馬が頭を下げ、耳を横に寝かせているときは、ほかの馬を招き寄せようとしているのかもしれません。これは馬バージョンの「Oの姿勢」です。また、ほかの馬への謝罪の場合もあります。例えば、とても不機嫌な馬が、必要以上の力に訴えてほかの馬を干し草の山から追い払ったとします。周囲に不快な思いをさせた馬は耳を横に寝かせ、頭を下げ、柔和な顔になって、周りの馬に謝ります。そして徐々に耳をもっと前に向け、頚を長く低い位置にまでもっていき、馬なりの「Oの姿勢」になります。

これは、馬があなたを引き寄せようとするジェスチャーでもあります。それに加えて、馬が目に見えるほど鼻の穴から"息を吐く"と、あなたはソワソワしたり、心臓や胃でチリチリするような感じを覚えるかもしれません。これはあなたの自律神経が、馬の「招き寄せ」に物理的に反応しているからです。人間はどんな動物とでも一緒にいるとき、この現象の影響を受けます。

要求されたらすぐにあなたについてくる馬もいますが、ついていきたいけれど怖くてできない馬もいます。それは過去に「招き寄せ」のサインに従ってついていった結果、罰せられた経験があるのでしょう。自分が馬の言葉で何を"言っている"か、人間が理解できていなかったからです。頭を下げ、耳をリラックスさせ、おやつをねだるときのような表情を浮かべていながら、それでも動くことができずに"固まって"いる馬もいるでしょう。あなたは自分自身の繊細な強度レベルを自覚できましたが、同じように馬の繊細な強度レベルも認識できるようになるべきなのです。あなたの後ろをついていくという意図を、馬はわずかな体重移動で表現したのかもしれません。馬の努力を褒め、それに気がついた自分も褒めてあげましょう！

【注意】馬があなたの後ろをついてくるとき、馬はあなたを前へと動かすことを許されたと考え、耳を寝かせるかもしれません。特にその馬がリーダーの立場の馬だったら危険なこともあるので、顔の表情に注意してください。必要なら、振り向いてすぐ「Xの姿勢」を取れるように備えておきます。

会話：馬のハグ

もう1つの「招き寄せ」の会話は、ハグに形を変えることができます。ハグは馬が深い友情をあらわすために、頚をほかの馬に巻きつけることです。

❶馬の体側の「肩のボタン」(p.35)に背を向けて立ち、「馬のハグ」を探ってみましょう。あなたがここに立つことは、馬を信用していることを馬に伝えます。

❷馬の反対側の頬に、片手を伸ばします(**図 7.10**)。

❸自由な方の手で馬のあごの骨の下を掻いたり、頬をくすぐったり、喉の下を優しくさすったりします。

❹❸の動きをしながら、馬の頬にかけた手を使って、馬に頭をあなたの方に向け、あなたの体の前を横切らせるように促します。このとき、馬は顔をそむけるかもしれません。この姿勢は、馬の頚の下側に喰らいついた捕食動物が馬の体を振り回す姿勢に似ているからです。「なんて興味深いんだろう？」と思いながら、馬があなたのリクエストに身構えたことに気がつけるようにします。プレッシャーをたくさんかけてもいけませんが、簡単に諦めてもいけません。

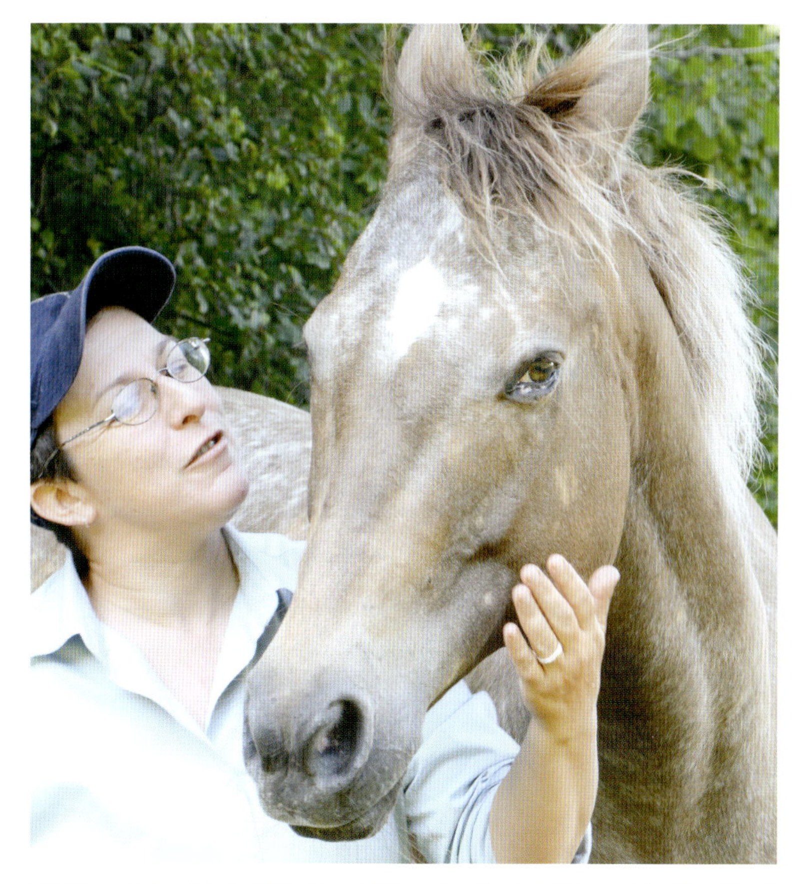

図 7.10 「馬のハグ」をするには、片手を馬のあごの下を通して、反対側の頬に軽く当てます。これで緊張する馬もいるので、自分自身は「ゼロ」の状態を保ちます

❺片側ごとに少なくとも3回リクエストします。でも急がないでください。ただ一緒にいて、馬がほんの少しでも顔をあなたの方に譲ったら、すぐにプレッシャーを取り除き、褒めてあげます。

❻馬が頚全体を巻きつけてあなたをハグしたら、空いている手で馬の額の前髪の下にある「友好的なボタン」(p.34)をなでてあげましょう。あなたは馬に芸を仕込んでいるのでも、何かを無理強いしているわけでもありません。ただ馬に、あなたのリクエストを聞くよう促しているだけです。これまで、この会話の最中に私の手の中で「あくび」をした馬もいたくらいです！

❼時々、ほかの馬の頚の匂いを大きくかぐ馬を見るでしょう。これは感情的なレベルでの「招き寄せる会話」で、ここに加えることができます。馬の頚の匂いをかぐとき、あなたは**本当に**その馬が好きだと言っています。あなたが馬の頚の匂いを吸い込むと、馬は耳をリラックスさせて横に寝かせるでしょう。馬があなたに頚をハグし、匂いを吸い込むのを許すとき、あなたと馬の友情は深まります。このため私は時々、騎乗前の生徒に馬の頚の匂いをかがせるようにしています。

STEP 8

馬の無防備な部位と自己防衛のための部位について交渉する

馬の無防備な部位を知る

Keywords

背中とお腹(p.116)
腹帯のボタン(p.117)
ジャンプアップのボタン(p.118)
馬の後躯と友だちになる(p.118)
区切りをつける(p.120)
離れる(p.121)
尻尾を振る(p.123)
腰のドライブボタン(p.123)
カヌーを回す(p.125)
横に譲ってボタン(p.126)

馬の体で最も無防備な部分は、背中とお腹です。この２つの部位は、打ちつけたりできる前肢と、身を守るために強く蹴ることができる後肢とのあいだに宙づりになっています。

馬は自分の体のこの無防備な部位に触ることを許すことで、相手への友情と**一体感**をあらわします。友だちの馬同士が寄り添って、おだやかな時間と双方にとっての心地良さを共有する様子を見てください。また、肩を並べて歩く馬、時には「足並みまでそろえて」歩く馬たちも、誰もが見たことがあるでしょう。馬はほかの馬のお腹に頭をこすりつけもします。子馬はお乳を飲むために母馬のお腹の下に頭を入れ、牡馬はほかの牡馬の下腹部の匂いをかぎます。このどれもが、お互いへの親密さをあらわす表現です。

馬の背中にまたがって馬との究極的な一体感を求める私たちは、馬体のこの部分とは切っても切れない関係にあります。もしも馬が背中とお腹をあなたに触らせようとしないなら、馬はあなたといて安心だと感じられていないのです。人に飼われている馬の大半は、この部分に人間がブラシをかけ、腹帯を締め、またがることを受け入れるよう調教されています。けれども私たちが馬の背中やお腹に接するときに、馬が顔を“こわばらせ”たり緊張していたら、馬はストレスと不快感を伝えているのです。特に繋ぎ場で自由を奪われているとき、不安や不快感を感じている馬は肢を横に蹴り出したり、横へ足踏みをしたり、ソワソワしたり、しかめっつらになったりします。これは自分の体の最もむき出しで無防備な部分を守ろうとしているのです。

私たちは小さな一貫した努力で、馬のお腹や背中と“友だちになる”ことができます。馬が背中やお腹のどこかを守ろうとするなら、馬房の中で、無口と曳き手をつけてそこに関する

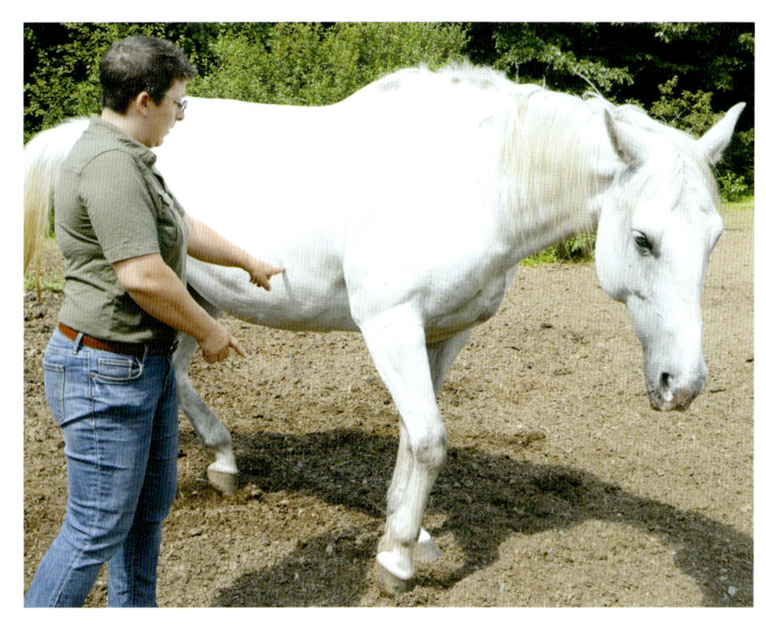
図 8.1 「腹帯のボタン」で、馬に横に動いたり、前に進むよう求めることができます

“会話”をはじめましょう。「接近と後退」の挨拶のやり方で、その部分にそっと触ったら体の向きを変え、また戻って触る、これを3回繰り返します。まずは指の腹で優しく掻いてやるか、顔用の柔らかいブラシでお腹にブラシがけをすることからはじめましょう。馬が不快感を伝えるメッセージを出していないか見守ります。尻尾を振る、肢で床を打ちつける、体重を移動するなどが見られたら、馬が最後に気持ち良くコンタクトを受け入れていたところまで「後退」するべきこと、そして再び「接近」するときはより低い強度を使うべきであることを示すサインです。下腹部に触ることは、馬があなたを受け入れるかどうかの“試験”ではありません。これは最初に馬の敏感な部位への共感を得たのちに、こちらの共感を馬に伝えるための会話の手段なのです。

腹帯のボタン

馬の帯径の少し後ろで低いところに、馬が敏感な場所があります(図 8.1)。馬はほかの馬のこの部位に鼻面を向けるだけで、相手を前後左右に動かすことができます。これが「腹帯のボタン」で、スペースを主張する強力な手段です。馬と馬のコミュニケーションでは、横に動いてスペースを譲るよう求める際の、“最後の手段”の「送り出し」のボタンにもなります。

馬は絶えずお互いのあいだの平行のスペースを交渉していて、相手を近くに呼び寄せたり、お互いの帯径と帯径の間隔を広げたりしています。この部位には敏感で、友だちでない馬同士では、帯径の位置を“そろえて”体を並べることはしません。私たちは外乗で肩を並べて進みたいときに、帯径の位置がそろっていることを経験しているでしょう。馬が群れで一緒に走るとき、互いの距離を測るのにこの帯径への意識が役に立っていると私は考えています。馬は頭や頚のかすかなジェスチャーや、尻尾やお尻の表情でお互いの進路を操ることができます。こうしたジェスチャーの結果は、お互いの帯径のあいだの距離にあらわれます。

「腹帯のボタン」は馬にとっての“中心軸”であると同時に、方向を変えるときに体全体の中心となる点です。そして馬の横隔膜の位置とおおむね重なるため、腹帯を締められるときに、馬が息がつまるように感じるのもあり得ることです。馬を不快にさせないで腹帯を締める方法はいくつもありますが、私のお気に入りは呼吸を使うやり方です。

会話:息を使いながら腹帯を締める

❶馬に鞍を載せ、腹帯をゆるく締めたら、内と外で「ゼロ」になって馬の隣に立ちます。
❷何回か大きく息を吸い込み、音を立てながら息を吐きます。あなたは時間をかけて、馬にで

きるだけリラックスするよう頼んでいます。

❸徐々に腹帯を締めながら、深呼吸を続けます。締めるのを馬が認めてくれているからといって、それが当たり前だと思ってはいけません。

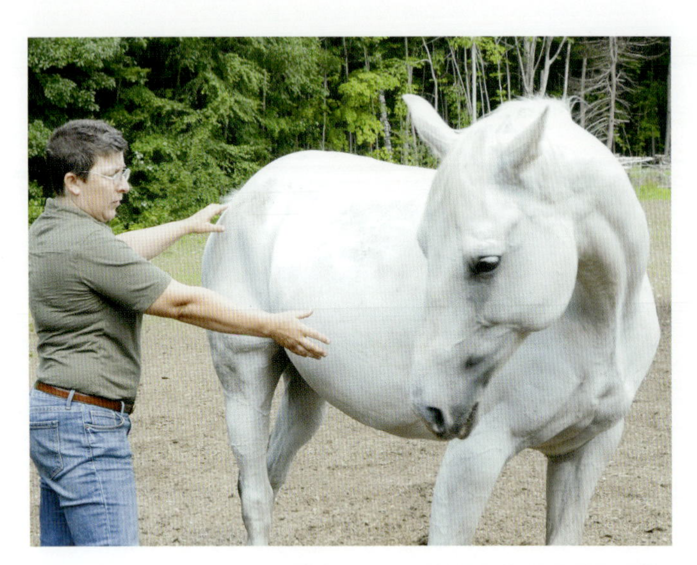

図 8.2 「腹帯のボタン」から下がったところにある「ジャンプアップのボタン」で、急いで駆けだして、とか、もっと速く前に進んで、と馬に言うことができます

ジャンプアップのボタン

帯径から後ろに下がり、胴の両側の肋骨の下に、馬の「ジャンプアップのボタン」があります。捕食動物は地面から攻撃するときに、馬の肋骨が終わるところをくわえようとします。このため、馬はこの部位に対するどんな刺激にも敏感で、ブラシや棒で触られるだけで、それから“逃れる”ために跳び上がったり前に突進しようとします。またがった人間の踵が「ジャンプアップのボタン」に触れるかもしれません。拍車は捕食動物の鋭いタッチに似せているので、馬の“前に出る”反射を刺激します。馬体の「ジャンプアップのボタン」は特に敏感なので、私は決して拍車を使いません。

馬の自己防衛の部位と友だちになる

馬の後躯に近づくとき、私は必ず飛節の少し上にある脛部のあたりを3回タッチして、馬に「挨拶」します。それから馬のお尻や尻尾の芯の部分に「赤ちゃんを揺らすように」(p.51)をし、後膝のすぐ上の「横に譲ってボタン」を使って、プレッシャーから体を少し離すよう頼むかもしれません(p.126)。私は視野の片隅で、馬の顔と尻尾から出るメッセージに注意を払います。馬の呼吸にも注意します。私は馬の後肢を動かす**前に**、まず馬の後躯と友だちになります。

会話：馬の後躯と友だちになる

この本の冒頭で、馬の顔に対するゆっくりの「接近と後退」を練習したように、ここでは馬の後躯に対して同じ練習を行います。

❶馬の後躯に近づきながら、馬が尻尾を振ったり、体重移動したりしないか注目します。

❷馬の「パーソナルスペース」の縁に来たら足を止め、「Aw-Shucks」をし、うなずいて見せてから、また近づきます。馬が反応するたびに「間」を取り、あなたに馬の「パーソナルスペース」が見えていて、それを尊重していることを伝えます。

❸脛部を触りながら「挨拶」をはじめ、さすりながら蹄まで手を下げることを3回繰り返します(**図 8.3**)。脛部には後肢の外側に大きな筋肉があり、ここには消化と胃を助ける大切な痛点がいくつかあります。時々、脛部を優しく掻いてやり、馬がどんな反応をするか見てみましょう。

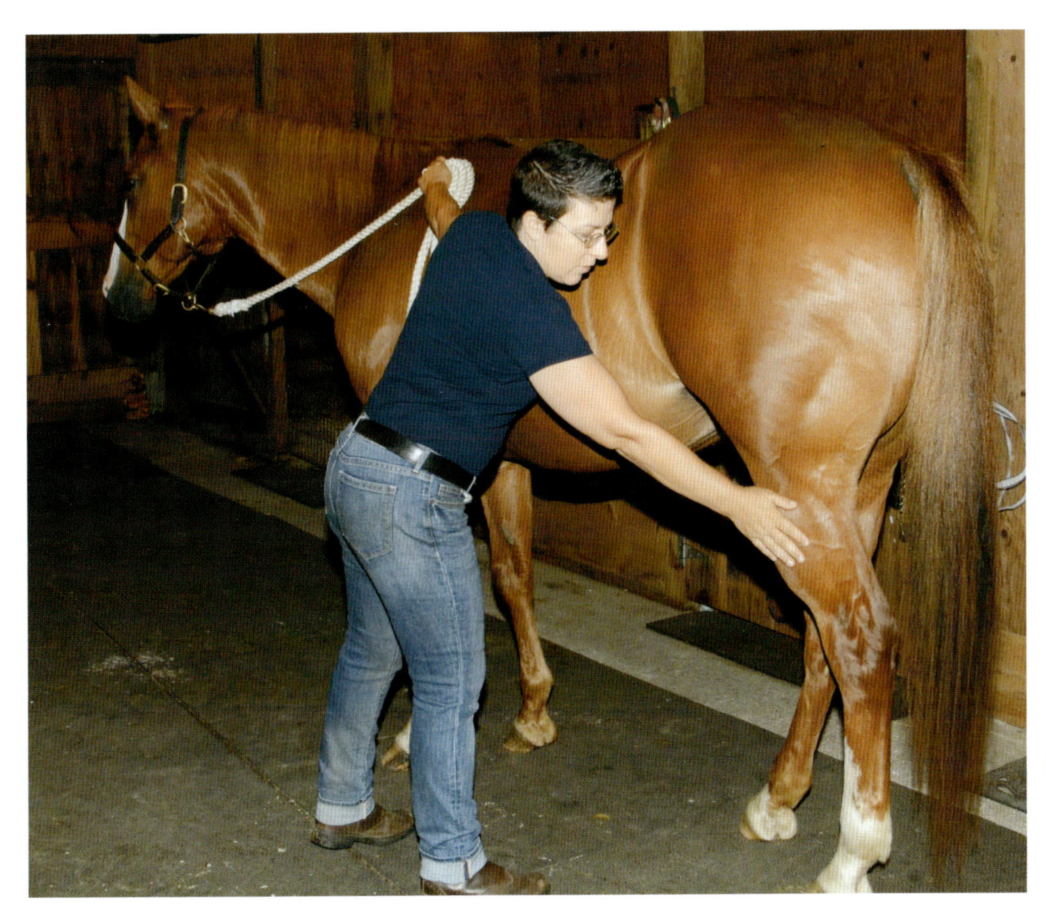

図 8.3 馬の後肢に触る前に、私は片手をキ甲に当てて馬を気持ち良くさせ、同時に脛部をマッサージします

危害を加えるなかれの実践

必要とあらばレベル4の強度でほかの馬を蹴ることは、馬社会のなかで認められていることです。いつでもほかの馬に全力で“攻撃する”ことができるのに、ほとんどの馬が人間に対しては、たとえ大きなストレスのもとでも、それと同じレベルの強硬手段に訴えようとしないのは、興味深いことではありませんか。私も馬に噛みつかれたり蹴られたりしたことがありますが、その力加減は馬同士で当たり前のように使う力とは比べものになりませんでした。ですから、馬が人間を実際に傷つけるつもりで**本当に**攻撃するときは、何かひどく間違ったことが起きたことを示しているのです。

なぜ馬たちは、そうしようと思えばできるのに、私たちを傷つけることは**しない**のでしょうか？ 私は虐待や放置された多くの馬と接し、その馬たちを救ってきました。虐待や放置された直後の馬ですら、常に後ろずさって、まず私たち人間を避けようとします。それでも本当にダメなときだけ、最後の手段として私たちを追いやろうとします。一体なぜなのでしょう。馬は人間と結んだ社会契約のなかに「危害を加えるなかれ」の条項を入れたに違いないと、私は信じるようになりました。そうでなければ、私たち人間が馬と一緒の状況で何千年も生き延びられた説明がつきません。

馬に暴力を振るってもかまわないと考える人たちがいます。1つには馬同士でそうするから、2つには人間には馬同士でするほどの強い力は振るえないから、という理由です。でも私がこの本で明らかにしたかったように、馬はお互いを蹴ったり噛んだりする**前に**、あらゆる繊細な言語で自分を表現し、会話をしています。例えば、尻尾を振って不快感をあらわす、かすかに体重移動して1本の肢を自由に使えるようにする、あるいは相手をより直接的に脅かすために肢を持ち上げるなどです。これらは**外科手術並みに正確な攻撃の前に**馬から出される早期の警報です。つまり、馬に対して力に訴えるという手段に頼る必要はないのです。なぜならホース·スピークを学べば、あなたは冷静でいられ、馬が言っていることを“聞く”ことができ、結果的に安全でいられるからです。

区切りをつける

「馬の後躯と友だちになる」の最初の「挨拶」の段階も含めて、馬の後躯に近づくときは尻尾をよく見なければなりません。通常、尻尾の仕草と後躯の位置は、馬の顔からはじまったメッセージに区切りをつけるものだからです。ですから馬の表情にあなたが気づかなくても、後躯と尻尾によって、馬の意見をより明確な形で理解するチャンスがもう1度与えられるのです。馬に蹴る傾向があるとわかっていたら、私は馬の顔を注意深く見ます。実のところ、馬体の後ろの端と頭とはつながりがあり、馬体の片端が、もう一方の端の問題の症状を実際にあらわすことがあります。例えば、馬が頭を触られるのを嫌ったら、私は後躯に痛みがないか探ります。このように問題のあるのとは“反対の端”に治療をすることが、問題の根っこにたどり着く代替の手段になるかもしれないのです。

いったん馬の尻尾に表現されたホース・スピークを見られるようになると、これまでそれを見られなかったことに、あなたは唖然とするでしょう。でももしも馬が尻尾をごくわずかしか動かせなかったり、尻尾に元気がなく表情も乏しかったら、背骨に怪我をしている可能性を疑ってください。

- 軽く弧を描いて高く上げた尻尾は、自信のあらわれです。これは馬の銅像によく見られます(**図 8.4**)。
- 馬が尻尾を“はためかせて”いるのも、よく見る光景です。持ち上げた尻尾の毛が、風のなかで旗のように広がります(**図 8.5**)。これは怖さや嬉しさから興奮しているのです。私は、若い牝馬がほかの馬に追われて尻尾をはためかせるのを見たことがあります。そのジェスチャーはまるで「私のこと傷つけないで。私、まだ子どもなんだから」と訴えているようでした。
- 緊張で固くお尻に押しつけて巻きこんでいる尻尾は恐怖、緊張や怒りのあらわれです。馬は犬のように尻尾を肢のあいだに挟みます。馬は脅威を感じるとき、お尻の筋肉に痛みやしこりがあるとき、あるいはこれから肢を蹴りだそうとするときに、尻尾をお尻のあいだに押しつけます(**図 8.6**)。

図 8.4 “自信に満ちた”持ち上げた尻尾

図 8.5 興奮して“はためかせて”いる尻尾

- 痛みやストレスがあるときに、馬は尻尾を“しぼる”ことがあります。尻尾は車のワイパーのような動きで体を細かくこすったり、円を描いたりします。これは疝痛、もしくはほかの症状が出る前の蹄葉炎の最初の兆候かもしれません。
- 馬は幸せで満足しているとき、尻尾を“振ります”。これは近くに立った2頭の馬が居眠りをはじめるときによく見られます。ハエも飛んでいないのに、彼らの尻尾はのんびりと左右に揺れます。
- 集中しているとき、欲求不満なとき、イライラするとき、馬は小さく1度だけ尻尾を振ることがあります(**図 8.7**)
- 障害物を飛び越えた競技馬が、鼻息を吐きながら、尻尾を大きく上げてからピシッと下げるのを見たことがあります。私はこの動きをいつも感嘆符の「！」と考えます。尻尾が「やったー！　うまく飛べたぞ！」と言っているように思えるのです。
- 馬は演技中に尻尾でリズムを刻んでいるように見えます。ちょうど私たちが音楽に合わせて手拍子を打ったり指を鳴らしたりするように、馬は自分の動きに合わせてリズムを刻んでいるようです。

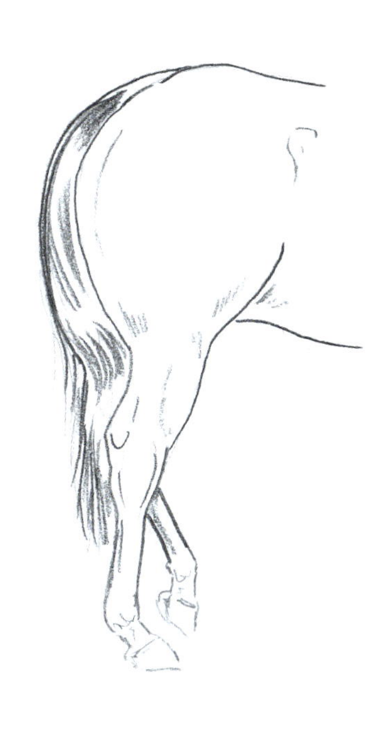

図 8.6　尻尾を押しつけているとき、馬は守りの姿勢に入っています

離れる

尻尾の動きや位置は、ホース・スピークの「4つ目のG」、すなわち「離れる(Gone)」に関係があります。実際、私たちにとってわかりやすく、最も重要な尻尾の位置は、「私はもうここから離れる」とか「終わった」を表現するものです。この大きくて力のこもった尻尾の動きは、ほかの馬あるいはあなたに向けて1度だけ振る、集中や欲求不満をあらわす尻尾の動きを

図 8.7　Jag(右)の「パーソナルスペース」を横切りながら、Mama(左)は1度尻尾を振り、Jagも尻尾を振り返します

図 8.8 Rocky(左)がVati(右)を見つめてプレッシャーをかけます。Vatiは不満の意味を込めて鋭く尻尾を振り、離れます

強調したもので、「このことにも、あなたにも、うんざりした」と言っているのです(**図 8.8**)。前にも言ったように、これは馬にとって、文章の終わりの句点であり、「NO」という意味もあります。馬の「NO」には注意を払いましょう。馬がその場から「離れる」ことを望んだり、会話を終わらせたいと思っているときを理解することで、あなたはよりおだやかなホース・スピークのメッセージを使えるようになるのです。すなわち、いつ自分の強度をチェックすべきか、いつ「ゼロ」に戻るべきか、いつ「体幹のエネルギー(コアエネルギー)」を取り除くべきか、そして例えばいつ「地平線を見渡す」べきかなどがわかるようになるのです。「離れる」は、馬が何を**聞いているか**を**馬の**視点から見るための手がかりです。また、私たちが本

離れる の実践

ある寒い雨の日、私の生徒は彼女の牝馬の馬房に行き、“レインコート”を馬に着せようとしました。それまで何カ月も良い天気が続いて馬着が必要なときがあまりなかったので、馬が尻尾で「NO」と言い、顔をそむけるのを彼女は見ました。そこで彼女は「間」を取って、馬房の前の角に寄りかかりながら通路を見ました。そして「挨拶」をするために拳を差し出して、深呼吸をしました。それからおだやかに「今日はレインコートを着なかったら、牧草地には行かれないわ」と声に出して言ったのです。するとすぐに馬の鼻面が拳に押し当てられるのを感じました。2人は「挨拶の儀式」(p.49)を一通り行いました。そのあと馬はじっとして、レインコートをかけてもらいました。

馬の「NO」を認めてあげることで、すべてを変えることができます。彼女は腹を立てず、力づくで馬にレインコートを着せようともしませんでした。彼女は馬の気持ちを理解するのに必要な会話のツールを全部もっていたので、話し合うことで馬に納得してもらってレインコートを着せることができたのです。

物の“馬同士”の会話をするには、私たちも「離れる」と発言する必要があります。

会話：尻尾を振る

馬の「離れる」の会話の「尻尾を振る」を真似することができます。

❶ちょうどハエを追い払う感じで、あなたの腕や手を、1度だけお尻や太ももを横切るように元気良く振ります。時にはこれを使って、あなたが「会話はおしまい」と馬に伝える必要があります。いくつかの会話は終わって次のことに移ろうと思っていることを、これで伝えます。

後躯の送り出しのメッセージ

馬たちが群れのなかで位置を変える必要があるとき、1頭または数頭の馬がほかの馬たちに向けてかすかな「送り出し」のメッセージを何回も送ったり、お互いのあとをついていったりして位置を変えます。群れのなかで群れを動かす“ドライブする馬”は、序列の上位にいることが多いです。“ドライブする馬”は同時に、ドライブされる馬たちの安全を守る責任を自動的に負います。野生馬のドキュメンタリーでは、よく群れの牡馬が子馬や年老いた牝馬など弱いメンバーを前へとドライブするために、ほかの馬たちの後ろを走っている様子を見ることができます。“ドライブする馬”は群れをまとめるだけでなく、捕食動物を追い払う立場にもあります。「送り出し」をしている馬はみな、ドライブされる側の馬に向かって「僕がきみの安全を守る。きみの背後は僕が見守っているよ」と言っているのです。たとえ2頭だけの群れにも、このことは当てはまります。

馬には、付き従うことと、ほかの馬に後ろからドライブされることへの、基本的な本能があります。私たちの馬へのかかわり方の多くは、馬のこの本能を利用したもので、熟練のトレーナーのなかには、馬のドライブされたいという欲求を直感的に察知する人もいます。私たちは、例えば丸馬場や調馬索での運動のように、馬の後躯にプレッシャーをかけて馬を前に進ませるとき、「送り出し」には保護と責任が結びついていること、つまり馬を安全に感じさせる責任が私たちにあることを、自覚しなくてはなりません。

腰のドライブボタン

馬の「腰のドライブボタン」は、とても敏感なボタンです。馬は絶えず後躯に向けた「送り出し」のプレッシャーで、お互いを前に、または横に動かしています。こうしたメッセージは、腰の一番高いところにあるこのボタンに向けられます。また「腰のドライブボタン」は群れの結束や安全とつながっていて、心理的な反応を引き起こすボタンでもあります。多くの馬はほかの馬にこのボタンを見られるだけで移動します。馬にはこのあたりへのプレッシャーに反応するような習性があります。人に飼われている馬は捕食動物の心配をする必要も、エサを求めて遠くまで移動する必要もありません。それでも干し草や水、あるいは最高の日陰の場所などをめぐるささいな争いのなかに、リーダーと従う者との不可欠な会話は存在しています。あなたもこのボタンにつながれるようになるにつれて、このボタンをただ見るだけで馬に影響を与えられるようになるでしょう。これは馬を動かす強力な方法なのです。

同時に、「腰のドライブボタン」は人間から馬への合図として最も誤って使われているボタンでもあります。人間は“馬のいじめっ子”がするのと同じやり方で、これを使って馬を動かすことができます。人間がこのボタンを多用しすぎて馬をいじめると、それはほとんど捕食者的な行動になり、馬は心のなかで降伏し、どんよりとし、心を閉ざしてしまいます。一見“調教されている”ように見えても、馬は“屈服している”だけで、馬本来のものではない、ロボットのような演技をするようになります。このような馬は危機的状況では、ドライブしている人間に頼らず、自力で自らの安全を保とうとするでしょう。

私たち人間は馬にとって捕食動物のような強圧的な存在になるべきではないと考えています。しかし、多くの人はドライブされていることで守られていると馬が感じたがることを知らないにもかかわらず、気づかないうちに「腰のドライブボタン」を誤って使ってしまっています。私たちはこの「ボタン」を使って、公平で思いやりがあり、ソフトでありながら効果的な会話を生み出すことができます。私たちは攻撃的にならずに、そして馬を追い回したいという捕食者的な本能に負けることなく、馬を「送り出す」ことができるのです。そうならずに、「きみの背後は私が守るから、リラックスしていいよ」と馬に言えるのです。これこそが、**心からの受容**と、その場限りの服従とを生み出す違いです。

多くの人が、追い回す以外に馬をドライブする方法を知りません。私も丸馬場の使い方を初めて学んだときは、同じでした。でも馬を追い回すのでは**なく**、「腰のドライブボタン」で会話をする方法に気づいたとき、私は恥ずかしくなりました。それまでの私には、たくさんの間違いがあったことにも気がついたからです。でも「腰のドライブボタン」を理解したことで、馬がオープンな態度を見せてくれるようになりました。つまり、馬の**受容**を生み出す、より思いやりのある方法なのです。それは、曳き手や調馬索を使う、遠くから、馬房の中、あるいはリバティな状態など、どのような状況でも、ホース・スピークで「腰のドライブボタン」を使

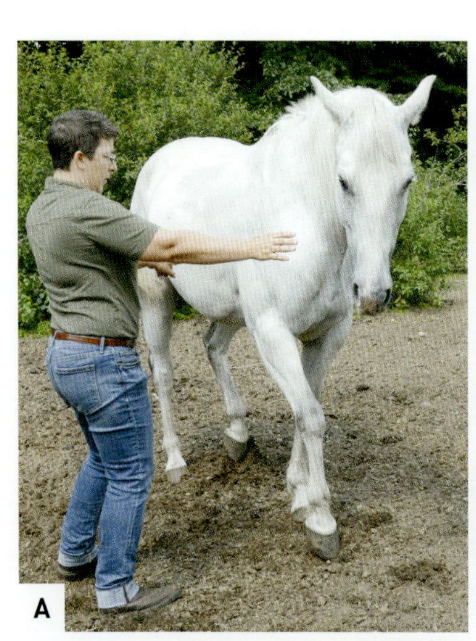

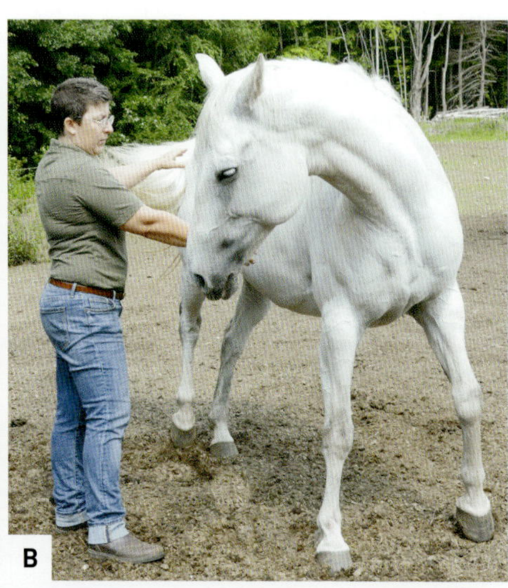

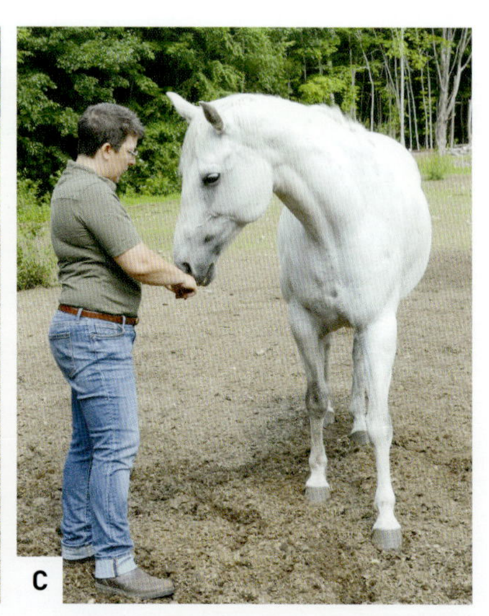

図 8.9 リバティな状態で、私は Vati の「肩のボタン」からはじめて「腰のドライブボタン」へと働きかけていきます(A)。彼女を動かすには、後膝近くにある「横に譲ってボタン」を1本の指で指し示し、別の指で「腰のドライブボタン」を指すだけで十分です(B)。そして彼女に「戻ってきて」もらい、2人で確認し合う軽く挨拶をするために、私はいつもどおりに「0 の姿勢」を使って「ゼロ」の状態になります(C)

えばできるのです。私たちは攻撃的にもいじめっ子にもならずに、そして馬を追い回さなくても、会話をもつことができるのです。

会話：送り出し

❶馬房、パドック、牧草地のどこでも良いですが、「体幹のエネルギー」を使って馬を“捕まえ”ながら、馬のお尻の高いところにある「腰のドライブボタン」に近づきます(図8.9A)。
❷「腰のドライブボタン」に「体幹のエネルギー」を向け(必要なら指をさしてもかまいません)、動くよう馬に頼みます(図8.9B)。
❸「0の姿勢」になって、馬に「戻ってくる」よう誘って、会話を終わらせます(図8.9C)。

「腰のドライブボタン」にプレッシャーをかけることで、馬にあなたの方へ振り向かせることもできます。これは水に浮いたカヌーを回転させるようなものです。カヌーの後ろの端を押すと、先端が回ってあなたの方を向きますよね。母馬はこれを子馬に教えます。子馬が母馬に対面しているとき、母馬は子馬の注意を惹いてから、自分の横腹を目印に子馬がついてくるようにして、そこから歩き去ります。

会話：カヌーを回す

❶馬があなたから顔をそむけているときに、「体幹のエネルギー」を馬の「腰のドライブボタン」に向けます(図8.10A)。
❷それから「0の姿勢」を使って、馬の前の部分をあなたに向かわせるよう「招き寄せ」ます(図8.10B)。
❸「ゼロ」の状態で「拳のタッチ」をして会話を終わらせます(図8.10C)。

「腰のドライブボタン」が出すリクエストは「肢ごと、ここからどいて」ということで、どの強度を使ってもメッセージは変わりません。後肢を動かすよう頼むことは、馬の後躯が届く範囲に関して、あなたの「パーソナルスペース」を尊重するよう望んでいることを意味します。どのボタンを使うのであっても、あなたが譲るよう馬に求めることが増えると、あなたの“群れ”のなかでの順位は高くなります。

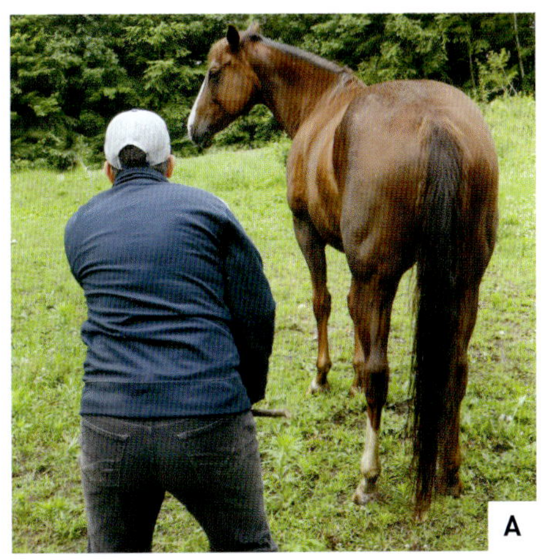

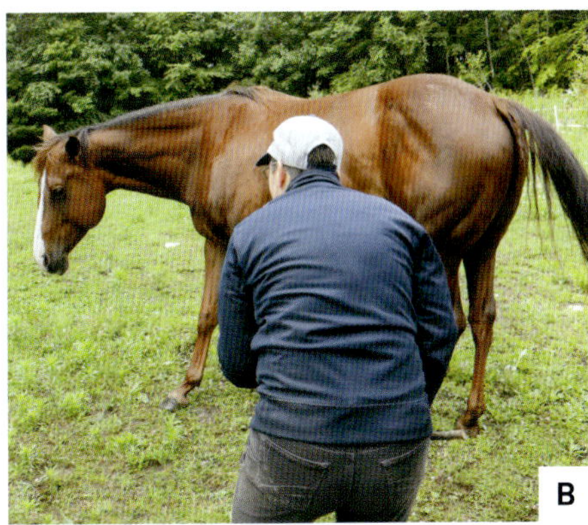

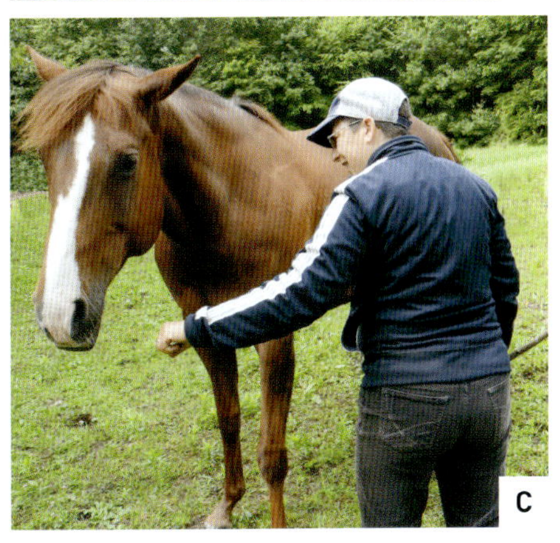

図8.10　顔をそむけたJagに私の方に振り向いてほしくて、私は彼女の「腰のドライブボタン」におへそを向けます(A)。私の「0の姿勢」の「招き寄せ」に応じたJagが、体の中心で回転したのがわかります(B)。これが、私が「カヌーを回す」と呼ぶものです。「内なるゼロ」を保ち、真っすぐに立って、私はJagに「止まって」と言います。そして「挨拶」するために「拳」を差し出します(C)

横に譲ってボタン

馬に回転を求める、または前進するよう馬をドライブする、そのどちらにしても、「腰のドライブボタン」を使って馬を「送り出す」と、あなたは馬への理解と関係を深めることになります。もう1つ、馬をかすかに横方向に譲らせることを通じて、馬に精神的、感情的、肉体的にバランスを回復させるすばらしい方法があります。この本ですでに触れましたが、馬は時々“固まって”しまったり混乱することがあります。そんなとき、私は馬の後膝の上部のくぼみにある「横に譲ってボタン」を使って、馬に横に動くことを求めます。

会話：横に動いて、それからバランスを取り戻して

❶「体幹のエネルギー」を使い、馬が体を傾けたり、後肢を1歩、体の下に踏み込ませるで、馬に横に動くよう求めます。このとき、馬が体全体のバランスを取り直さざるを得ないところまで動かします(**図8.11**)。
❷それから「ゼロ」の状態に戻り、プレッシャーを取り除きます。

地上で行うこのちょっとした会話は、騎乗して行う(後肢を横に動かさせる)「斜横歩」にあたるものです。

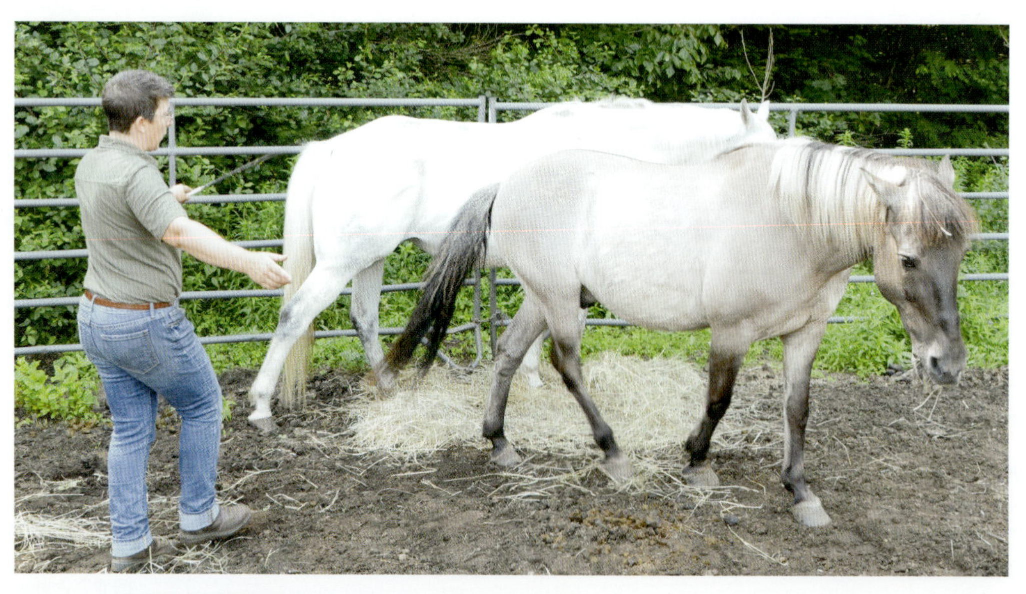

図8.11 必要最小限の強度を使って、Rocky に後躯を横に動かしてもらいます。彼は右後肢を体の下に踏み込ませ、頭を低く保ち、おだやかな表情を浮かべています

曳き手を使う

私と出会う前にJoeが受けていたトレーニングは、体の動きに関するものでした。これまでのJoeと交わした“会話”から、何を理解していなくて、どのようなものに感情的な反応をするのかわかっています。今回の訪問では、曳き手を使って歩くスキルとグラウンドワークでのマナーの改善を目標にしました。オーナーのMikeとLizは、「以前より安心してJoeとやりとりができるようになった」「何でも2人と一緒にやることにJoeが心から関心を寄せるようになった」と言います。Joeの要求、望みや意思について、2人の理解は一新されたようです。

馬房に向かいながら、私はJoeの表情が前回訪れたときと異なっているのに気づきます。彼の目は前より輝き、頭をまだ高く上げてはいるものの、私が厩舎に入るとすぐにこちらに向けました。すでに私の匂いをかいでもいます。私はJoeの方へ息を吐き出して、彼の匂いを吸い込みはじめます。そして3回息を吐き出したあと、今度は鼻から勢いよく息を吐いて、鼻を鳴らします。そして「いつくしむ息」を行いますが、これは息を吸い込んで、鼻をすっきりさせるときのような音がします(p.24)。仲の良い馬たちが近づくとき、まだ離れているうちから匂いをかいだり、息を吐いたり、鼻を鳴らし合ったりしますが、私もこのような息や音を出して、Joeに会えて嬉しいことを伝えます。

Joeが頭を高くして、目を見開き、熱心にこちらを見る様子は、私に会えて喜んでいる子どものようです。Joeは頭を上下に振り、私を自分の「パーソナルスペース」に迎え入れてくれます。私がそばに歩み寄る頃には、もう私の方に鼻を突き出しています。Joeのボディランゲージのすべてが、「そばに来て」と言っています。初めて会ったときとは大違いです。

2人で「挨拶の儀式」をすみやかに済ませると、Joeは楽しそうに「コピーキャット」をします。私に従いたいことを動作で示しているのです。3度目の「拳のタッチ」で、Joeはおだやかに頚を丸くして、私の手と腕にゆっくり注意深く唇を当て、「**あなたに**グルーミングしたい！」と伝えてきます。この優しい仕草に、私は微笑まずにいられません。私はJoeの頚とキ甲に手を伸ばし、存分に掻いてやります。反対の手を彼の前に差し出すと、彼は優しく唇を押し当ててきます。

私はJoeの無口を取り、馬房に入ります。そして、彼に後ろに下がって私にスペースを譲るよう頼みます。続けて「顔のちょっとどいてボタン」と「肩のボタン」に指先で触れて、さらに壁の方へ動くよう頼みます。Joeは頚を真っすぐ下げたまま、軽い足取りで静かに私のスペースから離れます。Joeはこう言っています。「あなたの言うことは何でもするよ。ほら、ぼく、**とってもとっても**おとなしくしてるでしょ？ ぼくはいい子なんだよ！」私がMikeとLizにJoeの声を真似て伝えると、2人は笑い声をあげ、「そうだね、Joe、きみはとてもいい子にしている！」と話しかけます。Joeが耳を横に倒して2人を見上げ、「あくび」をするのを見ると、彼にもユーモアが伝わったようです。私たちの陽気な気分にJoeも加わります。

そこで私は体の向きを変え、背中をJoeの肩につけて、「馬のハグ」の姿勢(p.114)を取るよう頼みます。無口をつけるためです。多くの人は無口をつけるときに馬の正面に立ちます。それ自体、悪いことではないのですが、Joeの場合は、無口で少し緊張してしまいます。「馬のハグ」の姿勢を使って無口をつけることで、無口に対する気持ちを変えられるかもしれません。Joeはわずかにためらっただけで、ほとんどすぐ私の胸に頚をからめて「ハグ」の姿を取ります。私はJoeの顔をなでてから手を放し、「馬のハグ」を数回繰り返します。次に彼の肩のところに立ったまま、頚からたてがみ、そしてうなじへとなで上げ、さらに両耳、耳のあいだ、そして前髪へと手を進めます。頭の後ろからこれらの部位をなでると、馬に緊張をゆるめるよう促せることに、私はあるとき気づきました。馬は頚のこれらの部位をすりつけ合い、子馬もよく、同じやり方で母馬に頚をすりつけます。

無口をつける動作がJoeの緊張を高めてしまうので、私は「馬のハグ」をし、頚や顔をなでることを数回繰り返してJoeの緊張がゆるむのを待ちます。MikeとLizには、この段階でJoeの緊張をできるだけ取り除いておくと、曳き馬のときもJoeは落ち着いているだろうと説明します。私は「内なるゼロ」を用い、深い呼吸をして、“内なるスマイル”をイメージします。Joeにも、自分の「ゼロ」の状態をみつけてもらうためです。

突破口が開けるのは、「ゼロ」の状態のときです。テクニックやコツ、秘訣などはたくさんあって、そのどれにも価値がありますが、馬が癒され、より良い状態に移るのは、私たちのそばにいて「内なるゼロ」を見出せたときなのです。それがなければ、調教のテクニックは床の上の泥にかぶせる敷物にすぎません。見えなくなるだけで、泥は相変わらずそこにあるのです。馬の内面の問題を放置したまま調教を重ねても、結局はうまくいきません。馬を無理矢理リラックスさせることはできませんが、あなたが内面を「ゼロ」にしてそのスペースを保っていれば、馬がそこに加わることはできるのです。

私はJoeの安全地帯である馬房を出る**前に**、彼にも私の「ゼロ」に加わることをすすめられるよう、おだやかな内面の状態を彼に見せようと考えました。そこで私は「Oの姿勢」で「招き寄せ」ながら数歩下がり、Joeを私のスペースに迎え入れます。馬房の中で円を描く私の後ろをJoeがついてきだしたら、私は意図的にしっかりと片足を踏み下ろしてから、もう一方の足を上げます。これはJoeに、「足並みをそろえる」よう誘っているのです(p.80)。こうすると、私の足が何をしているのか彼にもはっきりわかります。馬はお互いの足音に従います。情緒が不安定な馬は、ゆっくりとしっかりとした歩様で歩くおだやかな仲間に助けられるのです。

私の後ろをついて回りながら、Joeは私の1歩1歩を観察するかのように頭を下げます。私の歩幅と膝を上げる高さを真似し、速度も正確に私に合わせます。私は立ち止まる前にくるりと向きを変えてから、両足をきちんとそろえて「足で音を立てて止まる」(p.80)を行います。Joeは私の足のすぐ後ろで前肢をそろえて止まります。私はわざと自分の背中が彼に向き、彼の肩の近くに立つようにしました。これならJoeに私の肩越しに頭を出させ、「馬のハグ」に楽に入れるよう、促せるからです。人間と一緒に歩くことについて、私はJoeにまったく新しい会話を

曳き手を使う

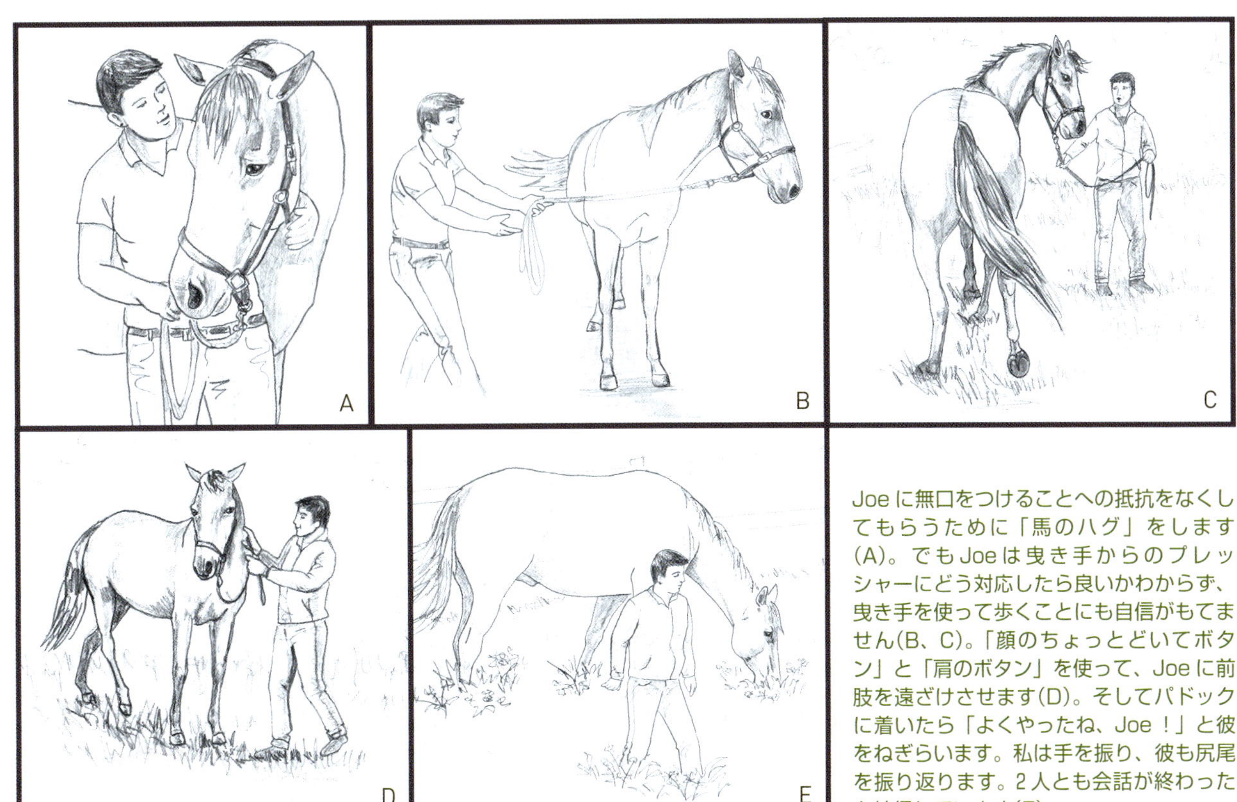

Joeに無口をつけることへの抵抗をなくしてもらうために「馬のハグ」をします(A)。でもJoeは曳き手からのプレッシャーにどう対応したら良いかわからず、曳き手を使って歩くことにも自信がもてません(B、C)。「顔のちょっとどいてボタン」と「肩のボタン」を使って、Joeに前肢を遠ざけさせます(D)。そしてパドックに着いたら「よくやったね、Joe！」と彼をねぎらいます。私は手を振り、彼も尻尾を振り返ります。2人とも会話が終わったと納得しています(E)

私と体験してほしいのです。

私たちは馬房から通路に出ます。Joeの注意力が、**外にあるもの**を予期して変化します。これは意外ではありませんが、この注意力が散漫な状況はすぐに止めさせなくてはなりません。私は両足を止め、断固とした歩調でJoeのスペースに侵入し、Joeが後ずさりしなければならないようにします。Joeは混乱しますが、それでも私の動きに合わせます。再び前進をはじめると、Joeはさっきよりしっかりと私の足と動きに注意を向けます。一緒の時間を気軽で楽しいものにしておくために、私は歩く途中で片足を宙に浮かせて「間」を入れます。Joeはどうして良いかわからず、前肢をいったん着地させたものの、再び上げて前後に揺らします。

私は笑いながら、浮かせていた足をゆっくりと下ろします。その動作でJoeもこれはゲームらしいと気がつきます。彼はゲーム好きです。私が後ろに下がると、Joeも下がります。私が3歩前に進んでから足を横に交差させると、Joeもそうします。私がもう数回、足を宙に浮かせると、Joeも肢を浮かせようと頑張ります。MikeとLizは私たちのおかしな行動を楽しんでいます。この大きな馬が、誰かの足にこれほど注意を払っているところなど見たことがないのです。これは私が「足のお遊び」(p.82)と呼んでいるものです。

厩舎の出口が近づくにつれ、Joeが足を速めるのが感じられます。Joeの頭が上がり、目は出口の先にあるものに釘付けになりました。そこで、厩舎の扉について「接近と後退」の会話をすることにします。ただし「ど

友情が本物であることを証明するには、時の試練と反復が必要です

こかに行く」は除き、「足並みをそろえる」のやり取りだけにします。これはJoeの母馬が息子に行った手順に従うものです。母馬は、わが子が後ろをついてくると確信できるときのみ、外の世界に出て行きます。子馬は外の世界を駈け回り、そこで出会うびっくりするようなものを片っ端から確認し、母馬のもとへ駈け戻ります。けれども母馬が「確認の息」を吐き、頭を上げたら、ゲームはおしまいです。幼いJoeは母馬の横腹に張りつき、母馬に言われたときは足並みをぴったりそろえて歩いたことでしょう。

私たちはまた扉に向かって歩きはじめます。私は足を止め、視線を上げて遠くにいる“お化け”を見つめ、「確認の息」を吐き出します。これはJoeに、しばらく私と一緒に行動しなさいという合図です。それから私は緊張を解き、ガムを噛むふりをします。これで私は自信をもって厩舎の出口を抜け、外へと進むことができます。私はJoeに、私の言うことを聞いた方が安全だということをわからせ、Joeは少しずつ私を信じはじめています。Joeは陽気ですが、広い外の世界についてあれこれ心配する、考える馬でもあるのです。身の安全に関して私に頼れれば、Joeも気持ちが楽になるかもしれません。

今のところ、Joeは私の足と考えに従っています。そこで次に、私は曳き手を使ったホース・スピークをすることにしました。Joeには物心ついてからの癖なのか、曳き手を引っ張ったり抵抗したりする傾向があります。私はJoeにまず「セラピーの後ろに下がって」(p.77)をするよう頼みます。これはJoeをくつろいだ体勢に導き、次の段階にオープンな気持ちで進めるようにします。私は「顔のちょっとどいてボタン」と「肩のボタン」を使って、Joeに脇へどいてくれるよう頼みます。すでに馬房では経験済みですが、これをJoeと外で行うのは初めてです。横へ動いてというリクエストに対し、Joeは少々気難しい反応を示します。さらには耳をしぼり、尻尾をさっと振ります。尻尾をこのように振るのは「これは気に入らない」とか「やめてよ！」という意思表示です(p.120)。

私はJoeの尻尾と耳の動きに気がつきますが、彼が私に従おうと努力しているのもわかります。Joeは板挟みの状態なのです。彼は会話を楽しみ、理解されていると感じ、私が彼と意思の疎通をしていることをありがたく思っています。けれども、私たちはここで、彼の問題をクローズアップしました。

理由は何であれ、Joeには私が上位に立つことがまだ完全には受け入れられていないのです。認めてしまえば、Joeは何であろうと私の指示に従わなくてはならなくなります。基本的には、私が上位に立つゲームをすることは認めてくれましたが、そのような関係に自分からは完全に加わってはいなかったのです。

私も、Joeがすぐに私の考えを受け入れてくれるとは思っていません。友情が本物であることを証明するには、時の試練と反復が必要です。つまり、脇へどいて場所を譲ってという会話を、私はあとで繰り返さなければならないということです。私はMikeとLizに、私がしたことを何十回も同じように、ただしネガティブな感情を交えずにわかりやすい形で行うよう、提案しました。ちょうど、

怖がる子どもをだましだましプールに入らせるときのように、「何があっても私たちは決してあなたを溺れさせない」とJoeが納得するまで、私たち全員がオープンでポジティブな態度でJoeに接する必要があるのです。

Joeが「足並みをそろえる」と「足のお遊び」を気に入ったので、私は彼と一緒に歩くときにそれを利用します。私は楽隊のマーチのように、何歩か前へ進んだあと、立ち止まり、向きを変え、Joeを「招き寄せ」ます。それから、彼に後ろに下がって、両方の前肢を横にずらすよう頼みます。そして数分ごとに「間」を取り、一休みします。中断するたび、私はJoeの頚に手をカップのように丸めて当てたり、頚を掻いてやったりします。Joeが“お化け”をみつけると、その存在を認めて吹き飛ばします。ガムを噛むふりもします。

私たちの会話は次のような感じです。

私：「Joe、私は3歩前進して、そのあと横に移動し、それから1歩下がりたいの」

Joe：「いいよ、でも僕はあそこの原っぱまで駆けていきたい。あそこは僕にとって、馬房の次に安全な場所だから」

私：「そうね。でもあなたは今、とってもよく頑張ってるわ。だからちょっと一息入れて、この道の真んなかでスペースをシェアするを一緒にやってみない？ この場所だって新しい安全な場所になるかもしれないから」

Joe：「ぼく、頑張ってるよ。でもこれって、難しいな。あっちこっちにお化けがいるんだもの。きみのことは信頼してるけど、僕がどんなに心配になるか、今まで誰にもちゃんとわかってもらえなかったから、不安だな」

私：「わかってるわ。あなたが駈けだしたりロープを引っ張ったり、後ろに下がったりしないで私と足並みをそろえるができるようになったら、すぐにパドックに行きましょう」

ようやく、Joeのパドックに着きました。ゲートを開けるあいだも、ここまでしてきたように私たちは「足並みをそろえる」をしています。私はJoeにいきなりパドックに駈け込むことは認めません。その代わりに、私の小股な歩き方に足並みにそろえるよう頼んでいます。パドックに入ると、私は彼を自由にする前に「スペースをシェアする」を行い、Joeが頭を下げて息を吐き出すのを待ちます。私たちはその場で黙ったままゆったりと呼吸をし、それから私はJoeの無口をはずします。

私たちの会話が終了したので、私は手で自分の足の側面を叩くことで「尻尾」を振ってみせます。それから体をJoeから少しそむけ、片足をドンと音を立てて地面を踏みます。馬がこれをするのを見た人は多いでしょう。これは馬の言葉で「これでどこかに行くの会話はおしまい。あなたと私のつながりは終わったよ」と言ったことになります。私がまだリーダーであることをJoeに忘れさせないことは重要で、私が主導権をとって、一緒に行っていた活動を終わらせます。つながりを切るのは、あくまでも私です。Joeがいきなり駈けだして私たちのつながりを切ってはならないのです。私がその場を去るとき、Joeは尻尾を振って、それを了解したことを示します。

Joeは少し離れると、草の上で気持ち良さそうに寝転がります。MikeとLizは、いつもならパドックで放すとJoeはすぐさま“うっ憤を晴らす”ように駈けだすのに、と驚いています。そして、いつもJoeの元気はつらつとした姿を見るのが好きだけれど、どうして今は違うのかと私に尋ねます。私は、Joeの“元気はつらつぶり”は楽しんでいるように見えて、実は不安感のあらわれであることを説明します。馬はみな跳ね回って遊んだりするものですが、人間と一緒にいて安心できることが大切で、私たちから走って遠ざかることで１日をはじめるようではいけないのです。

Joeは自分用の干し草と水をチェックしたあと、柵沿いに立っている私たちのところに戻ってきます。そして頭を下げ、おだやかな目で私たちを見ます。唇も震わせています。これはとてもハッピーである印です。Mikeは思わず近寄ってJoeの顔をなでながら、Joeはいつもは決してこういうことをしない、と教えてくれます。

MikeとLizはもう、Joeの個々の振る舞いにレッテルを貼りませんし、毎日の暮らしについてのJoeの純粋な混乱に戸惑うこともなくなりました。これまでバラバラに見えていた出来事が実はすべてつながっていて、より大きな絵の一部だったことがわかったからです。調教時間を増やしたりほかの調教テクニックを用いたりしても、なぜJoeの助けにならなかったのかも理解できました。そして、Joeの問題には２人の技術が反映していた部分もあったにしろ、何よりも、失敗したとか、自分たちは“ダメな”オーナーだとか感じずに済むようになったのでした。

２人は、「Joeがこれまでずっと混乱状態で過ごしていたのはどんなに辛かっただろう」と言います。Joeの問題の原因は、漠然とした調教不足などでは決してなく、Joeの考えや気持ちが、人間の言葉に翻訳される過程で失われてしまったことにありました。動物にはそれぞれ独自の心があります。愛情、喜び、つながりを感じ、願望と要求があります。恐れや痛みを感じ、他者を守ろうとする気持ちもあります。私たちはみな哺乳類で、生まれつきの衝動も似ています。馬の言葉を学ぶことで、私たちもまた、自分のより深いところにある自己に触れることができます。私たちは言葉をとても重視する社会に暮らしています。ボディランゲージは確かに“そこに存在して”いますが、私たちは特定のジェスチャーをあいまいに使っているだけです。けれども私は馬にかかわる人たちと馬との仕事を通して、私たちのボディランゲージは大きな意味をなさないものになっていることに気づきました。私たちはいくつかのジェスチャーに、一般的なイメージをもたせているにすぎないのです。一方、馬たちは自分の考えや感情が、ジェスチャーや姿勢、そして表現の強度の違いによって**のみ**伝わる世界に生きています。２頭が同じ姿勢を取っていても、それぞれが異なる息づかいをしていれば、姿勢の意味は同じではありません。Joeのオーナーたちが発見しつつあるように、馬たちの領域で繊細な違いを観察することは先の長い旅路です。

Joeの性格から、まだ成熟していないことがわかります。Joeはお化けについて絶えず安全を保証してもらい、自分に読み取りやすいつながりを絶えず示してもらうことを望んでいます。このため、Joeが自信を得る手助けをするには、肢を徹底的に使った練習が重要です。神経質だったり落ち着きがなかったり、すぐに逃げだそうとする馬は、リーダーの足並みに従って動くことをほかの馬より必要とするのです。まじめな馬は、一緒に“行進”したり足並みをそろえることを楽しむかもしれません。とても満足感を得られ、群れにとっても必要なことだからです。けれども彼らとJoeとでは、「足並みをそろえる」ことを必要とする意味合いが異なります。

パドックでJoeに再び無口を装着してゲートまで戻るとき、Joeは上手に「足並みをそろえる」をします。私はJoeをMikeとLiz

に渡し、Joeとタイミングを合わせて歩く練習をしてもらいます。早すぎず、予測がつきやすいよう、なおかつ足音が聞こえるように足を動かすことが重要です。Joeのような馬にまったく気をそらさせないためには、ゆっくりと大きな音を立てて歩く必要があります。リラックスするにつれて、Joeの頭が下がります(馬に頭を下げるよう教えることは確かに可能ですが、馬がおだやかで、周りの人間とのつながりを信頼できるようになると、馬の頭は自然に下がります)。ついに、Joeのオーナーは大きな問題もなく、Joeを“行進”させて馬房に入れました。Joeは、生まれながらの怖がりという性分を克服しつつあるのです。

私はMikeとLizに、Joeに調馬索を使ったり丸馬場で運動させたことがあるか、尋ねました。2人は、Joeは調馬索を使うと手に負えなくなることがある、丸馬場に関するクリニックにも連れていったけれど、家の丸馬場に入れたらJoeは外に跳び出そうとした、と答えます。調馬索は“跳ねたがる気持ちを発散させるため”Joeに騎乗前によく使うけれど、時々Joeは猛スピードで駆け回って止めるのに一苦労するとのことです。でも2人はすぐに、すべてがうまく行くときのJoeは、夢のような乗り心地なのだとつけ加えます。Joeはとても敏感で注意深く、乗り手と争わないし、ジャンプが好きです。ただ、人を乗せていて何かに驚くと、跳ねて駆けだしたこともある。物見をしやすいので外乗は難しく、ほかの馬たちと一緒に出かけると少しは落ち着けるのだそうです。

私はJoeに跳ねるのをやめさせたり、外乗に行けるような調教をするつもりはありませんし、多くの人がやるような方法で丸馬場や調馬索を使うつもりもありません。次の段階はまさしく丸馬場の**中で**行いますが、私自身は中に入りすらしないでしょう。丸馬場にJoeを放し、私やMikeたちの指示に従うことについて、Joeに話しかけるつもりです。Joeが一度、人間は自分の心配事を理解し、共有してくれる、それどころか安全で安心していられるよう助けてくれることを納得すれば、Joeは何でも私が頼むことをしてくれると思います。

私はMikeに丸馬場までJoeと“行進”してもらいます。Joeはかなり上手に歩きます。時々恐怖心で“切れそう”になる自分を抑え、Mikeの足並みに合わせて進もうと、とても努力しているのがわかります。そのとき、風が強まり、彼の背後にある厩舎の裏口のそばで、ブリキの缶が落ちて転がりました。Joeは宙に跳び上がり、着地すると肢を踏ん張り、震えています。Mikeは音を立てて地面を踏みしめ、同時に音がした方へ「確認の息」を吐きます。Joeはすぐに額をMikeの胸にうずめ、大きく息をしようとします。Mikeは“ガムを噛み”、Joeの大きな頭を優しくなでてやります。彼らはたった今、一緒にテストに合格したのです。そして2人は、これからはいろいろなことが変わっていくことを実感したのでした。

STEP 9

優雅に動く

垂直と水平

Keywords

垂直と水平(p.134)
ダンサーの腕(p.135)
回転させるエネルギー(p.136)
横運動(p.137)

私たち人間の体は直立していますが、馬の体は水平です。このため馬のように会話をするには、私たちは馬のように体を水平方向に長くする必要があります。「ダンサーの腕」は、馬がお互いを動かす方法を私なりに“会話”の形にしたもので、調馬索の使い方や丸馬場で馬と一緒に動くことや学ぶ際にも必要となるスキルです。

- まず、片手で馬を導きます。この手は、馬同士で並んで一緒に歩いているときの隣の馬の頭にあたり、馬にとってはターゲットとなる拳です。そのとき馬の頭が向いている方向に合わせ、左右どちらかの手を導く拳として使います。

- もう一方の手は、「腹帯のボタン」のところで「送り出し」のサインを出します。「ダンサーの腕」を使うと、あなたの「体幹のエネルギー(コアエネルギー)」が馬にどう影響するかがわかるでしょう。手を肩の高さまで上げると、あなたは自分のおへそがどこを向いているか意識せざるを得ません。この会話をすると、あなたは自分のボディランゲージで明確に合図を出せるようになるので、馬はあなたが体と顔にどのような指示を出しているか、完全に理解するようになります。

ボディランゲージで体をガチガチに固めないよう、私はこの姿勢を「ダンサーの腕」と名付けました。私たちは舞台上で踊るダンサーのように、できる限り柔らかくて優雅であるべきなのです。ゴールは足取りも軽く、ダンサーのように軽やかに動けることです。
【注意】きわめて敏感な馬にとって、「ダンサーの腕」で動くことはプレッシャーが強すぎることがあります。また初めてこれを試みる際は、壁や柵にあまり近いところで練習しないでください。この会話では「腹帯のボタン」と「ジャンプアップのボタン」に働きかけるので、馬に

よっては狭いところに押し込められたと感じたり、閉所恐怖症のようになり、あなたから走って逃げようとします。この会話は、「体幹のエネルギー」が馬の前進する動きを許したりブロックしたりする様子を、学びやすくするためだけのものです。

会話：ダンサーの腕

❶「ダンサーの腕」を練習しましょう。楽な姿勢で立ち、自分のおへそが体の正面を向くようにします。両腕の力を抜き、手のひらを下に向けて肩の高さに上げます。手のひらを下に向けると、肩と体の脇が柔らかくなります。
❷腕を同じ位置に保ったまま、腰を片手の方に45度の角度になるよう回転させます。この姿勢を取ると、前に伸ばした方の腕に導かれて前に進むことができます。
❸2、3歩歩いたら、腰を反対方向に回転させて、逆の方向に歩きます。そう、タンゴを踊っているような感じですね！
❹同じ動きを、今度は手のひらを上にしてやってみましょう。自分のバランスの中心に少しでも変化が感じられますか？ これは自分のことを学ぶとても良い機会です。
❺それでは馬とのダンスをはじめましょう。今はまだ、この会話で馬に多くを伝えることはしません。あなたが自分の腕と「体幹のエネルギー」の使い方を学習するあいだ一緒に動いてくれるよう馬を招いているだけだからです。初めて馬と練習するときは、馬には無口と曳き手をつけて、厩舎の広くて片付いている通路や馬場といった明確に区切られた空間に、(プラスチック製のコーンなど)目印にするものを2つ、3〜3.5 mの間隔で置いて行うのがベストです。
❻馬を右に向けて立たせ、右手で無口の頬革が鼻革につながるところを軽く持ちます。無口には手を通さず、指先で軽く持つようにします(**図9.1A、B**)。
❼端の方で束ねた曳き手を、左手で持ちます。左手はほかの馬がこの馬の「腹帯のボタン」にかけるプレッシャーを真似たものです(p.117)。
❽「腹帯のボタン」のところで、左手を使って馬に前進するように合図をします。必要に応じて、指をさす、曳き手を揺らす、短鞭の端を向ける、といった動作を加えます(**図9.1C、D**)。
❾あなたのおへそから懐中電灯の光が出ている様子を想像します。この光が「体幹のエネルギー」です。目印(目的地)の1つを見ながら、できるだけ胴体を回転させます。このとき、あなたの腰を馬の胸の正面に対して、少なくとも45度の角度まで回します。馬の前方を横切るあなたの「体幹のエネルギー」の角度が、馬に、「前に行って、でもあまり速くなく」と伝えます。
❿「なんて興味深いんだろう」という気持ちで何が起きるか数歩前に進みましょう(**図9.1E、F**)。このとき、あなたは馬に「私と一緒に来て、でも頭は真っすぐにして。私抜きで前に行かないで。前に進んでほしいけど、私の体幹のエネルギーがあなたの前に横切らせている、目に見えない線の後ろにいて。こうすると、あなたの体を収縮させ、まとめた状態を維持できるの」と伝えていることになります。
⓫「ダンサーの腕」を使って、「足並みをそろえる」と「足のお遊び」を練習します。
⓬馬の体の両側でこれを行い、違いを観察します。馬よりもあなたの方が、方向を変えるのに

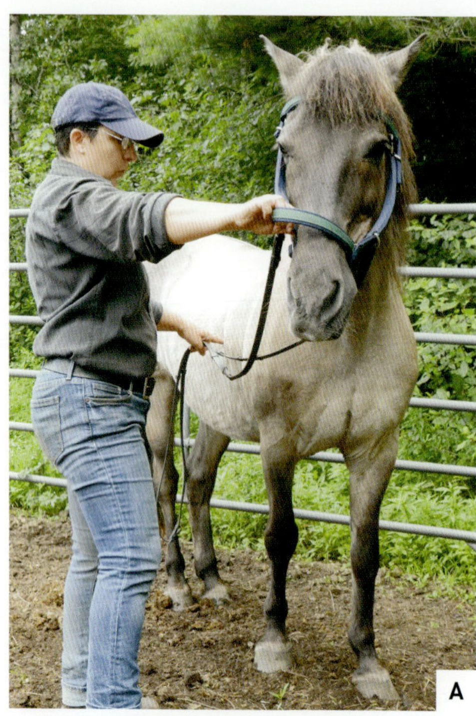

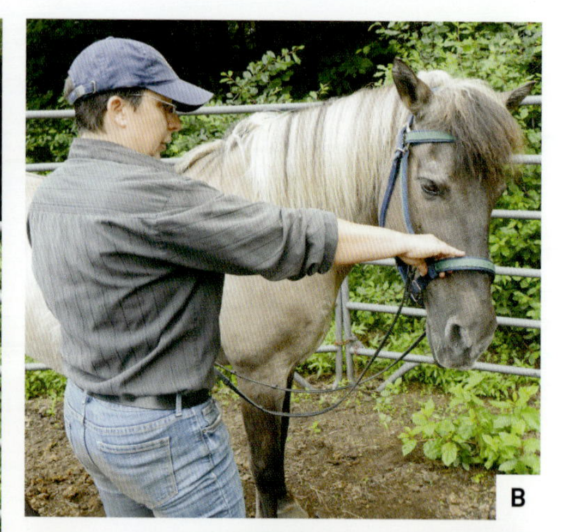

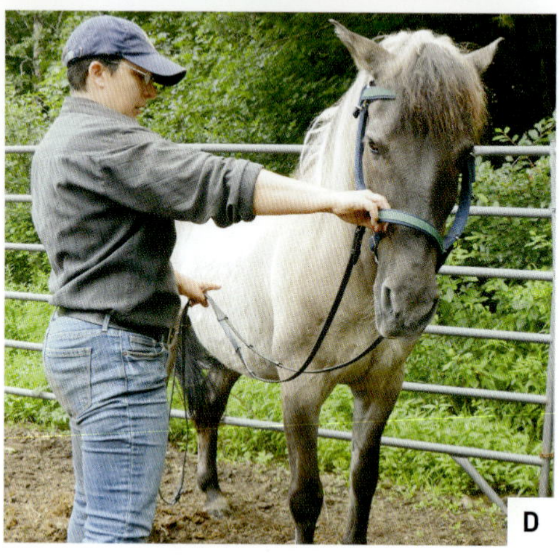

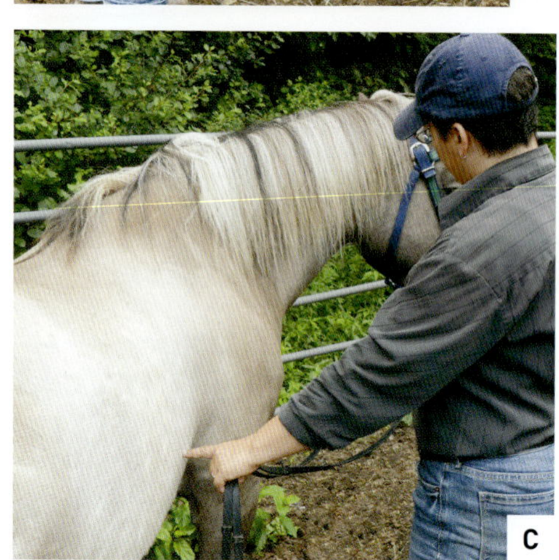

図 9.1A～D まず無口を片手で持ち、別の手で「腹帯のボタン」を指し示すことに慣れましょう。私はまだ Rocky に前進を求めていません。ただ「ダンサーの腕」の感覚に慣れさせようとしています(A、B)。「腹帯のボタン」を指さすことで、馬に前へ進むよう促せるようにしなければいけません(C、D)

苦労するかもしれません！

⑬あなたか馬が混乱したときは、「足並みをそろえる」の会話で行う「足で音を立てて止まる」をしますが、曳き手は手放しません。息を吐き出し、「Aw-Shucks」をします。

⑭馬の努力を褒めてあげ、馬と初めてトライした“ダンス”を、小さく笑いながら楽しみましょう。ユーモアの感覚は忘れないように！

回転させるエネルギー

すべての馬は頭と後躯のジェスチャーを使って、ほかの馬を回転させることができます。「ダンサーの腕」で馬を回転させるときのあなたの腕と手は、馬のこの動きを真似したものです。あなたが「体幹のエネルギー」で馬の前方に弧を描くと、あなたの腕もそれに従います。回転するとき、馬の頭は自然にあなたの方に来ますが、このエクササイズの冒頭で無口のところにあったターゲットの拳(目印となる拳)が、馬があなたを押し倒すのを防いでくれます。

「体幹のエネルギー」の位置を調整するのを学ぶあいだは、回転の途中のどの時点でも、膝を曲げ、「0の姿勢」を取って止まってかまいません。

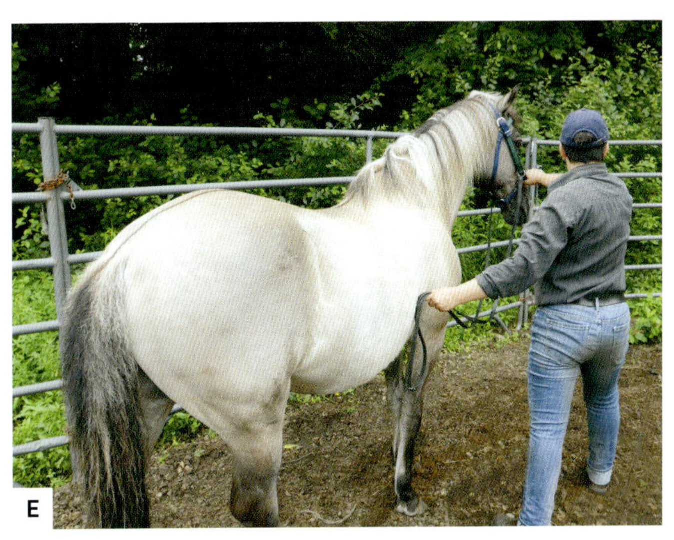

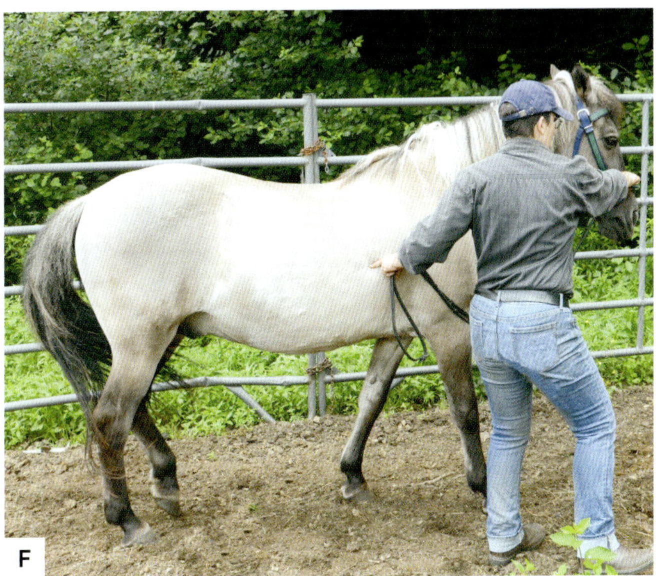

図 9.1E、F 前へ進むよう求めるとき、私は「足並みをそろえる」を使い、おへそを前に向けます(E)。今、私たちは一緒に「足並みをそろえる」をしています(F)

会話：ダンサーの腕で回転する

❶コーンかマーカー(標記)を地面に置き、回転の目標にします。「ダンサーの腕」で馬を導きますが、今回はコーンに近づくにつれ、「体幹のエネルギー」を移動させる準備をします。
❷おへその“懐中電灯”を馬の前で回転させ、馬がたどれるような弧を描く道を開きます。回転しながら「ダンサーの腕」を伸ばし、「腹帯のボタン」の先にある「腰のドライブボタン」を組み入れてもかまいません(図 9.2A)。
❸その結果、あなたとコーンを中心にして、馬は方向転換します(図 9.2B)。
❹これを馬の両側で行います。

横運動

「ダンサーの腕で回転する」ができれば、馬はあなたのボディランゲージを理解しています。ですから今回の回転では、前進すると同時に横に進む**横運動**を見せてくれるよう、馬に促すことができます。前進しながらの「足並みをそろえる」と、「ダンサーの腕」で弧を描きながらの回転が楽にできるようになっていたら、「斜横歩」は簡単です。p.117 で説明したように、馬は「腹帯のボタン」を刺激されると横に動いて、ほかの馬にスペースを譲るからです。

会話：斜横歩

❶「ダンサーの腕で回転する」と同じようにはじめますが、今回はコーンに近づいて弧を描きながら方向を変えはじめるときに、「体幹のエネルギー」が馬の「腹帯のボタン」に向かうようにおへその向きを変えます。
❷体の重心を低くしておへそが馬の帯径の**下**を指すようにしながら、馬の方に踏み込みます。もしも必要だったら、指や短鞭、曳き手を使って「腹帯のボタン」をくすぐってもかまいません。会話の強度レベルを上げる必要があるときは、1本の指を「顔のちょっとどいてボタン」に、別の指を「腹帯のボタン」に使っても良いでしょう。

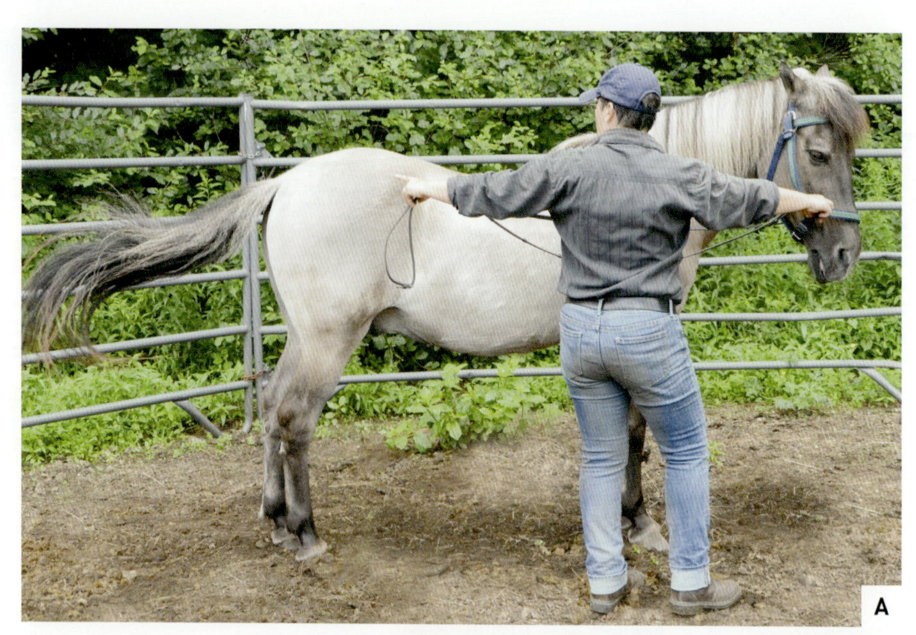

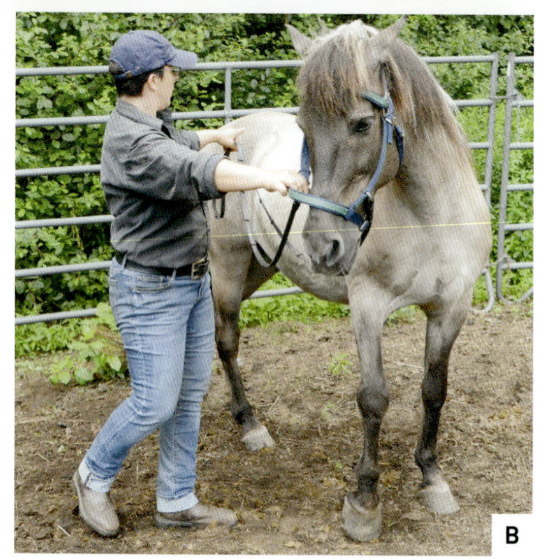

図 9.2　私が「体幹のエネルギー」でRockyの前方に弧を描きつつ、「ダンサーの腕」で彼の「腰のドライブボタン」を指し示すと、尻尾が示すように、Rockyはメッセージを明確に感じ取ります(A)。私たちは進む方向を変え、「ダンサーの腕」による回転を上手に終えます(B)

❸あなたは、馬が回転しながら前に進むあいだ、横方向に譲ることを**考える**よう馬に求めているだけです。馬がどんな反応をしても、馬とあなた自身を褒めましょう。
❹息を吐き出して、両足をそろえ、「足で音を立てて止まる」をします。

あなたは徐々に馬に斜横歩を数歩させられるようになるでしょう。このエクササイズに磨きをかければ、曳き手を使って「肩を内へ」や「腰を内へ」ができるようになります。

STEP 10

本当のところ、誰が誰をドライブしているの？

Keywords

強度レベルの明確さ(p.140)
あなたの長鞭や短鞭を理解する(p.140)
調馬索で前進させる(p.143)
私のパーソナルスペースの縁をたどって(p.145)
ドライブすることをやめる(p.150)

1頭の馬が、ほかの馬を干し草の山からどかすところを見てみましょう。相手の馬が動いたら、「送り出す」側の馬が干し草を要求し続けることはありません。必要な用件は済んだからです。人間が馬に対して犯す過ちは、馬が動きはじめてからも、要求を押しつけ続けたり、言葉やそのほかの方法による合図を繰り返すことです。

馬が常にお互いを「送り出し」をしていることを私たちは知っています。「送り出された」馬は、しばしば「送り出した」馬の「パーソナルスペース」の縁の外側に留まります。この「パーソナルスペース」は、状況や馬同士の力関係によって大きくなったり縮んだり、大きさが変化します。

- 馬は、顔または脇腹をそむける、「Aw-Shucks」をするかほかの息のメッセージを出す、「体幹のエネルギー(コアエネルギー)」を相手の馬の前方に向けてから「外なるゼロ」と「内なるゼロ」に戻ることによって「送り出し」をやめます。

- 「送り出された」馬は、「送り出した」馬の周りで弧を描いたり、完全に円を描いて出発点に戻ります。その馬はしばしば「送り出した」馬の方を向いたり見たりして、“会話”が終わったことを確認します。

あなたがホース・スピークで馬をドライブするための会話で学んだことを馬に使っていくと、曳き馬や調馬索運動、丸馬場での運動に関するあなたと馬の考えは、大きく変わるでしょう。あなたはこれらの会話のなかで、例えば、「私がきみの腰のドライブボタンや腹帯のボタン、顔のちょっとどいてボタンを使って、きみを送り出すことをどう思う？」といった質問をする方法を学びます。あなたの「パーソナルスペース」を徐々に大きくする動きのなかで、馬に「スペースを譲る」ことを要求できるでしょう。あなたは毎回、馬がどのように答えるかを見極めるようになるので、馬に何かを求める前にあなたの反応は正確になります。

ホース・スピークではこうした質問を、3つの異なった状況で発します。それは、それぞれのシナリオにおいて、馬は私たちの存在がもたらすプレッシャーに異なる反応を示すからです。

- 最初は、調馬索をつけたのと同じ状況の馬とのもので、このSTEPで学びます。

- 次は、馬具をつけていない状態(リバティな状態)の馬が丸馬場またはパドックにいて、あなたがその**外側に**いるときに、同じような会話のひな形を当てはめます。3つ目は、あなたとリバティな状態の馬の両方が、丸馬場またはパドックの**内側に**いるときです(この2つはSTEP 11、p.158から説明します)。

馬は私たちを、群れの外部メンバーとみなしています。ということは、動きに関するホース・スピークの会話が、馬に通じるということです。ここでは、馬同士がするように馬を動かすのに最も意義深いやり方を学びましょう。

調馬索での会話

この段階での調馬索を使った会話は、“馬に何かをさせる”というより、あなたが自分の強度レベルを明確に理解することを目的としています。止まることだけでなく、動くことをどうやって馬に明確に求めるかを学ぶ機会なのです。私たちが日頃から混乱させるメッセージを出していると、馬は調馬索のような運動を嫌うようになってしまいます。本来は役に立つ方法なのに、あまりにも多くの人が誤解し、誤って使っているのです。恐怖心や抵抗感のある馬には、過去のネガティブな経験を払拭できるよう、この会話に時間をかけ、順序立てて行ってください。同時に、馬に安心感をもたせ、調馬索を使った運動に興味をもつように仕向けることも大切です。

まずは調馬索での会話をはじめる前に、必要なだけ時間をかけて、馬を鞭に慣れさせます。

あなたの長鞭や短鞭を理解する

あなたが最初の調馬索を使った会話で使う長鞭や短鞭は、基本的にあなたの人差し指の延長です。鞭の持ち方には、3つの型があります。

- 型1「杖」の型：杖を使うときのように、鞭の端が地面に接しています(**図10.1A**)。こうすると、鞭の先端が無意味に動くのを防げ、馬を混乱させずに済みます。これは「外なるゼロ」を示す型でもあります(**図10.1B**)。

- 型2「刀」の型：この型では、両腕を真っすぐ伸ばして鞭を体に直角に持ち、馬の「ボタン」を指し示します(**図10.1C**)。

図 10.1 「杖」の型では、鞭の先端は常に地面に接しています。これは馬を混乱させる不用意な合図やジェスチャーを防ぐためです(A)。これは「外なるゼロ」を示すときの型でもあります(B)。「刀」の型では鞭を体に対して直角に真っすぐ持ちます(C)。「指揮棒」の型では、持ち手部分の下の方、もしくは鞭の中間をつかみ、鞭を地面と平行にします。こうすると、必要に応じて鞭のどちらかの端を使って馬に示すことができます(D)

- 型 3「指揮棒」の型：持ち手部分の下の方をつかみ、鞭を地面と平行にします(図 10.1D)。この型では、鞭の両端を使って、馬の前躯、胴体、後躯にあるボタンを指し示すことができます。

会話：鞭で馬に挨拶する

❶初めて鞭を持って馬に近づく際は、「挨拶の儀式」で学んだことを念頭に置いて行います(p.49)。手の甲を上にし、鞭の持ち手の部分があなたの拳の延長であるかのように、まず馬に匂いをかがせます(図 10.2A)。
❷馬に鞭を怖がる様子がなかったら、鞭の持ち手の太い端で、馬が喜ぶ頚のたてがみに近い場所を上下にこすります(図 10.2B)。

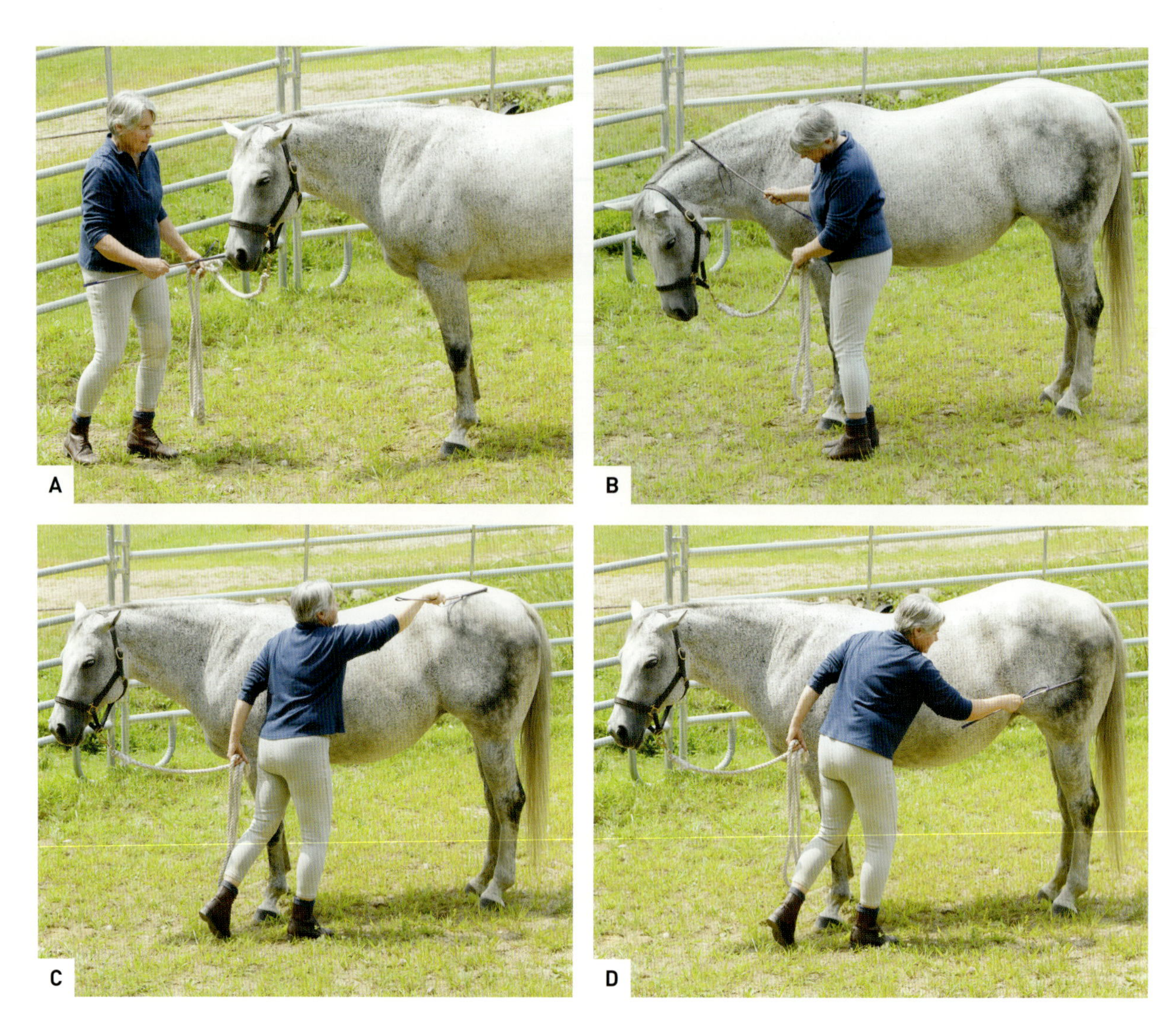

図 10.2 馬が鞭を気にする場合は、「挨拶の儀式」のなかで鞭を使うことからはじめます(A)。大半の馬は、鞭でなでられるのを好むようになります。Gretchen は Image の頚を鞭の持ち手でこすります(B)。馬体全体に対して「接近と後退」を行います。ほとんどの馬は、徐々に鞭をグルーミングの新しい道具とみなすようになります(C、D)

❸再び鞭の持ち手を馬の鼻孔に寄せて、匂いをかぐよう促します。このとき、持ち手で馬の鼻の穴の周りをなでたり、あなた自身が体を曲げ、持ち手の匂いをかいで見せるのも良いでしょう。

❹馬がまだ鞭を怖がっているようだったら「接近と後退」を練習して、馬が怖いものを信頼できるよう助けてあげます(**図 10.2C、D**)。最終的な目的は、馬体のどこでも鞭でこすることができ、馬が落ち着きを保てることです。

会話：鞭を使った練習

❶長鞭または短鞭を「杖」の型で持ち、すぐに使えるようにします。使っていないときの鞭は、体の後ろで引きずる位置に保ちます。鞭を動かすと、馬はあなたが何かを言おうとしていると思いますから、意味なく動かさないようにします。

❷「レベル 1」の強度を試します。望む意図を思い浮かべながら、馬のボタンに鞭を向けま

す。これは小さな「Xの姿勢」に匹敵します(図 10.3)。

❸今度は強度を「レベル 2」に上げます。指し示すように鞭を動かしたり、鞭で馬の体をくすぐるように触ってみましょう。キスをするときのような音や舌鼓など、馬に働きかける音を加えます。中程度の「Xの姿勢」をイメージします。

❹「レベル 3」ではより大きな「Xの姿勢」をつくります。鞭を使って、馬のボタンに**向けて**エネルギーを地面からすくい上げます。必要に応じて、軽いタッチや声かけを加えます。

❺「レベル 4」では、鞭で地面を叩くか、ジャンピングジャックの姿勢を取って大きな「Xの姿勢」で立ちます。このとき、鞭は片腕の延長として持ちます。

これまで説明してきたほかの会話やスキルと同様、ここでも常に「内なるゼロ」を保つことが重要です。強度を上げる必要があるとき、私たちは感情的になったり夢中になってしまうことがあります。しかし、馬はあなたの不安やいらだちを、すぐに感じ取るので、そうならないように注意しましょう。

会話：調馬索で前進させる

調馬索運動は、実際にあなたの「パーソナルスペース」の縁に沿って動くよう、馬に求めることです。

❶あなたの腕と「体幹のエネルギー」が、「ダンサーの腕」(p.135)と同じ会話をすることを念頭に置いて、馬とわずか0.9〜1.5 mの距離を取って運動をはじめます。あなたの「体幹のエネルギー」が馬の「肩のボタン」に斜めに向かうように立ちます。このかすかな「送り出し」のプレッシャーが、馬をあなたの「パーソナルスペース」の縁までに留めてくれます(図 10.4)。

❷馬の頭に近い方の拳が、導く拳、もしくはターゲットの拳(目印となる拳)になります。この手で2.4〜3 mの曳き手を持ちます。人と馬の双方にかかるストレスを減らすために、私は生徒に、最初は調馬索ではなく長い曳き手を使うよう教えます。長い調馬索と調馬索用の鞭を同時に扱うのは簡単ではないからです。あなたは今の時点で、馬に落ち着きがないときには、すぐに会話を変えられるようでないといけません。

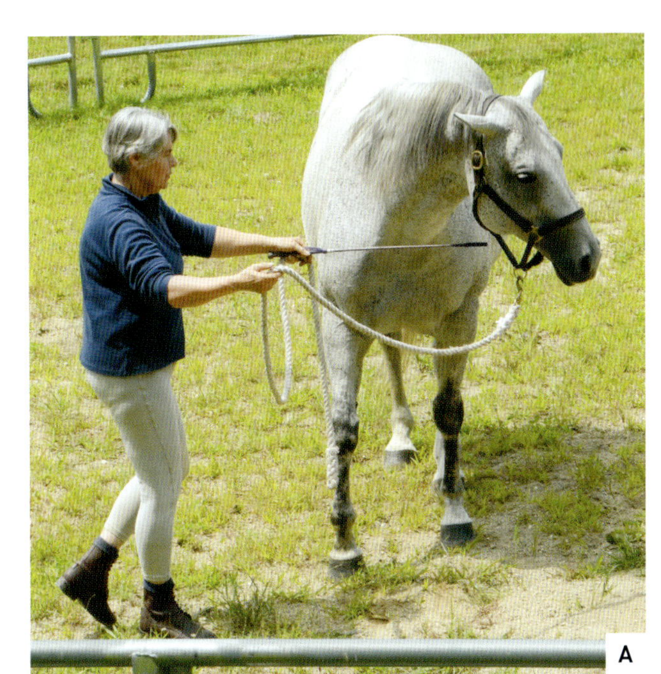

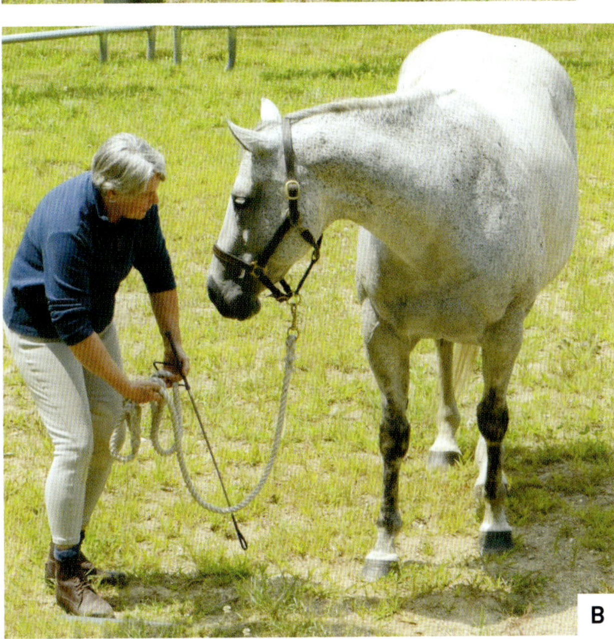

図 10.3 Gretchenは鞭の先端と「レベル1」の強度を使って、顔だけを動かすようImageに求めます(A)。Imageは、Gretchenの「Oの姿勢」と地面を指している鞭で迎え入れられます(B)

❸もう一方の手に、あなたの人差し指の延長として短鞭または長鞭を持ちます。この手で、曳き手の余った部分も持ちます。「内なるゼロ」と「ダンサーの腕」を維持しながら、「レベル1」または「レベル2」の強度で、「腰のドライブボタン」に鞭を向けます。あなたはたった今、「あなたの腰のドライブボタンを使って、あなたに前に進んでもらってもいい？」と尋ねたことになります。

この会話をはじめるとき、あなたは馬の信頼を築こうとしています。それを念頭に置いて、馬がより安心できる側に立ってください。馬がよく考えられるようになったら、反対側に移ります。馬の信認を得るのに不思議なことは何もなく、この会話全体があなたにボタンに話しかける練習と、ホース・スピークのほかのツールすべてを使う練習をさせてくれます。

馬からの答えで間違ったものはありません。馬は母馬から教わったとおりに、「カヌーを回す」をしてあなたの方を向くかもしれません。あるいは、求められているものがわからないかもしれません。馬によってはあなたにドライブされることを受け入れなかったり、前進するようドライブされることで不安になるかもしれません。あなたは危険だと感じたら鞭を「顔のちょっとどいてボタン」に向け、馬の顔を遠ざけてください。馬は、しぼった耳、きついまなざしや、こわばった唇などを見せてじっと動かなかったり、取り乱した様子であなたの周りを走る、といった形で答えることもあるのを覚えておいてください。

馬が何をしようとも、あなたの答えは同じでなくてはなりません。すべての合図をやめ、「Aw-Shucks」と呼吸によりプレッシャーを取り除きます。こうすると、馬に「大丈夫だよ、全然問題ない。答えてくれてありがとう」と語りかけることになります。馬が答えを変えたらすぐ、新しい答えが何であっても褒めてあげ、馬に**考え**させます。そして、その馬が好きだとわかっていること、例えば、一緒に息をする、鞭の持ち手で体を掻いてやる、「赤ちゃんを揺らすように」などをして、返事をします。ホース・スピークを学ぶ際、私たちは自分と馬に対して、一度に多くを求めず急ぎすぎないようゆっくり学んでいくようにしなければなりません。馬が1歩か2歩動けるか見てみます。そして「間」を入れて「ゼロ」に戻ります。これを3回繰り返し、毎回、あなたが合図をすべてやめて“求めることをやめる”たびに、馬の答えが何であっても褒めてあげます。

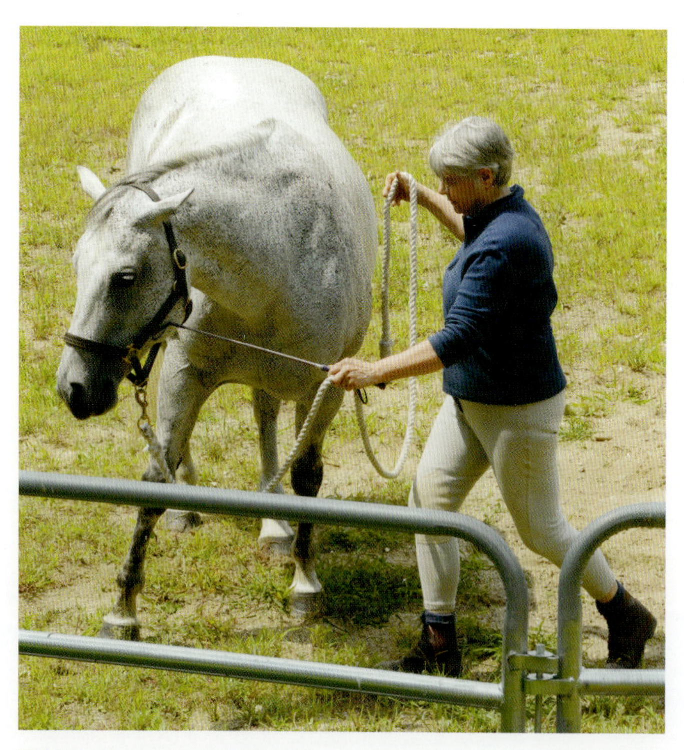

図 10.4　Gretchen は「顔のちょっとどいてボタン」と「肩のボタン」を使い、Image に横に動くよう求めます

あなたのゴールですか？ あなたは話し合いをはじめようとしているのです。それは、馬があなたの「パーソナルスペース」の縁に沿って動くことに対して心を開き、興味と好奇心を抱けるようにする話し合いです。ホース・スピークにおいて、ある馬がほかの馬にその場からどくことを求めたとき、追われた馬が不機嫌になったり、身構

えたりすることは珍しくありません。あなたはスペースに関する会話を、馬が叱られたとか追い払われたと感じず、楽しくて興味深いと思うものに変えましょう。馬が好奇心を抱いたら、この会話はあなたと馬の双方にとって、可能性に満ちたものになるはずです。

会話：私のパーソナルスペースの縁をたどって

調馬索を使って「ダンサーの腕」を行っているときに、馬が2歩でも動く気持ちになったら、あなたは「パーソナルスペース」を広げ、調馬索を長くすることができます。

❶調馬索をもっと長く繰り出し、「腹帯のボタン」「肩のボタン」「頚の中央のボタン」「顔のちょっとどいてボタン」のうち、馬が一番良く反応するボタンに鞭を向けて、あなたの「パーソナルスペース」が大きくなったことを示します(図 10.5A)。
❷調馬索を少しずつ伸ばしますが、あなたと馬が交信することができないほど遠ざからないようにします。
❸鞭をおへそに当てて、あなたの「体幹のエネルギー」が確実に馬の「腹帯のボタン」を指しているようにし、馬にたどってほしい円を明確にします(図 10.5B)。
❹「腹帯のボタン」と「腰のドライブボタン」のあいだで鞭の端を振ります(図 10.5C)。

あなたが望むのは、求めたらいつも、馬が「いいよ、喜んであなたのリクエストどおりに動くよ」と答えてくれることです。これはあなたが馬に前進と停止を繰り返し求めた結果、馬が求められているのは、あなたの「パーソナルスペース」の縁を歩いて止まることだけだと理解して、初めて可能になります。頻繁に馬を褒めてあげ、これが訓練ではないことを伝えましょう。前進と停止を求め、こまめに褒めてあげる、これを繰り返すことで、馬は自分がするべきことは**これだけ**だと気がつくでしょう。

あなたはオーケストラの指揮者のような気分かもしれません。でも馬が2歩動いたらすぐに、「腰を落として気づかせる」を行い、鞭を「杖」の型で持って端を引きずります。そして馬のところに行き、馬とあなたの努力を褒めてあげましょう。

会話：腰を落として気づかせる

これまでのほとんどの会話で、あなたは「足で音を立てて止まる」を使いました。今度はそれを卒業して、私が「腰を落として気づかせる」と名付けた動きをはじめます。ただし調馬索で試す前に、「足並みをそろえる」などこれまでの会話を使って練習します。

❶「足で音を立てて止まる」に骨盤を意識して“腰を下ろす”動作を加えながら、馬に停止を求めます(図 10.6A)。このボディランゲージを加えると、あなたは馬の前肢だけにではなく、馬の骨盤にも話しかけています。あなたは馬に、「**体全体で止まって**」と伝えているのです。

【注意】馬があなたの周りを半周歩くまでは、停止を求めないでください。もともと大半の馬は、ほかの馬の周りを動くときに弧を１つ描くだけで位置関係を調整できるので、半周歩いたら止まろうとするからです。

❷馬が半周歩いたら、「腰を落として気づかせる」をし、「Oの姿勢」を取り、曳き手を自分の方に引き寄せます。少なくともあなたを見るよう、馬を促します。馬が興味を示したら、あなたの方におだやかに歩み寄るのを許してあげましょう。

❸馬のところに行き、ごほうびとして「グルーミング」をするか、一緒に息をします(**図10.6B**)。

❹半周歩いては、ごほうびをあげたり褒めたりすることを３回繰り返します。馬に、「あなたはとってもすばらしい！」と伝えます。

これまでの調教を意味ある会話に変える

ここまで来たら、馬はこれが通常の調馬索運動では**ない**ことを理解しています。おそらく、前進してから「腰を落として気づかせる」をするというコンセプトを“理解”しはじめているでしょう。そして考えるチャンスを与えられ、体を掻いてもらったり無口での「赤ちゃんを揺らすように」をされたり、褒めてもらったりして、喜んでいるでしょう。馬は好奇心を呼び起こされ、この会話に真剣になっています。

馬は完全に円を描くまで動くことをほかの馬に強要しませんが、p.139で触れたように、「送り出された」馬が自分の意思で１周回ることはよくあります。それに加えて、調馬索で調教された馬(調教の初期で調馬索運動が使われることは多いので、多くの馬がこれに該当します)は、あなたの周りで完全な円を描くよう求められていることを理解します。あなたは、これまで馬が受けてきた調教を意味ある会話に変えるだけで良いのです。

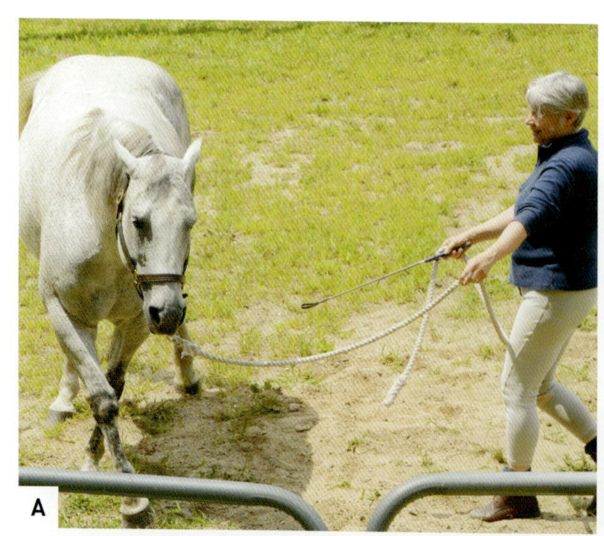

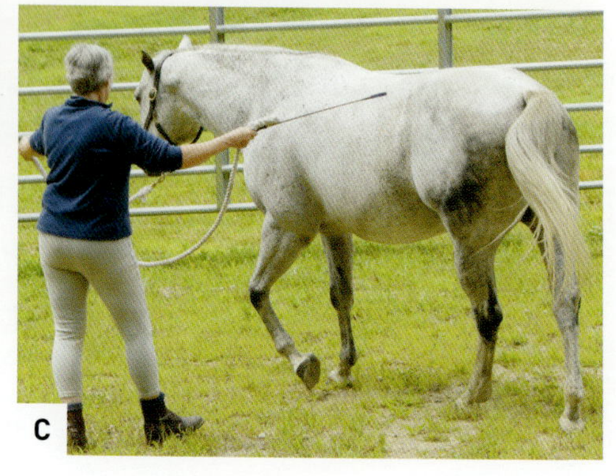

図 10.5 Gretchenはターゲットの拳と「腹帯のボタン」を使って、Imageを、弧を描くように動かします(A)。Imageが彼女の周りで弧を描くあいだ、正しい半円を描くように彼女はおへそに鞭を当てています(B)。この2人は「腰のドライブボタン」から指示される、リラックスした半円と前進運動というゴールを達成したのです(C)

会話：円を完成させる

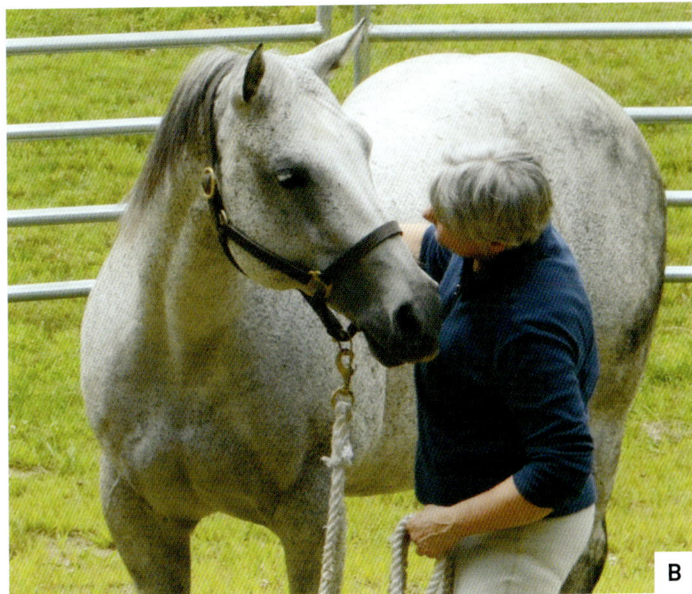

図 10.6 「腰を落として気づかせる」は「O の姿勢」の上級編です。Image と Gretchen は停止をしたあとのごほうびに、すてきな挨拶をします。2 人はこの日初めて、グラウンドワークをしながらホース・スピークを使いました

❶「ダンサーの腕」のポジションから、馬に曳き手に沿ってあなたから離れるよう求めます。
❷馬が動きはじめた瞬間に鞭を使うのをやめ、鞭の先端が体の後ろに垂れ下がるようにします。
❸鞭なしでも推進の勢いを保つために、「足並みをそろえる」をするかのように、同じ場所で足踏みをします。馬にあった強度レベルで、「X の姿勢」と「ダンサーの腕」の姿勢を保ちます。
❹馬が完全に 1 周したら、足を地面に打ちつけ、「O の姿勢」を使い、それらから「腰を落として気づかせる」をします。
❺「良くできたね」と馬を褒めてあげましょう。
❻馬がこの会話を確実に理解できるように、これを 3 回繰り返します。

簡単にきれいな円を描くには、鞭の持ち手をおへそに当て、鞭の先端を馬の「腹帯のボタン」に向けると良いことを覚えておきましょう。こうすると楕円を描いたり、「体幹のエネルギー」を馬の前方に向けてしまう(馬に停止と前進を同時に伝えることになります)のを避けることができます。自分のおへそがどこを向いているかを意識すると、調馬索を使ったあなたのすべての会話は、まったく新しいレベルに突入するでしょう。

会話：方向転換する

いったん馬が一方向に静かに歩いて円を描け、「O の姿勢」と「腰を落として気づかせる」を使って馬を停止させられるようになったら、3 歩後退させて、方向転換をさせることができます。

❶「O の姿勢」を取り、馬をあなたの方に呼び寄せます。
❷馬が近づいてきたら、鞭と曳き手をもう一方の手に持ち替え、反対側の「顔のちょっとどいてボタン」を使って、馬に向きを変えて反対方向に進むよう求めます。おへそと「体幹のエ

ネルギー」を馬の胸の前に向けて、馬の前進をブロックします。これは群れのリーダーの馬が、ほかの馬にその場から離れさせたり、停止や方向転換をさせる方法です。

【注意】曳き手や鞭を持ち替えるには多少慣れが必要なので、まず馬**抜きで**、何回か練習しましょう。

障害物を加える

馬は常歩でコーンのあいだや樽の周りを縫うように進んだり、横木をまたいだりしながら調馬索運動をするのが好きです。障害物を組み込むと、「X の姿勢」や「O の姿勢」を馬の感度に合わせる技術を高めるのに役立ちます。障害物はまた、調馬索以外に馬と話し合うテーマになります。あなたは鞭やボタンを使って、馬に顔を動かしたり特定のものの方を見るよう求めたりする必要があります。馬の前肢をそのものの方へとか、障害物をまたがせたり、その周囲を回るようにさせるのです。馬を横に動かすには「体幹のエネルギー」を調節する必要がある一方、曳き手を持つ手は、馬が目であとを追える安定したターゲットにならなくてはなりません。手をおへその方にもってきて、馬にあなたの方に顔を向けさせたり、ターゲットの拳を上げて、馬に障害物の方へ動くことを求められるよう練習してください。

ペースを上げる

馬は群れになって走ります。それは危険な捕食動物が周囲に来たり、虫に追われたりするときだったりしますが、時には単にたわむれて肢を蹴り上げたり、ただ楽しくて走るときもあります。馬にもっと速く動くよう求めるとき、何かから**逃げる**ために速く走るのだと馬に思わせてはいけません。そして絶対に、あなたに追われているとは感じさせないでください。初めて調馬索での運動中にスピードを上げるよう求められた馬は、あなたが何か逃げるべきものがあると言っていると誤解するかもしれません。馬があなたに「さぁ、ちょっと動いて楽しもうか」と言われたと思えるようにしなければなりません。

会話：調馬索で速歩をする

速歩への移行をする準備ができたら、常歩で使ったのと同じパターン(p.143)を繰り返しますが、今回はよりエネルギッシュに運動するよう求めます。

❶人差し指の延長として「腰のドライブボタン」を指し示している鞭で、地面からエネルギーを「すくい上げ」ます。これはあなたの、前への「送り出し」のメッセージです。
❷最初はメッセージを明確にするために、「速歩」と声に出しても良いでしょう。
❸必ず「内なるゼロ」を保ち、必要最小限の強度を使います。リクエストが明確に伝わるまで、強度を「レベル 1」から「レベル 2」へ、そして「レベル 3」へと上げる必要があるかもしれません。例えば、馬に「足並みをそろえる」よう促すには、同じ場所で足踏みをして強度を上げる必要があるかもしれません(**図 10.7A**)。
❹厳しくやるのではなく、馬からの**どんな**答えにもごほうびをあげることを忘れないでください。この会話は、あなたがホース・スピークを適切に調整するのを学ぶためのものです。馬

が速歩を2歩したら、「腰を落として気づかせる」をしましょう。馬のところに行き、「グルーミング」や一緒に息をする、または「Aw-Shucks」や「地平線を見渡す」など、馬が一番喜ぶことをしましょう。このとき、あなたは「あなたが速歩をして止まれるか、知りたかっただけなの。できるのね? すばらしいわ! ありがとう!」と、言っているのです。

5. 次に、馬に速歩で半周させます(**図10.7B**)。そうしたら馬を止めて、体を掻いてあげたり息でのコミュニケーションなど、ごほうびをあげましょう。
6. 半周を3回繰り返したら、速歩で完全に1周するのをどう思うか、尋ねてみましょう。「ダンサーの腕」からはじめ、調馬索で速歩で1周することにいたるこれまでの会話で、成功のはしごを築きました。こうやって馬に徐々に自信をつけさせます。馬が速歩をする姿がどんなにすてきか(!)、馬に話す機会をあげましょう。馬にも言いたいことがあるかもしれないという事実をあなたが忘れなければ、馬は単に従順に従ったり強制されたり、機械的に行ったと感じないで、自分ができたことを喜んで見せびらかすようになるでしょう。

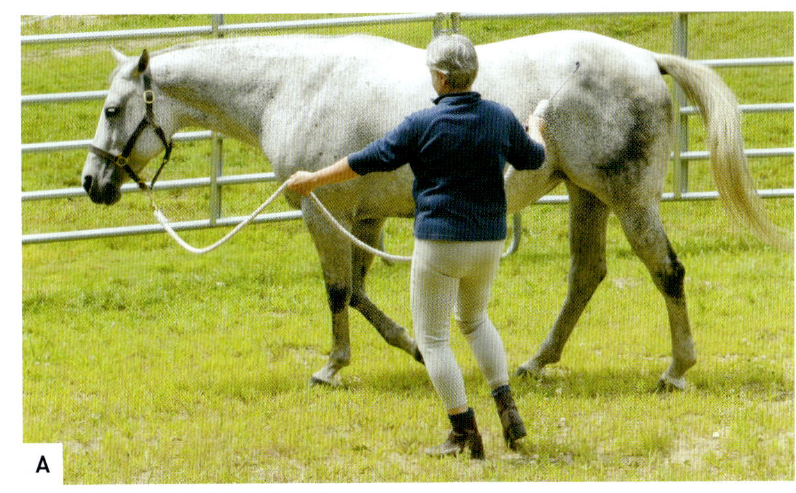

図10.7 GretchenはImageに速歩を促すために、強度レベルを上げながら馬の「腰のドライブボタン」を指し示し、その場で足踏みします(A)。速歩は動きがずっと速いため、鞭の型がくずれやすいものです。鞭の持ち手を自分のおへそに当てて、型が取れているか確認します(B)

馬がただ反応していたら、馬は考えることをやめています。会話は終わったのです。馬は頭のなかで、今ここではない、どこかよそへ行っています。過去の記憶に反応しているのか、またはあなたが無意識で動かした鞭に混乱したのでしょうか。会話がまったく違うものに変わったことに気づいた自分を褒め、できることなら、物事がバラバラになる**前の**、2人で楽しんでいた常歩の最初の質問と回答に戻りましょう。あるいは、馬に「挨拶」をし、「どこかに行く」の一番簡単なバージョンである「足並みをそろえる」をしながら、ただ馬を曳いて歩きます。または「セラピーの後ろに下がって」を練習するのも良いでしょう(**図10.8**)。

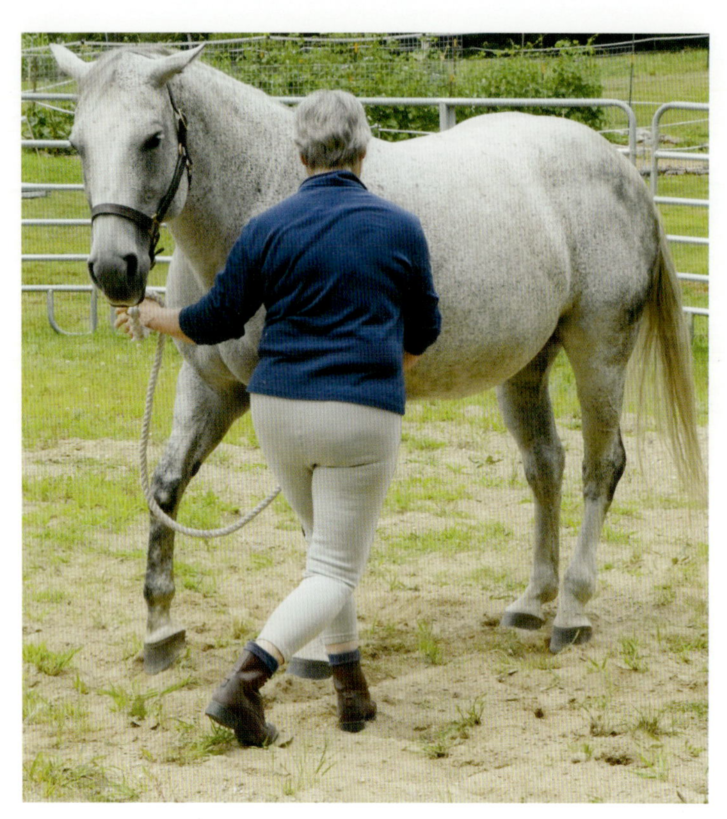

図 10.8 馬がただ反応していたり混乱していたら、「セラピーの後ろに下がって」など、曳き手を使った会話を復習し、運動を続けられるようにしましょう

調馬索運動をする新しいあなた

多くの人たちと同じように、もしもあなたも調馬索で馬をドライブすることを教えられていたら、この新しく学んだ概念に意識を向けて、馬をドライブすることを**やめる**努力が必要です。馬をドライブできるとからといって、追い続けることはしないでください。馬を追い回すことは、不幸にも私たちの捕食者としての本能を呼び覚ましてしまうのです。

馬がバランスの取れた美しい速歩ができるところまで徐々に会話を築きあげたら、馬に合図を出し続けるのをやめ、馬自身に動き続けさせましょう。馬が自分の意思で動くのを許すのです。あなたは「ダンサーの腕」で受け身的に自分の位置を保ち、馬が発する言葉を探します。もしもあなたに“耳を傾けて”いた馬が耳をしぼったら、「腰を落として気づかせる」をします。そして馬の体を掻いてやったり、呼吸または「赤ちゃんを揺らすように」などを行って、馬の信頼を築き直しましょう。馬がとても美しくて、あなたを受け入れる努力をしていることを、褒めてあげましょう。あなたは、完璧さを要求する独裁者になるのではなく、自分のチームは勝てると信じるコーチになる練習をしましょう。

あなたが意図すべきことは、馬があなたの「パーソナルスペース」の周りを動くことについて、おだやかで興味深い会話をつくりだすことです。自信のある馬は数分も経てば、調馬索であなたの周りを回るようになるでしょう。私はこのリクエスト(会話)に最初は腹を立てる馬に100頭ほど会いましたが、このリクエストを使ってやり直すことができました。ここまで学んだホース・スピークのスキルを使えば、あなたとあなたの馬にも成功への道が開くでしょう。

STEP 11

馬を自由に

リバティな状態でのホース・スピーク

Keywords

観察して真似る(p.152)
柵越し(p.152)
声による指示(p.154)
レベル4の強度を把握する(p.155)
平行する弧(線)(p.160)
ターゲットを使った練習(p.161)
移行(スピードを上げさせる)(p.163)

“会話”の2つ目と3つ目のひな型は、馬具をつけない状態(リバティな状態)で行うものです。これらのシナリオでのホース・スピークは、攻撃的に**ならずに**毅然とした態度を保つ能力を磨きます。リバティな状態で行う会話の優れた点は、人間が自分の体のバランスや緊張、プレッシャーのごくかすかな変化の1つ1つに、気がつく力を高められることです。私たちが自分では気づかないほどの体のかすかな動きや変化でも、馬にとってはとても大きくて明確な言葉になるのです。私たちは自分の体の位置や動き、スピードへの感性を高めることで、多くを得ることができます。

反射反応の多いタイプの馬の場合は、同じ囲いに入って会話をするのは不可能なことを覚えておいてください。でもそんな馬にでも、リバティな状態での会話を安全、かつとても効果的に行う方法があります。放牧用パドック、馬場、丸馬場のどれであっても、私は生徒に柵の**外から**リバティな状態の馬と話をはじめるよう指導します。内側にいる馬は何ものにも拘束されていないので、自ら考え、リラックスし、ありのままの自分でいられます。あなたがそこにいることに対して、完全にリバティな馬がどのように見え、どう行動し、どう感じているか、あなたは柵に沿って動きながら観察することができます。

柵の外側から会話を学ぶと、万が一何かの理由で馬が興奮しても、人馬双方の安全が確保できます。柵の中でリバティな状態での会話を行うのは、ホース・スピークの基礎的な会話を通じて、馬とのあいだにおだやかで完全な受け入れが得られるようになってから行いましょう。そのためには、馬房の中での会話、曳き手を使っての会話、または調馬索での会話によって、馬との関係をつくっていきましょう。あなたはこの本をはじめから学び、ホース・スピークのさまざまな要素を、いろいろと異なった状況で、無口と曳き手のある状態やリバティな状態の両方で実践してきたかもしれません。それでも、まず柵越しにホース・スピークの要素をつなぎ合わせていくことで、新たに学べることがあるでしょう。

観察して真似る

囲いの中に放たれた馬を観察しましょう。馬は「地平線を見渡す」をしたり、「確認の息」を吐いていますか？「Aw-Shucks」をして地面の匂いをかいでいますか？ 寝転がりますか？馬自身と、馬が差し出しているものを観察するために、今の瞬間に集中する練習をしましょう。そして、こう心のなかで思うか、口に出してみましょう。「今のあなたも私も自由で、2人は曳き手でつながっていない。あなたは柵の向こう側にいるから、何かをすることを期待されていない。私はただ、2人でこんなふうに一緒にいることを、あなたがどう考え、感じるか、知りたいだけなの」

何をしたら良いかわからなかったら、馬の真似をすることからはじめましょう。馬のすべての動きどおりにするのです。馬のすることをすべて真似します。馬が見るところを見て、同じように頭を上下させます。馬が地面に鼻をつけたら、あなたも「Aw-Shucks」をします。この関係に慣れたら、以下の会話を試してみましょう。

会話：柵越し

❶「足並みをそろえる」をしながら丸馬場やパドックにおだやかに近づき、中に入ったら馬を放します(図11.1A)。
❷柵の外でゲートの近くに立ちます。これは、馬にあなたに近寄る気持ちを起こさせます。「Oの姿勢」の「招き寄せ」と、「Aw-Shucks」の地面を足でこするジェスチャーを合わせて行います。大半の馬は近寄ってこずにはいられません。
❸柵の手すりのあいだから片手を入れ、できれば「挨拶の儀式」の3回の「拳のタッチ」をすべて行います(図11.1B)。手を伸ばし、指で馬を「グルーミング」します。馬にとって鞭が親しみのあるものになっていたら、鞭の持ち手を使ってもかまいません(図11.1C)。もしも馬が遠ざかり、尻尾を振り、あなたを避けても、その場に留まります。馬はあなたを**積極的**

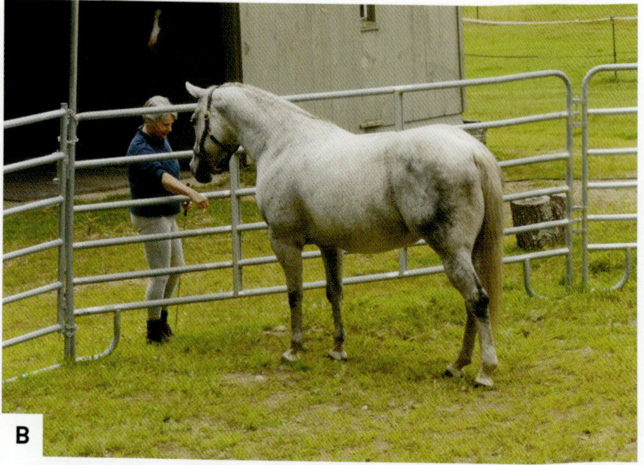

図11.1A、B　丸馬場に入ることが馬のストレスにならないよう、これまで学んだ会話を使っておだやかに入ります(A)。あなたが柵の外にいてリバティな状態での作業をはじめると、お互いのスペースが保て、安心感が得られます(B)

図 11.1C　Image と Gretchen は「スペースをシェア」し、「グルーミングの儀式」を楽しみます

に無視しており、それはあなたが馬のレーダーにしっかり入っていることを意味します。この場合は柵に沿ってぶらぶらし、馬の顔の正面まで来たら、手を差し出して「挨拶」をします。

3度目の「拳のタッチ」までできたら、馬がこの新しい状況で何を望んでいるかに注目します。それは「グルーミング」ですか、あるいは、「離れる」を望んで立ち去ろうとしていますか？ あなたと「スペースをシェア」したがっていますか？ 馬が鼻を地面につけて「Aw-Shucks」をしたら、あなたも地面を足でこすって「Aw-Shucks」で応える必要があります。大きく息を吸い、「地平線を見渡す」を行い、馬場の反対側に向けて「確認の息」も吐いてください。それから馬が考えられるように、1分ほど馬に背を向けて「間」を入れます。

❹いったん満足のいく「挨拶」ができ、「スペースをシェアする」か「グルーミング」を行ったら、あなたは馬の興味を引いているので「どこかに行く」に移れるでしょう。あなたは馬場の外にいますから、これを行うには指の延長として短鞭か長鞭が必要かもしれません。ただし「グルーミング」をしたりボタンを指し示すとき以外は、常に鞭を「杖」の型で持ってください。無意識に鞭が動くと、馬を混乱させ、会話が台無しになってしまうからです。

❺最初の「どこかに行く」の会話は、「足のお遊び」(p.82) に代えてもかまいません。「O の姿勢」を取って、再び馬の体をあなたの方に引き寄せます。馬が近寄りたがらなかったら、「O の姿勢」と「Aw-Shucks」の足で地面をこする動作を組み合わせましょう。笑みを浮かべ、頭を低くし、拳を出しながら、馬を「招き寄せ」ましょう (図 11.1D、E)。

❻馬があなたに注意を払いはじめたら、柵から少し下がり、馬のどちらの前肢を動かさせるか決めます。その肢を見ながら体を前傾させ、鞭を向け、意図的に馬の方に1歩踏み込みます。これはあなたたちがすでに知っているゲームです。あなたは足を普段より長く宙に浮かせ、大げさに踏み込む必要があるかもしれません。馬が自分の肢を動かすことを考えているのが見えた瞬間に、今やっていることをやめて馬を褒め、そしてこれを少なくとも3回繰り返します。多くの馬は時間をかけて一生懸命考えますが、次第にすぐに肢を動かすようになります。

❼今度は鞭を「杖」の型で楽に持ち、踏み込んだのと同じ足で大きく後ろに下がります。馬の肢をあ

つながりの実践

あるとき私は、私を意図的に避ける馬とつながりをもとうとして、午後のあいだずっと、丸馬場の外を行ったり来たりしていました。でも、辛抱強くそこに留まった努力は報われました。やがて彼は自分をミラーリングする私にとても興味を覚え、私のところに来て、とりあえず「挨拶」をしたのです。3度目の「拳のタッチ」をしたあとも彼が私のスペースから立ち去らなかったとき、私たちはつながりをもちはじめていました。

図 11.1D〜F　Gretchenは柵に沿って動きながら、Imageを「招き寄せ」ます(D)。「Oの姿勢」を見て、Imageは喜んで寄ってきます(E)。Gretchenは「腰のドライブボタン」を使って、自分と一緒に「どこかに行く」ことをImageに求めます(F)

なたの方に「引き寄せる」努力を補うために、体で大きな「Oの姿勢」をつくります。足と同じ側の手で、目に見えないひもが馬の肢についているかのように、肢を引き寄せる動作をします。馬が肢を前に出し、あなたが馬を褒めてあげたら、今度は前にもう一度踏み込んで馬の「パーソナルスペース」に入り、後退することを求めます。もう一方の肢に対しても、同じことをやってみます。

❽「足のお遊び」を楽しんだら、馬の胸に近づき、鞭で「肩のボタン」をくすぐりながら、少し後退するよう求めます。

❾馬が応じなかったら、馬の顔に対して45度の角度で立ち、「顔のちょっとどいてボタン」を試します。このボタンに向けて指を動かしましょう。馬はすでにこのスペースを譲るリクエストをよく知っているはずです。必要だったら、鞭の端で「頚の中央のボタン」や「肩のボタン」を指し示します。これであなたは、馬に肢を動かすことも含めて、スペースを譲るよ

声による指示の実践

リバティな状態での会話では、馬に求めることを声に出してもかまいません。もちろん馬は言葉そのものは理解しないでしょうが、「肢を動かして」と口に出したときに起きるあなたの体のごくわずかな変化に、気がつく**はずです**。リバティな状態での練習は、あなたが自分の体のバランスやテンション、プレッシャーのごくわずかな変化に気づく能力を高めます。あなたが声に出して言うとき、体は本当にかすかに動き、馬はあなたの体の動きを“聞き取る”のです。私はこれまで、生徒に自分の考えや感じることを口に出してもらって、人と馬のあいだの誤解を何度も解消してきました。

う求めたことになります。

⑩馬が少しでもスペースを譲ったら「Oの姿勢」で馬を「招き寄せ」をし、深呼吸をするか「Aw-Shucks」をしてから、大いに褒めてあげましょう。馬が話さなくても良いのにあなたに話しかけてくれたことに、あなたは感謝しているのです。あなたが柵の外にいることを考えると、これは奇妙に思えるかもしれません。リバティな状態での会話に間違った動きはありませんが、あなた自身の強度レベルを見直してください。馬があなたにスペースを譲ったら、あなたの強度を調整し、より低いレベルで馬を「招き寄せ」ます。

⑪馬が数十cmほどしか動かず、「腰のドライブボタン」が見えるようなら、馬はあなたに、「前にドライブして」と誘っているのかもしれません。話し合いに興味をもち、よく考える馬が、自らの意思で「腰のドライブボタン」を**実際に**差し出す例を、私はしばしば目にします。馬が"差し出している"とわかるのは、そのボディランゲージから、**あなたの**行動を待っているように感じられるからです。馬が「腰のドライブボタン」を見せていなかったら、このボタンが見えるところまで柵に沿ってぶらぶら移動してください。そしてもう一度、必要最小限の強度でこのボタンに意識を向け、馬が少しでも体を動かしたり反応を見せたら、すぐにすべての合図をやめます。

⑫ここは「Xの姿勢」と「Oの姿勢」に関する自覚が最も影響を及ぼすところなので、しっかり認識することが重要です。まず、意図を思い描き、真っすぐに立ちます。鞭を「腰のドライブボタン」に向けて、「送り出し」のメッセージを送ります。このとき、できる限り小

レベル4の強度の実践

多くの馬は、人間は**なんでも**「レベル4」の強度ですると思うようになり、それに合わせて反応します。あなたは**自身の尺度で**自分のレベルを把握してください。それがわかれば、馬に単に昔の記憶に反応するのでなく、あなたのリクエストをしっかり"聞く"ようにさせられます。

もちろん馬を怖がらせて事態を悪化させないことが大前提ですが、反射反応の多い馬には、あなたの「レベル4」がどんなものかを見せるのも役立つでしょう。おすすめは、柵と馬に背を向け、バケツや手押し車など、あなたが"強く当たる"対象を決めて、**とても大きな**ジェスチャーをすることです。これであなたは2つのことを成し遂げます。1つ目は、馬は目に見えない脅威を追い払うあなたを目にします。馬はおびえたり走ったりするかもしれませんが、背を向けたあなたのエネルギーは馬に直接当たらないので、馬はあなたが次にすることを目にできますし、「レベル4」のものが自分に向けられたとは思いません。2つ目に、あなたは自分がどれだけ大きく、毅然となれるかを馬に見せられます。馬が攻撃的な存在より毅然とした存在を尊敬するのは、知ってのとおりです。

群れの馬たちは、時にリーダーの馬に、群れを導いて守るだけの備えがあるかを試す必要があります。あなたが内側で「ゼロ」に留まっていて、怒りやいらつきを感じていない限り、一瞬だけ「レベル4」になるのはかまいません。けれども、いらだちや恐怖や、現状とまったく無関係な過去の物語などであなたの内側が波立ちはじめた瞬間、あなたの健全で毅然としたエネルギーは、不健康で攻撃的なエネルギーに変わってしまいます。馬はこういった可能性について、あなたを試すかもしれません。コミュニケーションにおける人間側の一貫性の欠如は、馬と私たちの関係に大きな混乱を引き起こしかねないものです。馬は、内側で感じることと表に出すこととが一致しています。私たち人間も、内面と外面を常に一致させるようにしなければなりません。

さな「Xの姿勢」からはじめて、少しずつXを大きくし、馬からのどんな反応も見逃さないようにします(**図11.1F**)。

馬をドライブするこの会話は、これまでのほかの会話同様、あなたと馬との関係で大切なものです。とても賢くて自信があり、敏感な馬はあなたを見つめているので、「腰のドライブボタン」へ少しでも意図を向けられたらすぐに動くでしょう。どれだけの強度を使うべきかは、あなたの姿勢に対する馬の反応が最もよく語ってくれます。あなたは内側で強度を「ゼロ」に保ち、馬が次に言うことに対し、オープンな心でいましょう。

⓭馬を動き出させるのに必要な強度で「Xの姿勢」の「送り出し」メッセージを「腰のドライブボタン」に送ったら、すぐに「Oの姿勢」に戻り、「戻ってきて」のメッセージで馬を迎え入れましょう。あなたが丸馬場の外で立つ位置を変える必要があっても、「あっちへ行って」と「戻ってきて」を3回繰り返します。そのようなときは、柵の近くに干し草を置いて、馬にそこから離れたり戻ったりを求める対象としてもかまいません。干し草は会話に動機付けを与えることにもなるでしょう(p.160「小物の利用の実践」参照)。

デリケートなバランス

「腰のドライブボタン」を使った会話は、あなたのなかで、馬をどかせるだけの毅然とした態度と、あなたのもとに戻りたいと馬に思わせる内面の平穏さのあいだの、デリケートなバランスをみつけるためのものです。すでに何回も練習していますが、リバティな状態では、馬からとても正直な答えが返ってきます。このシンプルな課題が楽にこなせるようになるまでは、馬に速歩を求めたり、あなたが丸馬場の中に入ったりすることはすすめません。

馬があなたと話すことに納得し、興味と熱意をもち、集中していること、そしてあなたも速歩を求めることが馬との面白い話題だと感じられること、この2つがそろって初めて、あなたは次の段階に進むことができます。

会話：リバティな状態での速歩

❶まずあなたは馬に、丸馬場の外から頭を遠ざけさせること、スペースを譲りながら弧を描かせること、丸馬場の**内側**に向かせることを、楽にこなせなければなりません。馬が柵の外にいるあなたの正面にいたら、前肢を動かすよう求めましょう。「体幹のエネルギー(コアエネルギー)」を「肩のボタン」に向けたり、**動く**指示をより明確にするために「腹帯のボタン」に向けて指を動かしたりします。それから「腰のドライブボタン」に向けてエネルギーを“すくい上げ”て、馬に動き**続ける**よう求めます。「送り出し」のメッセージを、「顔のちょっとどいてボタン」「頚の中央のボタン」「腹帯のボタン」「腰のドライブボタン」に、この順番で送ります。これらのボタンを一緒に使うと、**1つの完全な「送り出し」のメッセージ**になります。あなたは馬の後ろのスペースだけでなく、横のスペースも要求しています。

❷「調馬索で速歩をする」(p.148)と同じように、「ダンサーの腕」を使って、馬の「腹帯のボタン」に向けてエネルギーを“すくい上げ”ます。次に何が起きるかは、馬により異なります。速歩にならずただ足早に常歩を続ける馬、跳び上がって襲歩になる馬、驚きや恐れから

固まってただあなたを見つめる馬などです。そして実際に速歩をはじめる馬もいます。馬が何をしてもあなたは一貫した態度を取り、「内なるゼロ」を維持して「間」を頻繁に入れます。馬が速歩をしたら、あなたも馬の進行方向と同じ方を向き、その場で軽く足踏みをします。馬が離れていても、馬の肩の位置に合わせて、「足並みをそろえる」をします。その際、「体幹のエネルギー」を「腰のドライブボタン」に向けないよう注意します。馬にはプレッシャーが強すぎて、身を守ろうとして肢を蹴り出すかもしれないからです。

❸先ほどと同じ順に各ボタンにメッセージを送り、なんらかの返事があったら、求めることをやめて「ありがとう」と言います。「0の姿勢」を取り、馬に「戻ってきて」と求めます。深呼吸と「Aw-Shucks」をたくさんして、「あなたが私の言うことを聞いて応えようとしてくれて、とてもうれしい」と、馬の言葉で伝えましょう。柵の手すりのあいだから腕を差し入れて、「拳のタッチ」を3回繰り返します。

古い情報を手放す

時々、馬は速歩を2回か3回行ったあと、立ち止まって自分の“内なる静けさに戻る”必要があります。寝転がったり、横になって眠ったり、じっと立ったまま目を瞬かせたりするかもしれません。あるいは眼球がぐるっと後ろに回るほど大きな「あくび」をして、最も深いレベルで古い情報を手放すことすらあるかもしれません。馬が「時間を取って」ここまで一緒にやったことを消化する必要があるとわかったら、あなたは腰を下ろして「ゼロ」になるか、よそへ行き、またあとで戻ってきましょう。

安全だから、落ち着いての実践

「腰のドライブボタン」を使って馬を「送り出す」とき、あなたは文字どおり「きみの背後を見守ってあげる」と言っています。彼のさまざまな反応を理解するために、このことを忘れないでください。あなたは、自分には馬を守る責任があるのはわかっている、と言っており、馬は「ああ、そうだろうとも」とか「これまで誰もそんなことしなかったのに、なぜあなたがそうするのさ」とか「今はそう言うけど、いざ困ったときには、きっとぼくにわけのわからないことをさせるんだ」といった反応を示すかもしれません。

特に人間を信頼しない馬にとって速歩を求められることは我慢できるものではなく、馬はまず内側で切れ、それから暴発するでしょう。**実際に**暴発したら、馬の注意があなたに戻って会話を再開できるまで、「安全だから、落ち着いて」と伝えるホース・スピークのあらゆる会話を行ってください。「0の姿勢」「Aw-shucks」「確認の息」「地平線を見渡す」などを行い、さらには馬に背を向けたり腰を下ろすなどして、馬に本当に「間」を取って考える時間を与えます。またこんなことを口に出してみましょう。「私がきみをいじめていると思っているのはわかるけど、そんなことはないよ。速歩をするきみがとてもすてきなので、きみの美しい速歩を見たいだけなんだ。私に速歩を見せて、幸せを感じてほしい。今、きみが混乱していること全部を手放すのを助けたいから、それを証明するために、ここに座って静かに待つよ」

自分を「ゼロ」に保ちつつ、馬が落ち着いたら「0の姿勢」の「招き寄せ」から再開します。これで柵越しに「挨拶の儀式」ができます。今起こっていることについて馬が自分なりに考えを整理するあいだ、馬の顔と尻尾の表情を細かく観察します。「グルーミング」「スペースをシェアする」「足のお遊び」など、馬とうまく行えた会話を、「腰のドライブボタン」と速歩に関する会話に再びたどりつけるまで繰り返します。

戻ってみると、馬はまったく違った姿に見えるかもしれません。瞳は明るく輝き、まなざしが柔らかくなり、唇はだらんと脱力しています。肩は前より低くなり、体全体が小さく見えるかもしれません。そして、馬はまさしくあなたがさっきやめたところに戻って「挨拶」の会話を急いでやり直し、すぐにも「腰のドライブボタン」をあなたに見せようと意気込んでいるかもしれません。

今回はあなたが速歩を求めたら、戻ってきてと「Oの姿勢」であなたが頼むまで、馬は丸馬場の柵沿いに、きれいな速歩を続けるかもしれません。もしも馬がすぐに足を止めてあなたに近寄ってきたら、感じることを言葉で伝えてください。おそらく、人馬ともにとても良い気分でしょう。それでも丸馬場に馬と一緒に入ることを考えるのは、あと3回以上、このおだやかに終わる会話を繰り返すことができてからにしてください。あなたがジェスチャーを明確に行え、強度レベルの調整をマスターして初めて、馬はドライブされたときにも集中と落ち着きを失わないようになるでしょう。

囲みの中で行う会話

馬と丸馬場やパドックの中にいることは、馬との会話のなかでも最も矛盾と混乱に満ち、私たちの直感に反する場面になり得ます。何かを追いかけたいという人間の捕食者としての欲求を呼び起こさないで、また小さな囲いの中に放たれた馬と一緒にいる状況に圧倒されたり恐怖を覚えたりもせずに、馬を前へとドライブすることはとても繊細な注意が必要です。この状況では人と馬の「パーソナルスペース」が重なるので、馬は普段より少し、また場合によっては大いに身構えるかもしれませんし、私たちも、いざというときに身を隠せる柵や、日頃から頼っている無口と曳き手といった目に見える身を守るものがないため、身構えてしまいがちだからです。

ここまで「パーソナルスペース」と、馬が常に考え、その上を動いている「円と弧」の世界について語ってきました。このどちらも、あなたがリバティな状態で馬と動く際に大きくかかわるものです。これからみていくように、馬はあなたから遠ざかったり近づいたりしますが、それは常に予想できる弧の上でです。今こそ、あなたのおへそが「体幹のエネルギー」をどこに向けているかに注意を向けることが、とても重要になります。

とはいっても、リバティな状態では馬が自らを真に自由に表現できるので、とてもすばらしい会話ができます。これまでの曳き手を使う、調馬索運動、丸馬場の柵越しの会話は、あなたと馬のあいだにお互いへの**信頼**、**尊敬**、**調和**、**受容**を生み出してきました。あなたの「Xの姿勢」の「送り出し」のメッセージや、「Oの姿勢」の「招き寄せ」のメッセージがどのように感じられ、お互いの強度レベルがどう見えるか、人馬ともによりよく認識しています。人も馬も「内なるゼロ」に留まることと、運動における強度レベルをコントロールする方法を学びました。あなたが丸馬場やほかの安全な囲われたスペースに入るとき、いよいよホース・スピークのすべての側面が、その役割を果たしはじめるのです。

丸馬場に入りながら、馬がストレスのサインを出していないか観察してください。馬の緊張がどう見えるか今のあなたは知っています。馬の顔、尻尾、そして体全体の構えを注意深く観察しましょう。私の経験では、私が依頼されて接してきた馬の**多く**が丸馬場でネガティブな経験をしていました。そういう経験があると、馬はボディランゲージで示します。ゲートを走り抜けようとしたり、あなたのスペースを侵そうとする馬は何かに圧倒されている気持ちになっているので、自分の安全を確保して下さい。まず曳き手で歩く、「足並みをそろえる」「調馬索運動」までさかのぼって会話をし、それから、馬を不安にしているこの空間でのリバティな状態の練習まで築きあげていきましょう。馬は“地図”で経験を記憶すると私は考えています。同じことが少なくとも3回別々に起こるまで、馬は経験を一般化しません。野生の群れが、ある水飲み場で肉食獣に襲われたら、彼らは**その**水飲み場を避けますが、**すべての**水飲み場を避けはしません。馬がある丸馬場で一度だけ嫌な体験をしたら、**その**丸馬場を嫌うかもしれませんが、ほかの丸馬場は大丈夫でしょう。けれども1カ月間、毎日丸馬場で辛い思いをしたら、馬はすべての丸馬場は悪いものと思うでしょう。丸馬場に入ったときに馬の緊張がひどければ、曳き手を使った会話(p.74)に戻り、柵越しの会話(p.152)へと進んでください。こうすることで、あなたはただお互いと話をしているだけだと馬に確信させられます。あなたのゴールは、**どんな**囲いの中でも、馬と一緒にいて完全な平穏を保てることです。

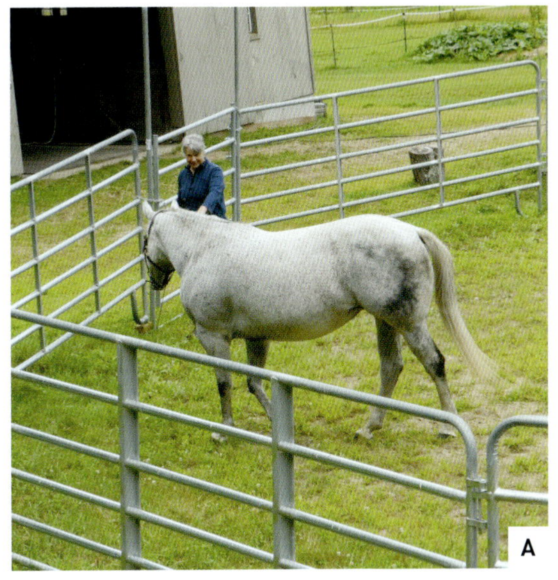

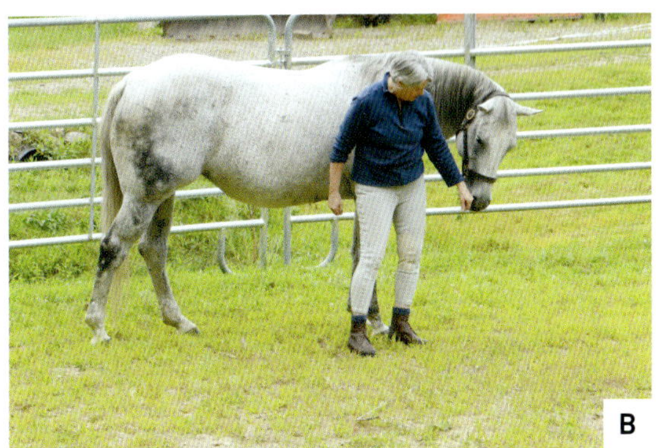

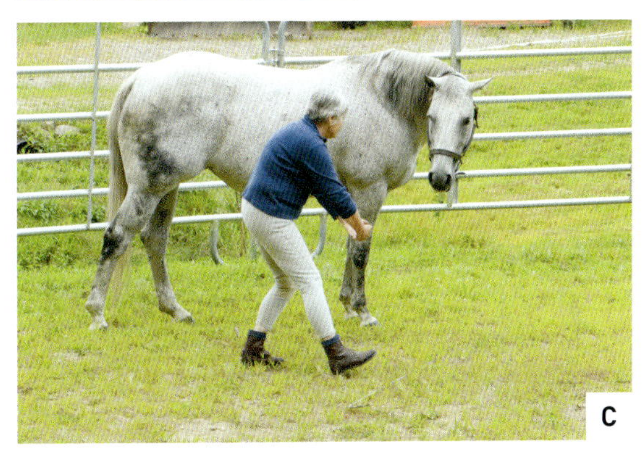

図 11.2 柵越しの会話がすべてうまくいったので、Gretchen と Image は丸馬場の中で、リバティな状態での会話を試します。Gretchen は丸馬場に入り、「O の姿勢」で Image を「招き寄せ」ます(A)。それからプレッシャーがかからないように 45 度の角度で立ち、「挨拶」をします(B)。横に立って「O の姿勢」を取り、Gretchen は Image を自分の方に向かせます(C)

会話：丸馬場の中での招き寄せと送り出し

❶鞭や曳き手を持たずに丸馬場に入り、「Oの姿勢」で馬を「招き寄せ」るか、馬のそばに寄って正式な「挨拶」をします。あなたが会話のためにここにいることをわからせるためです(**図 11.2A**)。馬があなたの拳を避けるようなら、深呼吸をしながら「挨拶」をし、それから馬の鼻に、拳で優しく、少なくとも2度触れます(**図 11.2B**)。これはあなたが馬の母親として入ってきたこと、母親が馬に話をしたがっていることを意味します。馬はあなたが少し毅然としてはいますが、馬の礼儀作法を守っているのでリラックスするでしょう。3回「拳のタッチ」を行えたら、キ甲を掻いてやり、馬のジェスチャーと息遣いを注意深く観察します。馬が熱心すぎるようなら、「顔のちょっとどいてボタン」を使って、あなたのスペースを明確に示します。すでに馬のお気に入りの“落ち着ける活動”がわかっているでしょうから、それを提供してあげます(**図 11.2C**)。

❷曳き手を使った会話をリバティな状態で復習しますが、馬が受け入れるなら会話を順に結び

つけて行います。まず「接近と後退」からはじめましょう。馬の方に踏み込んで、馬が頭を上げる、まばたき、尻込みするなどがあるか観察します。あなたにとって後退の表現である、「間」や呼吸、「Aw-Shucks」をします。馬が丸馬場の中で遠ざかっていたら、馬の耳、目、尻尾を見ていると、あなたが馬の「パーソナルスペース」の縁まで来た瞬間がわかりやすいでしょう。馬があなたに答えを返すたびに、褒めてあげます。

❸ここで、「戻ってきて」と「あっちへ行って」の会話を加えましょう。馬の頭の位置から、馬が弧の上で進む方向を想像します。その弧の線上で、馬の前に立ちます。このとき、馬の「パーソナルスペース」の縁から馬自身までの距離と、人と馬との距離が同じになるようにします。「Aw-Shucks」をするとともに、大げさに「0の姿勢」を取り、優しく馬の名前を呼んでも良いでしょう。馬がほんの少しでもあなたの方に体を傾けたら、努力を褒めてあげましょう。

❹次に、反応を得るのに必要最小限のプレッシャーで、手で追い払ったり、「腰のドライブボタン」「顔のちょっとどいてボタン」「肩のボタン」の方に指を動かしたりします。ここでも馬が体を傾けたり尻込みしたら、馬があなたの言葉を聞いた印です。

馬が文字どおりあなたのところへ来たり離れたりしなくても、この会話は成功です。「接近と後退」、あるいは「戻ってきて」と「あっちへ行って」、のいずれか、2人がより自信がある会話を3回繰り返し、馬が毎回どう答えるか見てみます。

小物の利用の実践

丸馬場に入ったときに馬が緊張していたり(感情をあらわせず)固くなっていたら、私は干し草の小さな山を3つ地面につくり、最小限の「送り出し」のメッセージで、馬を干し草の山から山へと動かしたりします。その後、干し草から1歩下がって「送り出し」のメッセージを出してから、「0の姿勢」を取り、最初に馬を動かした山に馬を「招き寄せ」ます。馬を落ち着かせるために、馬同士でやるように私の手から干し草を食べさせることもします。

また干し草を小物として使い、「腰のドライブボタン」で会話をはじめることもできます。馬が落ち着いている限り、こうやって干し草の山から山へゆっくりと馬を動かします。ただし念のために、必ずこの「干し草のゲーム」をまず柵の外から行い、成功してから、内側でトライしてください。

進む方向を予想する

あなたが丸馬場の中にいるときに以下の会話をすると、馬の弧やカーブ、円がよくわかるようになり、あなたは馬が進む方向を予想できるようになるでしょう。

会話：平行する弧(線)

❶馬の向こう側にスペースを確保し、鉄道の線路のような2本の平行する弧(線)を想像します。1本は馬が乗っている弧、もう1本は馬の向こう側にある弧です。求める意図を決め、「顔のちょっとどいてボタン」を指し示して、最初は頭だけを譲るよう求めます。

❷次に「腰のドライブボタン」で、前肢を平行している弧に1歩動かすよう求めます。これは、馬に頭とともに肢も一緒に動かすことを求めるメッセージです。馬が体を傾けたり肢を動かしたらすぐに「腰を落として気づかせる」を行い、馬に立ち去ることは**望んでいない**と伝えて、安心させます。

❸今度は馬を「招き寄せ」ないで、後躯を平行する弧へ移すよう求めます。このとき「ダンサーの腕」を使って、

馬の姿勢を支えます。後膝のすぐ上の尻のくぼみにある「横に譲ってボタン」に向けて指を動かすか、ボタンに軽く触ります(**図 11.3**)。このボタンは「腰のドライブボタン」の下にあります(p.126)。馬が1歩動くまで、この部分を指で押す必要があるかもしれません。馬は「カヌーを回す」をしてあなたの方を向くか、立ち去ることを求められていると考えて、歩み去るかもしれません。ほかのすべてのことと同じように、あなたは何かを求めて、何かを得ました。ですから求めることをやめて、お礼を言いましょう。細かい点はあとから正せば良いのです。でもあなたのゴールは、馬を平行する弧の上に移すことです。

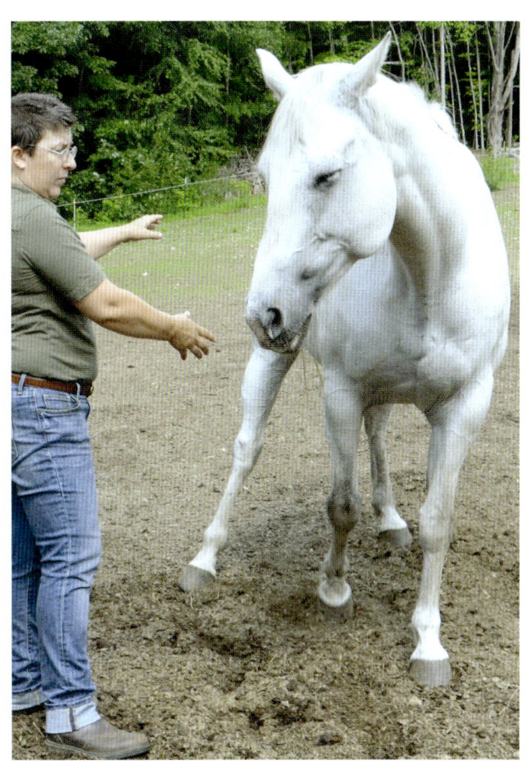

図 11.3　馬の後躯を、平行する弧(線)へと譲らせる練習をしましょう

「パーソナルスペース」や弧や円に関するダンスは、最初のうちはわかりづらいでしょうが、いったんコツがわかれば、より明確に平行した弧に移るよう求められるでしょう。結果にとらわれず、「なんて興味深いんだろう」と遊び心をもつことも忘れないようにしましょう。

ターゲットを使った練習

今やあなたは「ダンサーの腕」「ターゲットの拳(目印となる拳)」「足並みをそろえる」「足のお遊び」「ついてきてボタン」を使って、思わず微笑んでしまうような馬とのゲームをいくつもはじめられるはずです。調馬索を使うレッスンで馬を鞭に慣らしていますから、今度はリバティな状態でのレッスンでも鞭を持ちはじめることができます。これまでの会話と同様、馬のボタンに話しかけるとき、鞭はあなたの人差し指の延長の役割をします。

会話：ターゲットに合わせて動く

❶「ダンサーの腕」の姿勢で馬の肩に平行に立ち、馬の鼻面に近い方の拳をターゲットの拳にして、馬に歩くよう求めます。

❷「腹帯のボタン」を指さして一緒に「足並みをそろえる」よう促しながら、片足を大きく踏み出します。口でキスをするような音を立てたり「常歩」と口に出すなど、声の合図も加えましょう。頻繁に「腰を落として気づかせる」をして、馬を褒めてあげます(**図 11.4**)。

❸一緒に動きながら、あなたの胴体をかすかに回転させます。このとき、導く手は馬が後ろをついてこられるように、ターゲットとして前に出したままにします。おへそと「体幹のエネルギー」の角度を使って、弧を描くか、進む方向を変えるよう求めます。

❹もう1つ、ターゲットに関する会話に馬を引き入れる方法は、導く方の手のひらを、馬の頚の上部、耳から10 cmほど後ろにある「ついてきてボタン」に押しつけることです(**図 11.5**)。そのあと、その手をターゲットになるよう馬の前に出します。これは母馬が「さぁ、一緒にいらっしゃい」と言ったときの仕草です。どの馬もこれを受け入れるとは限

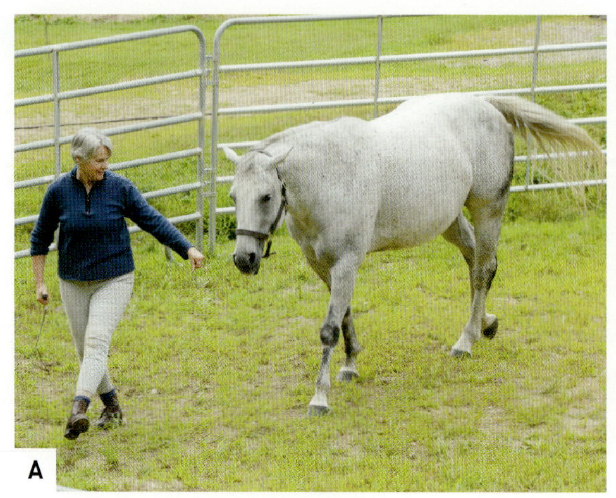

図 11.4 ターゲットの拳の後ろをついて「足並みをそろえる」を練習する Gretchen と Image(A)。その後、「腰を落として気づかせる」が続きます(B)

りませんが、すぐにあなたの後ろをついてくる馬もいるでしょう。

❺止まるたびに、ターゲットの拳で確認の挨拶をするよう誘います。

❻ターゲットの拳に慣れたら、まるで、目に見えない曳き手で曳き馬をしていたり、「足並みをそろえる」を復習しているかのように、楽々と馬と肩を並べて普通に歩くこともできるでしょう。必要であれば「頚の中央のボタン」を使ったり、p.84 で紹介したような障害物を加えたりするのも可能です(**図 11.6**)。

❼ターゲットの拳、「足並みをそろえる」「ダンサーの腕」を使って遊びながら、あなたは馬から離れて丸馬場の中央へと動くことができます。一方、あなたから遠ざかるよう求めると、馬はあなたが不機嫌だと解釈するかもしれません。(距離を置いてはいても)あなたがまだ会話を続けているとわからせるには、馬をあなたから「送り出し」で遠ざけてはまた「招き寄せ」ることを、何度か繰り返す必要があるでしょう。あなたから離れることに馬が見るからに混乱していたら、鞭をまず「顔のちょっとどいてボタン」に、それから「肩のボタン」に向けます。これらのボタンに対し、馬はすでに信頼感と敬意を抱いていますから、あなたに求められても落ち着いているはずです。

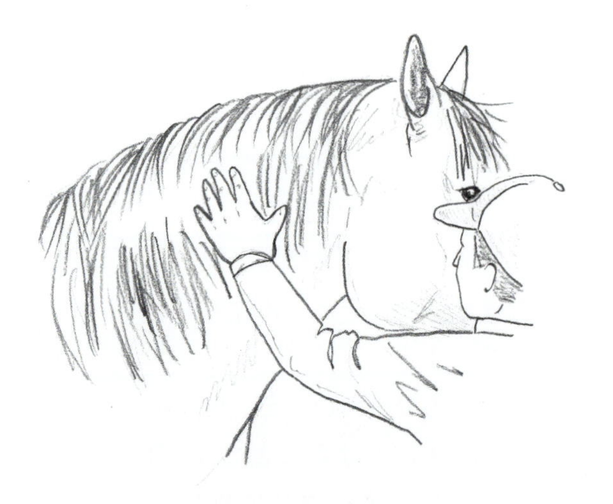

図 11.5 「ついてきてボタン」を押すと、前を歩いているあなたについてくるよう、馬に伝えています

丸馬場においての、このレベルでのリバティな状態の会話には注意が必要です。あなたの動きの角度、つまりあなたの目やおへそが向いているところが、馬に停止、方向転換、減速、加速などの命令を出しているかもしれないからです。例えばもしもあなた自身、または「体幹のエネルギー」が誤って馬の帯径より前に行ったら、馬は速度を落としたり、方向を変たり、停止することもあるでしょう。時々鞭をおへそに当てると、おへそがどこを向いているかを確認してみましょう。あなたが自分は正しい質問をしていると確信しているのに、馬から繰り返し、戸惑うような返事やおか

しな答えがくるようなら、このチェックはとても役に立ちます。

離れている馬と上手につながりを結べなかったら、馬のそばに戻り、馬と並んで「足並みをそろえる」を行いながら、たった今つくり直したつながりを壊さないで離れられるところまで、徐々に馬から遠ざかります。足取りを大げさにし、馬を褒めるために「腰を落として気づかせる」を頻繁に行います。馬が近寄ってきたら、馬自身の円に戻るよう「送り出し」のボタンを優しく使い、“はじめる”と“やめる”の会話を少なくとも3回行います。あなたが「腹帯のボタン」や「腰のドライブボタン」にプレッシャーをかけても、“追い回される”ことはないと、馬にも徐々にわかるでしょう。

移行(スピードを上げさせる)

馬があなたから離れても、あなたの質問に答えたりおだやかに止まったりしながら、自分の弧の上で半円または完全な円を描けるようになったら、速歩に移行する会話をはじめることができます。これには丸馬場の外から速歩を求めたときと同じ作業が必要です(p.156)。

会話：丸馬場の中での速歩

❶速歩を求めるために、あなたの「ダンサーの腕」を外へ伸ばします。前にあるターゲットの拳は、馬にあなたの前のスペースを横切るのでなく、**前進する**よう伝えなければなりません。明確に伝えるには、ターゲットの拳の指で示すと良いでしょう。基本的にはこの手が進む方向を示し、もう一方の手は鞭やスピード、2人のあいだの距離をコントロールします(**図11.7A**)。

❷その場での軽い足踏みが、馬に速歩をはじめさせる一番の合図かもしれません。必ず馬の両前肢と平行に動くか、もしも円周上で馬の方を向いていたら、あなたのおへそが馬の「腹帯のボタン」と並ぶようにします。おへそが馬の「腹帯のボタン」より後ろにあったら、あなたはスピードを上げさせるのではなく、この会話を馬を追い回すゲームにしています。

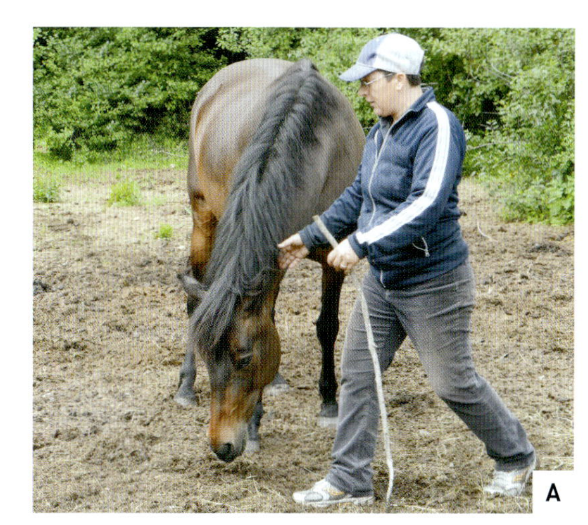

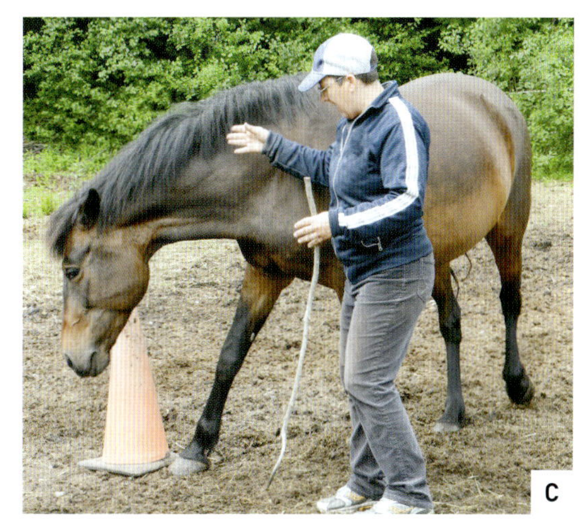

図 11.6 Lunaの「頚の中央のボタン」に働きかけると、彼女は「Aw-Shucks」をします(A)。会話を面白くするために馬場に置いた障害物の方に、一緒に進みます。コーンがゴールです(B)。私が「足音をたてて止まる」をすると、Lunaはふざけてコーンを蹴ります(C)

❸「腹帯のボタン」にプレッシャーをかけられるだけで速歩に移る馬もいますが、それで足りなければ「腰のドライブボタン」に鞭やあなたの視線を向け、速い歩法への移行を求めます。

❹最初のうちは速歩が2歩できれば十分で、すぐに「腰を落として気づかせる」をして、馬を褒めます(図11.7B)。

❺馬がリラックスした速歩を楽々とはじめ、合図で止まれたら、方向転換を求めることができます。馬が円周上にいるときに、丸馬場の反対側に移り、「Xの姿勢」を取って馬の円をブロックします。あなたの「体幹のエネルギー」が馬に向きを変えさせ、反対方向に弧を描かせるでしょう。

❻方向転換が3回できたら、あなたの方を向くよう馬に求めます。やり方は2つあります。1つは、ターゲットの拳を使った「カヌーを回す」(図11.8)、もう1つは丸馬場の中央に行って大きな「Oの姿勢」を取ることです。このとき鞭を落としてもかまいません(図11.9)。下を見るか、「腰のドライブボタン」を見て、「横にずれて」と頼みます。馬は「カヌーを回す」をしてあなたを見るので、完全に止まります。

❼速歩のあと、馬が興奮や緊張してあなたの方に来なかったら、馬の胸か体の前に鞭を向け、もう一方の手を警官が車を止めるような形で上げます。この動作はあなたが馬の横にいるときでも行えます。片手を高く上げ、大きく息を吐き、上げた手を下げることで丸馬場の中の緊張を和らげます。必要なら鞭も落としてください。あなたは馬に、緊張を和らげて頭を下げるように合図しているのです。もしも馬が興奮しすぎて、あなた自身も「内なるゼロ」を保てなかったら、安全に丸馬場から出なくてはなりません。馬とつながりを築くのはあとにします。

ほどなく、2人の速歩の円は魔法の世界のように感じられ、馬は自分の美しい動きを喜んであなたに見せるでしょう。さらには美しくアーチを描いた頚を誇らしげに見せつけ、あなたに「美しい馬だよ」と言ってもらおうとすらするかもしれません(図11.10)。

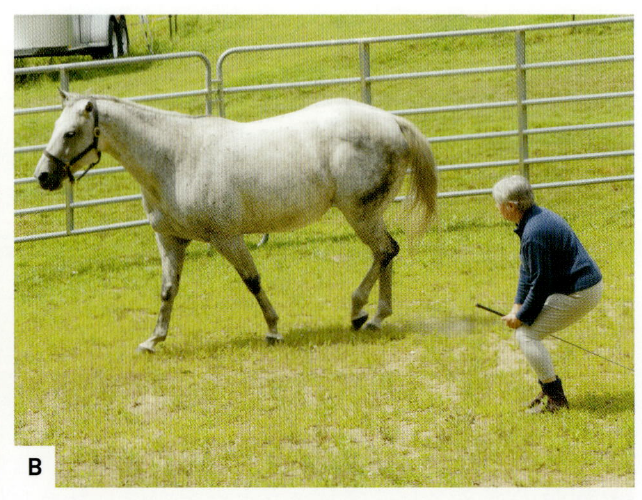

図11.7 Gretchenは「ダンサーの腕」と、軽い足踏みをしながら「足並みをそろえる」をして、馬に速歩をはじめさせます(A)。最初は速歩を1歩か2歩だけにします。すぐに止めると馬は追われているように感じないので、2人のあいだの信頼が増します(B)

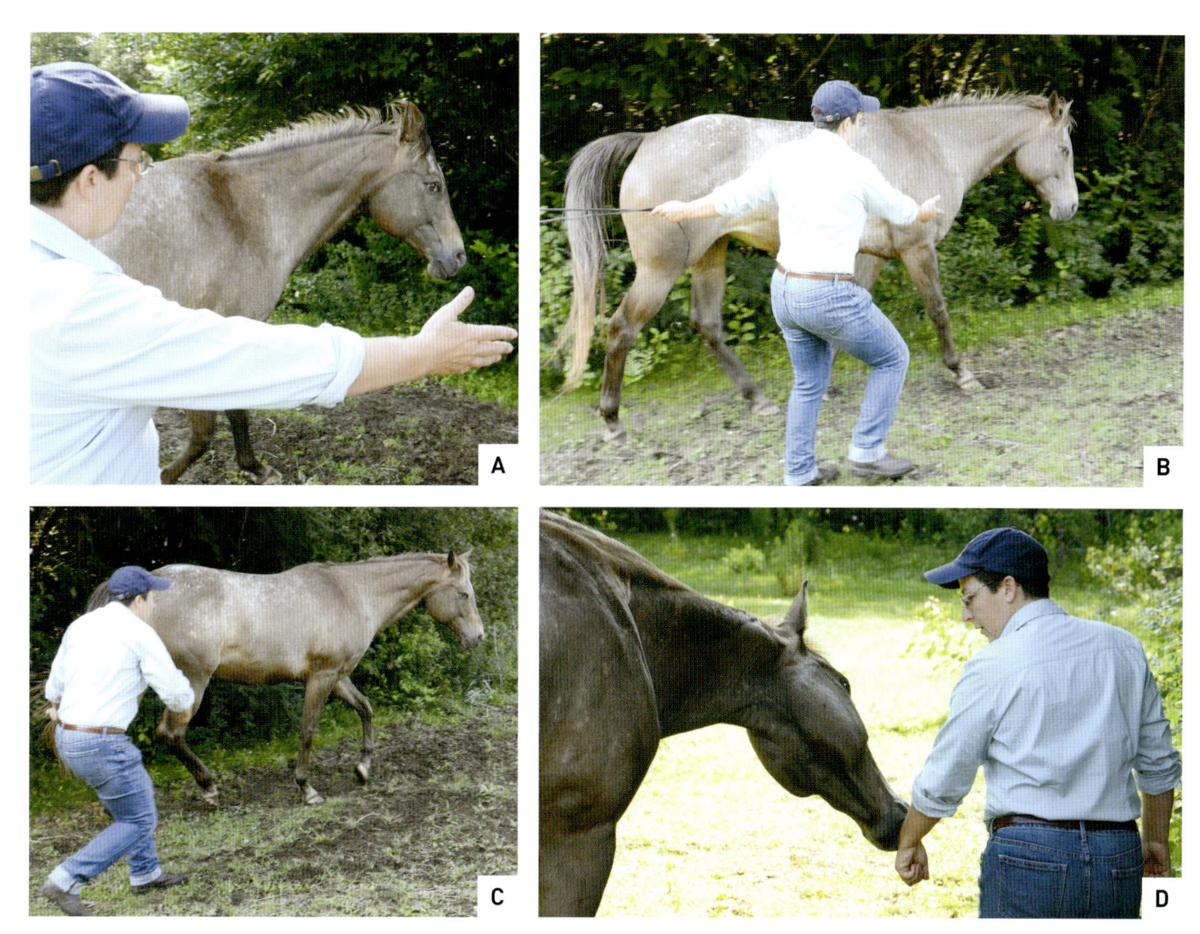

図 11.8 「ダンサーの腕」は、Dakota に速歩をしながら私の求めるフレーム内に収まり、私が示す弧の上にいるよう指示します(A)。ターゲットの拳を自分の方に引き寄せ、私は Dakota に頭を私に向けるよう求めます(B)。私が「腰を落として気づかせる」をし、ターゲットの拳を「0 の姿勢」にもっていくと、Dakota は「カヌーを回す」をして私の方を向きます(C)。2 人でうまくできたことを確認し、褒めあいます(D)

会話：さぁ、駈歩をして！

速歩に続く合理的なステップは駈歩です。リバティな状態で一緒にできるあらゆることについて、あなたたちが充実した会話を交わせていたら、ある日、馬は(自分の意思で)駈歩をして見せるかもしれません。そうでなくてもあなたが馬に、やってみて、と求めるのは妥当なことです。

❶馬が前進気勢のある良い速歩をしているとき、「腰のドライブボタン」に向けて鞭を地面から「すくい上げる」よう、一息に動かします。あなたは自分の望む運動で「足並みをそろえる」ために、駈歩のスキップをはじめているかもしれません(子ども時代に、想像上のポニーでやった駈歩ごっこも効果的です)。馬の状況に合わせて、あなたの強度レベルを調整します。馬の耳が集中をあらわす、かすかにスピードを上げる、頭を持ち上げるなど**どんな**形でも馬があなたのリクエストを聞き入れたら、合図を出すのをやめます。あなたは何かを求め、何かを得たのですから、「ありがとう」と馬にささやきましょう。

❷次にまた駈歩を求めるとき、馬にあなたの「体幹のエネルギー」の働きかけがもっと必要か見てください。馬が 1 歩か 2 歩駈歩をしたら十分で、それ以上は続けさせないでください。

図 11.9 私は意図的に「体幹のエネルギー」をVatiの前に向けて、彼女の進路をさえぎります(A)。私が唐突におへそを向けて「0の姿勢」を取り、「腰を落として気づかせる」をすると、Vatiは急停止します(B)。私は首や肩も使って「0の姿勢」を大きくし、プレッシャーを取り除いて彼女に「ありがとう」と言います(C)

止まるよう求め、馬の好きなところを掻いてやったり、キ甲で「赤ちゃんを揺らすように」などごほうびをあげます。馬を止めるのは、馬にあなたの合図で走り去ったり、無理強いされていると感じたりしてほしくないからです。馬に駈歩への自信を少しずつつけさせることで、あなたは馬の信頼と尊敬を得るでしょう。駈歩は面白くて楽しいから、馬はあなたのリクエストを聞いたと感じられるべきなのです。あなたが動きを明解にし、自分の動きを調整してちょうどいい強度で行えるようになったとき、進歩が生まれます。こうすることで、馬の努力に満足しているとあなたは馬に伝えています。

オープンな話し合いの場

当然なことですが、たった1日で、リバティな状態で駈歩までできるようにはなりません。あなたか馬のどちらかが混乱したら、合図をすべてやめて馬に近寄り、深呼吸し、体を掻いてやり、頚に「カッピング」をしてあげましょう(p.87)。そして褒めてあげて、その日は終わりにします。すべての会話はその前に行った会話の上に築かれるので、翌日すべての運動を何回か通してやり直し、前日に混乱したポイントまですすめましょう。おそらく、あなた自身の動きもより明確になっているはずです。厳密な計画や絶対的なゴールはもちこまないでください。リバティな状態での会話は大いに楽しむためのものです。楽しめなくなったり、遊びに感じられなくなったら、切り上げるときです(**図 11.11**)。

リバティな状態の会話は双方向で行われるものです。あなたはその場に行って、馬にあなたの考えどおりに行動することを期待するべきではありません。あなたは分かち合い、お互いを賞賛するフォーラムを開いているのです。この種の関係は、馬にあなたと絆をもちたいと思わせ、いったん絆が生まれたら、馬は親友がするようにあなたを守ってくれるでしょう。あなたのどちらにも好き嫌いがあり、調子の良い日、悪い日があります。けれどもホース・スピークという手段を通じてあなたはそうした変化に気づけるようになり、馬に「どうしたの？」と尋ねたり、「わかるよ」と認めてあげられるようにな

図 11.10　私はおへそを引っ込めると同時にターゲットの拳も体に寄せることで、Dakota に、お腹を持ち上げて腰を落とし、頚を丸めるよう求めます。その結果、彼女は美しい速歩をはじめました

るでしょう。多くの場合、馬にも人にも、それで十分なのです。

地上にいるあなたに、動きに関するすべてのボタンを押してもらい、体を横や後ろに動かしたりターゲットのゲームをしてからでないと、人を乗せる気持ちの準備ができない馬もいます。一方、騎乗前に話し合いを必要としない馬もいます。大きなユーモアの感覚があってあなたを笑わせようとする馬もいれば、人間との話し合いに熱心でなく、ただ自分の「パーソナルスペース」で「スペースをシェア」できれば満足する馬もいます。ホース・スピークの奇跡的な点は、馬が**何を**本当に望んでいるか、どうしたら馬とのパートナーシップをよく育めるかを、あなたが実際に知ることができることなのです。

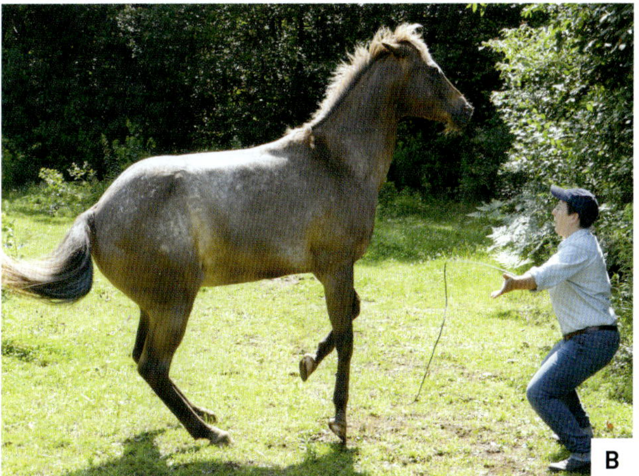

図 11.11　リバティな状態ではすばらしいゲームができます(A)！　私が腰を下ろし両手を開いたのに対して、Dakota は即興で立ち上がって見せてくれました(B)

Episode 3

リバティな状態で

私が最初に丸馬場を使ったテクニックについて学んだのは、2000年代初頭のMonty Robertsの仕事を通じてでした。Robertsは、人が丸馬場で行うある種の動きが馬から特定の反応を引き起こす、という理解に基づいて、1つのシステムを編み出しました。そこから最終的に得られる結果を彼はJoin-Up®と名付けました。その状態では、馬は自らの意思で相手の人間に近づくように見えました。Robertsがこれを一般の人々に公開したのは、2つの点について人々に理解を促したかったからです。1つは馬は実際に人間に耳を傾けていること、2つ目は人間は信頼していいのだと馬にもわかる形で人間が知らせてくれるのを、馬が待っているということでした。

私がRobertsのメソッドを最初に学んで以来、丸馬場のテクニックとその最良の使い方をマスターしたと考える多くの人たちが丸馬場を使ってきました。私はそういう人たちのホースクリニックに足を運び、数多くのトレーナーのやり方を観察し、丸馬場とその使い方に関するありとあらゆる意見に耳を傾けました。たくみな手腕をみせるトレーナーもいれば、馬を罰する手段として丸馬場を使う人もいました。実際、あるトレーナーが、馬が抗わずに“内周りのターン”を200回するまでは、“ジョインアップ”できたと考えるべきではない、と話すのも聞きました(内周りのターンでは馬がまず頭を人間の方に向けて方向転換しますが、人間を警戒している馬はお尻を先に人間に向けて方向を変えます)。

ほかにも「馬に息を上がらせて、きみが望むとおりに馬が考えているときだけ、息を継がせてやれ」とか、「馬が汗だくになって、ようやくきみの言いたいことが馬に伝わる」と言うトレーナーもいました。言い換えれば、丸馬場での運動や調馬索の運動には、馬をひたすらグルグル走らせて「人を落とそうとする気持ちをなくさせる」という発想が抜きがたく結びついているのです。

私は、救出された馬、練習馬、競技馬、セラピー用の馬たちなど、仕事で何百頭もの馬を直接相手にしてきました。その経験から学んだのは、馬は現在多くの人が調教のために丸馬場で馬を追うような形で、お互いを**追い回さない**ということでした。馬も時には一緒に走り回り、清々しい春の空気のなかでうっ憤を晴らし、楽しく跳ね回ることもあります。さらには囲われた場所で、馬たちがお互いをしつけ、助け、指導したりするのも見てきました。例えば、ある馬(馬A)が、ほかの馬(馬B)の悩みに気づくと、馬Aは馬Bの教師、ガイド、セラピストの役を買ってでます。馬Aは馬Bが抵抗したり不安にならない程度に、馬Bをおだやかにわずかに前へ追います。通常は、馬Aは次に頭を下げながら、明瞭にゆっくりと重々しく足踏みをし、大げさに足音を立てます。たいていは、馬Aは「地平線を見渡す」をし、「確認の

息」を吐きます。そして「挨拶の儀式」を何度も行うために「いつくしむ息」をして馬Bを自分の方に「招き寄せ」ることもするでしょう。馬Aは、馬Bの問題に合わせて最も必要なことを割り出し、それを実行します。

丸馬場では、私がJoeにとっての馬Aになる必要があります。Joeは今、丸馬場の中で、私を不安げに見つめています。彼のオーナーのMikeとLizはJoeに“ジョインアップ”を試してきました。Joeが自分の世界でもっと居心地良く過ごせるよう2人は努力してきましたが、残念なことに、Joeは調馬索だろうが丸馬場だろうが、円周上で運動させられると頭も心も閉ざしてしまいます。Joeにとって、円とは人が鞭で自分を追う場所で、理解できないテストに合格しないと止まらせてもらえず、止まると今度は鞍を置かれるところなのです。この空間で私がまずするべきことは、私にこれから追い回されるに違いないという思い込みから、Joeを自由にすることです。

そのために私は丸馬場の外側に留まることにします。外にいれば、彼にかかるプレッシャーを強度レベル1つ分、下げられるからです。Joeはすでに緊張していて、目を見開き、体を“高く”構え、すぐにも走り出せるようにしています。息は浅く、頭も高く上げています。私はまず、これから自分が使う「Xの姿勢」のレベルと、それに伴う強度レベルを明確にすることからはじめます(p.95)。馬は人間のプレッシャーのレベルが明解でないときに、最も混乱します。私が特に多くの時間を割いて自分の生徒を指導するもののうち、強度レベルほど、人間が意図することと、実際に発信しているメッセージとの食い違いの原因になるものはないからです。ここで強度レベルについて復習しておきましょう。

■「レベル1」は、馬を“見つめる”ことが含まれます。馬は常にほかの馬の「目のプレッシャー」を意識しています。例えば、リーダー格の牝馬がある牡馬を見たら、それは彼の干し草の山をほしいという意味です。彼女が近づく前にその場から離れるのが得策でしょう。ほかの馬の“まなざし”に気づくことで、多くの小競り合いが防げます。

■ 視線による明確な意思表示の次に来るのが、馬が耳を伏せ、明らかにもう1頭の馬の方の匂いをかいでいるように見える、“うねる頭”で、これが「レベル2」です。「レベル1」が「あなたの干し草の山をもらおうと思う」だとすると、「レベル2」は行動への要求で、「あなたの干し草の山の方へ行くから、そこから離れてちょうだい」になります。

■「レベル3」は本気モードで、行動と強度と体の動きにそれがあらわれます。「あなたの干し草の山まで来たけど、あなたったら、まだどいていないじゃないの。あなたに噛みつくために、私はもう口を開けてるわ！」

■「レベル4」は、容赦のない通告です。「私はもう干し草の山まで来たのに、まだうろついているあなたは、どうしようもないわね。お尻に噛みついてやるわ！」。そして、STEP 7で私が初めて強度レベルについて解説したように、騒ぎが収まると、なにごともなかったかのように誰もが「ゼロ」の状態に戻っています。

人間は、強度を明確かつ正確に変化させ、それから瞬時にすべてをやめて「ゼロ」に戻るのが苦手です。これを行うにはたくさんの

**人間は、強度を明確かつ正確に変化させ、
それから瞬時にすべてをやめて「ゼロ」に戻るのが苦手です。**

練習が必要です。

Joe は私が彼を見ているのを見て、私が何かを意図している（レベル１の強度）のを理解します。息をつめて、私をじっと見つめているからです。私は後ろに下がり、「Aw-Shucks」で地面を見ることで、彼の「答えが正しい」と伝えます。私たちは「接近と後退」のこのバージョンをさらに３回繰り返します。Joe が私を見つめ返して答えるたびに、私は「Aw-Shucks」をして心のプレッシャーを取り除きます。このプロセスに促されて、Joe はついに大きく深い息をして、彼自身も「Aw-Shucks」を行います。Joe がリラックスしてもいいかと尋ねてきたとき、私は嬉しくてたまりません。私は大げさに「地平線を見渡す」をし、「確認の息」を吐いて応じます。Joe が「コピーキャット」し、私のリードに従いたいと伝えてきます。

私は柵の近くに歩み寄ると、ドラマチックに「Oの姿勢」を取り、「挨拶」するために拳を差し出します。Joe もすぐに軽く挨拶するために近寄って来ますが、その前に、もう一度「Aw-Shucks」を行います。これは自分が「接近する」のはプレッシャーをかけるためではないから安心して、と私に伝えるためです。私は Joe の努力にとてもうれしくなります。そして彼に、「あなたはなんてすばらしい馬なの、勇気があって、正しいことをしようととっても努力しているわね！」と語りかけます。私は Joe のオーナーの Mike と Liz にも、Joe と私がある種の“ジョインアップ”を達成したことを伝えます。

当然ながら、Mike と Liz は困惑しています。Joe と私がしていることは、汗だくになるまで馬を走らせる、“今までの”丸馬場方式とはまったくの別ものに見えるからです。２人は Joe が“いい馬”になりたいととても強く願っていること、そして私たちがこんなにも短時間で、しかもわずかな努力で（！）つながりを築けたことに、ほっとしています。

しかし、１日はまだ終わりません。Joe は私が強度レベルを上げたときでも、私を信頼して、耳を傾けることを学ばなくてはなりません。もしここで今日の一連の流れを切り上げてしまったら、Joe のためにならないでしょう。私は Joe に、私の**どの**強度レベルにおいても、ほかの馬といるときと同じように安心していてもらう必要があるからです。それを達成する唯一の方法は、Joe に私の強度レベルを１つずつ慎重に見せては、その都度、忠実に「ゼロ」に戻ることです。馬を怖がらせるのはプレッシャーではなく、普通の状態に戻らないことが馬を動揺させるからです。

私は今 Joe と同じ瞬間を共有しています。そして彼が何をしても私は「ゼロ」に戻れると証明しようとしているので、彼はリラックスできます。私は「挨拶の儀式」のすべての過程をやってみせ、２人のあいだでは何も変わっていないと彼を安心させます。私が彼の前にある「スペースを譲って」と求めると、Joe は向きを変えて歩き去ります。すばらしい！ 私は、１歩後ろに下がってと頼んだだけだったのですが、Joe は私に敬意をあらわして、丸馬場の柵沿いのスペースを完全に明け渡してくれたのでした。

これは私が求めたことではなかったので、Joe は人間に望まれていると自分が**思う**こと

に対して過剰に応え、人間が**実際に求めていること**をしっかり聞いているのではないことがわかります。Joe は推測し、“過剰に応じ”ているのです。いずれにしても、「送り出し」を行うのに完璧な場所に彼が来たので、私は柵に沿って動き、彼の「腰のドライブボタン」のスペースに入ります。

鞭で「腰のドライブボタン」を指しながら、私は自分の強度を「レベル1」と「レベル2」のあいだに保ちます。そして丸馬場の外側を回って Joe に近づきますが、意識して動きを安定させ、ゆっくりと1歩ごとに地面を踏みしめます。Joe は私が近づくのを察し、見つめています。彼は私が「腰のドライブボタン」を指しているのを知っていて、最初は私の接近に反抗するように見えます。そして身構えながら、いらだちで耳を後ろに伏せ、頭を上げ下げし、尻尾を振って、とても足早にそこから離れます。

Joe は、「私に(あるいは人間みんなに)前へ進むよう追われるのを不当に感じる」と訴えています。柵沿いのスペースをそっくり譲ったのに、なぜ私が自分を「送り出す」ことをするのか、なぜまた自分をドライブする必要があるのか、Joe にはわからないのです。Joe は私が「腰のドライブボタン」をちゃんと理解しているのか疑問に思い、「尻尾を振り」、この事態は気に入らないと伝えてきます。私がドライブのやり方を知っていると納得しないかぎり、彼は私を受け入れないでしょう。

Joe が(足早すぎたとはいえ)その場から歩き去ったので、私は後ろに下がり、「Aw-Shucks」をします。これは、Joe が良いことをして私は喜んでいると、彼の言葉で伝える最善の方法です。Joe が丸馬場の反対側へ速歩で去ったので、私は意識的にゆっくり歩いて、再び彼の「腰のドライブボタン」に近づきます。今回、Joe はすぐにそこから離れ、より大きく尻尾を振ります。Joe は私に、「あなたはぼくをいじめていると思う」と伝えています。Joe には、私が背後から彼をドライブすることと、いじめることとの区別がつかないのです。

再度、私は手早く「Aw-Shucks」を行い、Joe は期待を込めて私を見ます。私はうなずいてから、「地平線を見渡す」と「いつくしむ息」をします。私が狂犬病の犬ではなく、母馬のように行動することを、Joe にわかってもらいたいのです。今回私が「腰のドライブボタン」の方に動くと、Joe は肢を蹴り上げ、甲高く鳴き、頭を振りながら走り去ります。彼はいじめられていると感じ、不安に思い、人生は「本当に不公平だ」と感じているのです。私はまだ「レベル2」を超えていませんが、Joe がいじめられていると感じている以上、私の「レベル4」を見せて、違いをわかってもらわなくてはなりません。これまで多くの馬が同じことをするのを、私は見てきています。彼らは強度レベルの高いプレッシャーを明確に示すことで、強度の低いプレッシャーを若馬や未熟な馬にわからせるのです。

私は柵と Joe から明確に1歩下がり、1つの滑らかな動きで、鞭を上げ、素早く地面に打ちつけます。それから一切の動きをやめます。

Joe は前に突進すると私の方を向き、尋ねるように私を見つめます。私は後ろに下がり、「Aw-Shucks」「スペースをシェアする」「ゼロ」に戻る、を併せて行ってから地面に腰を下ろします。Joe がわずかでも体を動かすのが確認できるまで、私はその姿勢でいます。私は、プレッシャーやボタン、動き、鞭に関する Joe の混乱を解きほぐしているのです。たった今、私が「レベル4」の強度を、次には劇的に明確な「ゼロ」を見せたので、Joe には考える時間が必要です。Joe は私の

私は待ち、深呼吸をし、小さな草を引き抜いたりして、「内なるゼロ」と「外なるゼロ」をとても大切にしていることを示します。

「レベル1」や「レベル2」に常に過剰反応してきたので、私がしていたことは決して「レベル4」では**なかった**と理解するために、対比が必要だったのです。そして私が必ずすぐに「ゼロ」に戻ることも、彼は見る必要がありました。今、Joeは落ち着いた息づかいで、ほとんどまばたきもせず私を見つめています。私は待ち、深呼吸をし、小さな草を引き抜いたりして、「内なるゼロ」と「外なるゼロ」をとても大切にしていることを示します。

Joeは少し頭を下げ、目を閉じます。そばの椅子に腰かけて見守っているオーナーのMikeとLizに、私は今起こったことを詳しく説明します。Joeが眠っているのは、決して私を無視しているのではなく、今の"会話"を理解しようとしているのだと話します。MikeとLizは、「Joeが丸馬場の中で眠ったことは一度もない」と驚きます(私はかつてクリニックで、繊細で神経質な馬を丸馬場内で、彼の相棒がそばで見守るなか、横にならせて眠らせたことがあります)。

4分ほどして(ただ座っていると、永遠とも思える時間です)、Joeが身じろぎします。私は立ち上がると鞭で彼の片方の蹄を指し、熱心に見つめながら、1歩だけ後ろに下がるよう求めます。「足のお遊び」のはじまりです。Joeは一瞬ためらったのち、慎重にその肢を1歩後ろに下げます。大成功です！ 私は癒しの糸口をつかんだのです！ 私は後ろに下がり、深く息を吐き出して、「よくできたわ」と褒めます。そしてもう一方の前肢を後ろに下げるよう求めると、Joeはほとんどすぐに応じます。私は動きを止め、息をすると、「あなたはとてもすばらしい馬で、私はあなたのことを誇らしく思っている」と伝えます。

ホース・スピークを使いはじめてから、私には気づいたことがあります。私たちが"霧"のなかを通り抜けようとし、ホース・スピークを使って馬と意思の疎通をはかると、馬は人間の言葉で発信された意図も、以前とは比べものにならないくらいよく理解するようなのです。時には、馬が初歩のヒト語を学んだのでは、とさえ思えます。いずれにしても、私は馬への称賛と敬意を声で伝えることが好きなので、生徒たちの前でも率先して行います。

私は後ろに下がり、明確な「0の姿勢」を取って、Joeに私に近づくよう促します。Joeは一瞬「間」を取り、「リッキングとチューイング」をはじめ、頭を上下に振ると、柵の近くにいる私のところまでやってきます。私はまさにJoeを「招き寄せ」、Joeは「戻ってきた」のです。私たちは少しのあいだ「スペースをシェア」し、新たに生まれたつながりを楽しみます。

さあ、いよいよ私は丸馬場の中に入って、もう一度、一連のステップすべてを踏まなければなりません。私が内側に入ってプレッシャーが高まっても、今築いたばかりのつながりが同じように尊重されるようにするのです。私が丸馬場の中に入ったとたん、Joeは体を固くし、頭を高く上げます。私は「地平線を見渡す」をし、お化けを息で追い払うと「いつくしむ息」へと続け、そして体の力を抜きます。私はJoeに、私の強度レベル(今はゼロです)を読み取ってほしいのです。も

リバティな状態で

私は丸馬場の外から、「Oの姿勢」を使ってJoeを「招き寄せ」ながら、彼とつながりを持つ手順をはじめます(A)。丸馬場に入った私は「ダンサーの腕」と、「腹帯のボタン」に向けた「体幹のエネルギー」を使ってプレッシャーをかけ、Joeに動くよう求めます(B)。まもなく、私たちは「足並みをそろえる」をしながら、一緒に動き出します(C)

し、Joeが私の「ゼロ」が、「レベル3」や「レベル4」であるかのように反応するなら、すぐに収拾がつかなくなる恐れがあります。私は「拳のタッチ」で挨拶し、Joeの頚へのカッピングをすると、私が丸馬場の外にいたときに行った「足のお遊び」を繰り返します。Joeは私の「レベル1」の強度(単に彼の前肢を見る)に反応して、足を1歩後ろに下げます。今の彼は、私が彼に直接プレッシャーをかけず、控えめに彼を「送り出し」ているのを理解しています。私は「Oの姿勢」を取ってJoeを呼び寄せます。彼は1歩近寄ったところで固まってしまいますが、それはかまいません。ほんのしばらくJoeに「動けない」と感じるのを許してから、私はさりげなく彼に近づき、「拳のタッチ」をします。一緒に「コピーキャット」をするころには、Joeは2回息を吸って1回長く息を吐き出す「身震いの息」をします。この瞬間をとらえて私は彼のキ甲を「グルーミング」し、さらに「赤ちゃんを揺らすように」をします。そして鞭を「杖」の型に持ち、小声でハミングしながら体を少し揺らします。Joeが前肢を踏みかえて両前肢の幅を広げると、彼の緊張が解けていくのを私は感じます。

数分後、私は視線とおへそ、それに鞭の先をJoeの「腰のドライブボタン」に向けながら、後ろに下がります。Joeは礼儀正しく後躯を遠ざけ、それから静かに丸馬場の端の方へ移動します。私はうなずき、「Aw-Shucks」をして肯定の意思表示をします。おだやかに、私はもう一度「腰のドライブボタン」に視線を向けます。Joeは鼻を鳴らし、耳を震わせながら、静かにゆっくりと歩きはじめます。私は後ろに下がって、彼を褒めてやります。Joeが立ち止まると、私は彼に背を向けて「地平線を見渡す」を行います。「地平線を見渡す」や「確認の息」をするたびに、私は捕食動物を警戒してJoeを守る、立派なリーダーとして振る舞っています。

次に「ダンサーの腕」をつくり、「体幹のエネルギー(コアエネルギー)」をJoeの「腹帯のボタン」に向けた私は、歩き去るJoeの方を振り返ります。そして気軽に彼のそばに寄り、Joeの肩の動きに合わせて動き、「足並みをそろえる」をします。私たちは「一緒にどこかに行く」をしているのです。私が足を止め、骨盤を意識して腰を下ろして「腰を

Joe は、これから私が自分を追い回す段階に私たちがきたと思っているのです。

落として気づかせる」をすると、Joe もすぐに止まります。私は Joe に私の話(意図と強度レベル)に集中していてほしいのです。私の言うことを推測するのではなく、実際に耳を傾けてほしいからです。そこで私は再度「腹帯のボタン」と「腰のドライブボタン」にプレッシャーをかけ、私たちは1歩ずつ「足並みをそろえる」をしながら進みます。

私がこれからの Joe に必要となる手助けを与えるためには、Joe はこの瞬間に集中し、私との会話を続ける必要があります。やがて Joe は良い状態で歩き出し、おだやかに方向を変え、私が止まれば止まるようになります。私と肩を並べて歩き出したり、私の指示にも従います。いよいよ少し速く動くよう求める段階です。パニックになりやすい馬の場合、スピードを求めるのは慎重に行います。馬は走るよう求められると、それには何か理由があるはずだと思うからです。

私は丸馬場の中央に移り、Joe に常歩をはじめるよう指示します。彼は耳を横に向け、唇をゆるめ、頭を下げながら、礼儀正しく応じます。私は慎重に、膝を少し余計に高く上げて足踏みし、頭を上下に動かして、速度を変えたいと合図します。私は馬場の中央で Joe の前肢に合わせて足踏みしていますが、鞭をかすかに使って(まだレベル1とレベル2の強度のあいだです)、もう少しエネルギーを使うよう求めます。

Joe は頭を上げ、あごをこわばらせ、耳を寝かせたうえに、「尻尾を振り」ます。彼が、私は求めすぎているとか、彼をいじめていると感じても、私は驚きません。Joe は、これから私が自分を追い回す段階に私たちがきたと思っているのです。私は彼に、「あなたの心配はわかっている」と語り続けます。私は合図の強度を「レベル2」に保つ一方、内側のエネルギーは絶対に「ゼロ」から変えません。こう言うと、私の内と外が対立しているように聞こえますが、馬は自分の内側が「ゼロ」でなくなるのを心から嫌うのを忘れないでください。私たちのゴールも、外側の合図やジェスチャーが何であれ、内側は「ゼロ」に留まれるようになることなのです。

私は Joe に自分の「内なるゼロ」の感覚を体験してほしいのです。体では速い歩法に移行しても、心の内ではおだやかさをみつけられるようになることです。もちろん手本を示す必要がありますから、私は大げさに「0の姿勢」を取り、自分の内なる静けさを深めながら、Joe に速歩で1、2歩進むよう礼儀正しく求めます。彼は抗議するように頭を振りながら、身構えた速歩をはじめます。その瞬間、私は「腰を落として気づかせる」を行い、地面を見つめ、安堵のため息をつきます。Joe は数歩走って、ようやくそれに気がつきます。

立ち止まった Joe を、私はたっぷり2分間、私を見つめるままにさせます。彼の呼吸は安定し、耳がピクピク動きます。まばたきもし、何か大きな考えを頭のなかで整理しているように見えます。彼の体から少し力が抜け、また試しても良いとわかります。歩き出すよう求められた Joe はすんなりと応じ、私はすぐさま速歩を1歩求めます。私はあらゆるボディランゲージを使ったうえに、「速歩を1歩だけしてちょうだい」と人間の言葉で話しかけます。Joe は常歩を早めるだけで、頭を上げ、緊張させた耳をしっかり寝かせています。あごは少しこわばっていますが、私に近い方の目と耳は、私に向いて動いています。彼は私の要求を「理解しよう」としているのです。

Joe がためらいがちに速歩をはじめると、私はすぐに「腰を落として気づかせる」をして、今の行動がどんなにすばらしかったか、人間の仕草、つまり拍手で彼に伝えます。人間はうれしいと、思わず手を叩きます。馬は自分にとても満足したとき、大きく尻尾を振ります。人にも馬によく似た喜びの表現があることを、私は Joe に理解してほしいのです。Joe ははじめは拍手の音に少し驚きますが、すぐに私の喜びを感じ取り、満足そうに尻尾を振ると、“鼻を鳴らし”て私に応えます。

私は Mike と Liz に、この次に Joe が速歩をしたら、一緒に拍手をして、彼がどんなにすばらしいか褒めてくれるよう頼みます。再び私は Joe に歩き出すよう求めます。今度は彼のまなざしは柔和で、耳をそばだて、足取りも軽やかです。私が頭を上下して速度の変更を合図し、「腰のドライブボタン」を指し示すと、Joe は間髪をいれずに軽やかな速歩に移ります。私は（彼の後ろではなく）「腹帯のボタン」の横に立ち、彼の肢の動きに合わせて、その場で 5 歩ほど足踏みします。そして「腰を落として気づかせる」をすると、Joe は滑るように滑らかな停止をします。

私たちはみな手を叩き、Joe のすばらしく、柔らかくて美しい速歩を褒めたたえる言葉を口々に叫びます。Joe は再び“鼻を鳴らし”、尻尾を“振り”、頭を振って、喉で音をたてます。これらの動作はすべて、Joe が自分を誇らしく思い、みんなからの注目と称賛を喜んでいるのを伝えているのです！

ここまで進んだあなた…いよいよこの次は？

馬の背での会話

Keywords

- 馬の背での会話(p.176)
- 体幹のエネルギー(コアエネルギー)を意識する(p.177)
- 息をしながらまたがる(p.177)
- ガンビーのポーズ(p.179)
- こんにちはの手綱(p.182)
- コピーキャットの手綱(p.183)
- 上げて開く手綱(p.183)
- 手のひらを下にと爪を上に(p.185)
- 馬上でのセラピーの後ろに下がって(p.188)

かつて私は、愛馬のDakotaが私に乗ってほしいと本当に思っているのか、知りたくてたまりませんでした。Dakotaが彼女自身のボディランゲージで、「ねぇ、すごくいいアイデアが浮かんだんだけど。私に乗って、どこかに一緒に行かない？」と言ってくれるのを、どうしても聞きたかったのです。彼女の言葉を知ってさえいたら、答えを聞けるのに…。私はこの問いへの答えを追い求めて何年も研究を重ね、あなたが今手にされているこの本が生まれました。

ある日のこと、馬場で自由にしていたDakotaが、自ら踏み台の脇に立ち、私を見つめました。その招待こそ、私が探し求めていた答えでした。私はそれ以来、進んで踏み台まで来て、おだやかに待とうとしない馬には乗りません。その馬は、私に自分の背中に乗ってほしくないからです。

このSTEPでは、騎乗中のあなたのボディランゲージを明確にする“会話”を提示します。会話はどれも質問を投げかけ、あなたが馬の答えに気づけるようにします。これは馬を調教したり、馬に新しいことや異なったことを教えるのが目的ではありません。馬の背にまたがったあなたが、よりよくホース・スピークを使えるようにするためのものです。

踏み台の周りで

人にまたがられることを、馬はどう感じていると思いますか？ ホース・スピークはあなたと馬の双方にとって、“乗馬”(馬にまたがる動作)をポジティブな経験にすることができます。乗馬や下馬のとき、私たちは馬のバランスを簡単に崩してしまいます。乗馬、下馬のプロセスで、人馬がともに「ゼロ」でいられるよう時間をかけることを学べば、誰もがバランスを失わず、自然体でいられるでしょう。

まず、馬が人にまたがられることにどう反応するか、**真剣に観察しましょう**(あなたがまたがる瞬間の馬の顔を撮影してもらうのも1つの方法です。さらにはホース・スピーク使用前と使用後の写真を比較するのも良いですね)。感情をあまり出さない馬は顔をしかめるかもしれません。繊細な馬は頭を上げ、不安そうにするかもしれません。エネルギッシュな馬なら、あなたが鐙に足を入れたとたんに歩き出すでしょう。このようにいろいろな反応が考えられます。馬を見るときは、耳、目、そして特に口に、注目してください。あなたがこれまでずっと、馬が受け入れていると思っていたのに、実はじっと我慢していてくれただけかもしれません。

体幹のエネルギー(コアエネルギー)を意識する

馬にまたがるときのあなたの「体幹のエネルギー(コアエネルギー)」は、特に敏感な馬を混乱させかねません。例えば、「ダンサーの腕」で馬を踏み台まで連れていき、それから踏み台に乗ったとします。踏み台に近づくまで、「ダンサーの腕」は馬に頭を向ける方向を教えていたでしょう。ところがあなたが鞍の方に向くと、馬が頼りにしていたターゲットの拳(目印となる拳)は姿を消し、あなたのおへそが「送り出し」のプレッシャーを馬にかけるかもしれないのです。当然、馬はあなたの体が発しているメッセージに反応して、頭をあなたの方に向け、胴をあなたから遠ざけます。

あなたのボディランゲージを明確にするために、「体幹のエネルギー」を進行方向に向けてまたがる練習をしましょう。さらに次の会話をすることで、あなたはまたがるときの馬の不安を和らげることができます。

会話：息をしながらまたがる

❶馬を踏み台まで連れていき、人がまたがれる位置に立たせることからはじめます。けれども今回は、またがらずに踏み台に数分腰かけ(後退)、一緒に呼吸をします。踏み台の脇にいる馬が見るからにリラックスするまで、呼吸を続けます。これは騎乗するほど時間がないけれど、馬と会話をしたいと思うような夕方に、ぴったりのエクササイズです。普通に馬装をし、踏み台で「息の会話」をします。あなたの息を馬の息に合わせましょう。馬が見せる微妙な言葉を観察します。深呼吸をし、「身震いの息」(p.24)も試してみましょう。

❷次に踏み台まで歩くときは、「足並みをそろえる」をしてから、地平線の両端を見渡します。この動作は、あなたが捕食動物がいないかチェックし、馬を守っていることを伝えます。馬が遠くを見続けるようなら、強度を「レベル1」に上げて、馬が見ている方向に「確認の息」を吐きます。馬はあなたがお化けを全部追い払っていることを理解します(**図12.1A、B**)。「確認の息」をしたあと、深い息を吐き、地面を見つめることで大げさな「Oの姿勢」を取り、さらに「Aw-Shucks」をします。馬が頭を下げるまで、「確認の息」から「Aw-Shucks」までを、強度レベルを調整しながら必要なだけ繰り返します。馬によっては、この会話で、そのときの騎乗全体が前向きなものになります。

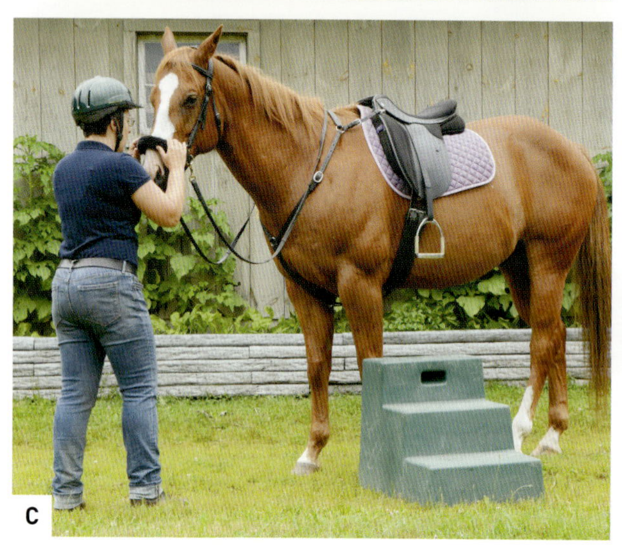

図 12.1　Gretchenは踏み台に向かいながら、Clarkと地上で「足並みをそろえる」をします(A)。Clarkは緊張しやすいので、またがる前につながりをもち、どう感じているかを尋ねておくと、またがったあとのコミュニケーションに役立ちます。Gretchenは「確認の息」を使って、お化けを追い払います(B)。踏み台まで来たら、私は「赤ちゃんを揺らすように」を頭絡で(C)、それからキ甲で(D)行います。その後、鐙に足と体重をかけながら、「接近と後退」を行います(E)

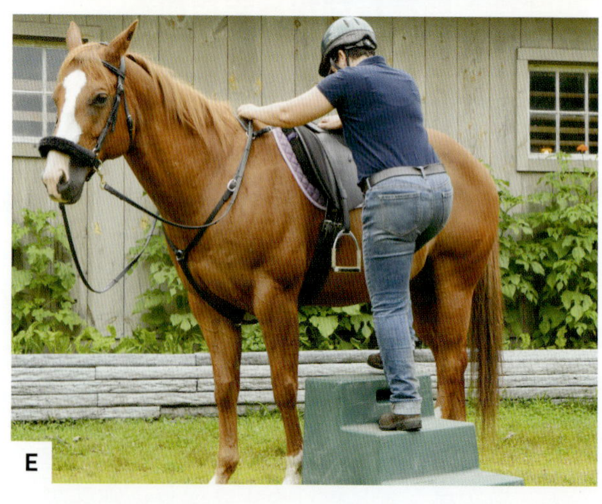

❸またがる前に、馬に愛情を示しましょう。踏み台にのぼる前に、馬と「拳のタッチ」で挨拶し、馬の頚の匂いをかぎます(p.115)。馬の額で前髪が触れているところの「友好的なボタン」を軽く掻いてやります。踏み台のところで前肢を片方ずつ持ち上げ、優しく回してあげると緊張がほぐれるので、多くの馬が喜びます。

❹「赤ちゃんを揺らすように」を、まず馬の前に立ち、頭絡を使って行います。次に踏み台に乗り、あなたの前で位置についている馬と同じ方向を向いて、馬に近い方の手で馬のキ甲で同じ会話をします(図 12.1C、D)。体重を片足からもう一方の足へ、または片方の腰からもう一方の腰へと移動させます。揺らす速さは呼吸と合わせ、できるだけゆっくり、深く息をするのを忘れないでください。馬はバランスを立て直すために1歩動くかもしれません。多くの馬は、居心地が悪かったりバランスが崩れてもじっとしているよう調教されていますから、肢の幅を広げるのを許してもらうと大いにほっとするでしょう。また、踏み台で人が片手をキ甲に、もう一方の手を鞍の後ろに置いて「赤ちゃんを揺らすように」をすると喜ぶ馬もいます。

❺いったん馬にまたがったら、すぐに下馬し、馬を引いて中くらいの大きさの円を描きます。そして踏み台に戻り、息をして、再度またがります。馬の不快感の表現やボディランゲージに注意しながら、これを3回繰り返します。馬が緊張しているようであれば会話をやめ、馬と一緒に息をし、「Aw-Shucks」をしてから会話を再開します。

❻踏み台に関して、馬と「コピーキャット」の会話をやってみましょう。またがろうとするように馬に軽く体重を預け、そのあと馬があなたの姿勢を真っすぐに戻そうとするか、またはあなたが馬から離れるように体を反らします。この馬に体重を預けたり体を反ったりを、自分の呼吸に合わせて繰り返します。少なくとも3回繰り返してから、馬にまたがり、鞍に留まります。この「コピーキャット」を毎回またがるときに繰り返すと、ある時点で、あなたが鐙に足を入れると、馬の方からあなたに体重をかけてくるかもしれません。これから騎乗をはじめるのに、なんてすてきなスタートでしょう！

手放す

私たちは、乗馬とは馬の動きをコントロールすること、と考えます。でも馬にどう動くかを指示する前に、まず、これまで呼吸やバランス、一体感を馬とシェアして得た成果をもとに、新しいレベルの相互信頼と尊敬を築きましょう。そして、あなたの骨格が、馬の骨格とともに動くのを許しましょう。

馬にまたがっているとき、あなたの足は馬の肺を包み込むような形になります(図 12.2)。そのことを考えてみてください。あなたの呼吸は騎座と脚を通じて、馬に重要なメッセージを送るのです。このように人馬一体の状況では馬の背での大きな深呼吸に、ライダー誰もが病みつきになることでしょう。可能であれば、次の「息の会話」を裸馬か裸馬用のパッドを使って行ってみてください。鞍を使う場合でも、安全に感じられたら鐙をはずしてみましょう。この会話を試みるとき、最初の数回は曳き手を友人にもってもらうと、人も馬もリラックスできるでしょう。

会話：ガンビー*のポーズ

＊監注：ガンビーは、アメリカの粘土でつくられた人形のアニメのキャラクターです。その体は柔らかく、グニャッと曲げられる様子を、馬の背での動作のイメージとして用いています。

❶「息をしながらまたがる」を使い、踏み台から馬にまたがります。手を伸ばし馬に「挨拶」

図 12.2 Clark にまたがった私は静かに座り、少しのあいだ、深呼吸をします(A)。鞍に座ったときの人間の足は、馬の肺を包み込んでいますから、呼吸はとても大きなコミュニケーションの手段になります。私は深呼吸に神経を集中しながら、片手で「赤ちゃんを揺らすように」をキ甲で行います(B)

してから、両手をキ甲の両側に手のひらを下にしておきます(**図 12.3A〜C**)。両手で手綱を取りますが、馬の口とコンタクトはもちません。こうすると、ぐにゃりとしたガンビーのように背中が丸くなりますが、気にしないでください。馬の呼吸を感じましょう。自分の吸う息、吐く息を長くします。馬の呼吸と一致させられますか？ もしかしたら、馬の方からあなたの呼吸に合わせてくれるかもしれません。ただ座って、馬と一緒に呼吸をしましょう。

❷馬が不快感や緊張のメッセージを出していないか観察します。馬にまたがると、習慣的に日頃していることをやりたくなるでしょうが、乗馬について知っていることを、少しのあいだ、忘れましょう。かわりに、あなたが馬の気持ちを聞こうとするときに何が起きるか観察します。人がまたがったあとに起きることについて、人馬それぞれに考えがあります。例えば、特に牝馬は何でも“正しく”やりたいと思い、**あなたにも**“正しく”行うことを望みます。あなたが今していることは、馬にはいつもどおりのことでは**ありません**。ごく単純な会話でも、馬が受け入れるには時間が必要かもしれません。

❸ガンビーのポーズのまま、鼻で柔らかく吸い込む音を立てながら、「いつくしむ息」(p.24)をしましょう。すべての会話同様、あなたは馬に何かを語りかけています。前に乗り出して馬の頚をハグしたら、間を取って、馬が何と答えているか聞きましょう(**図 12.3D**)。そこには、正解も不正解もありません。

❹友だちがそばにいたら、馬を曳いて歩かせてもらいましょう。誰もいなくても、安全に感じられたら、数歩、前に歩きます。ガンビーのポーズのまま、呼吸を続けます(**図 12.3E**)。リラックスしていたら、1歩ごとに馬の肩が前に揺れるのを感じずにはいられないでしょう。あなたは馬の体に影響を与えようとはしていません。むしろ「足並みをそろえる」をイメージし、馬の動きに体でついていきましょう。地上で「足並みをそろえる」をしたときのように、今、あなたの膝は馬の肩と足並みをそろえていて、**まったく同じ会話**をしていると感じ

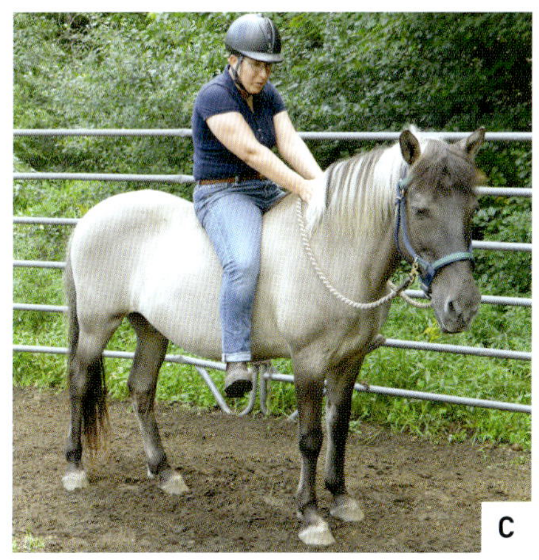
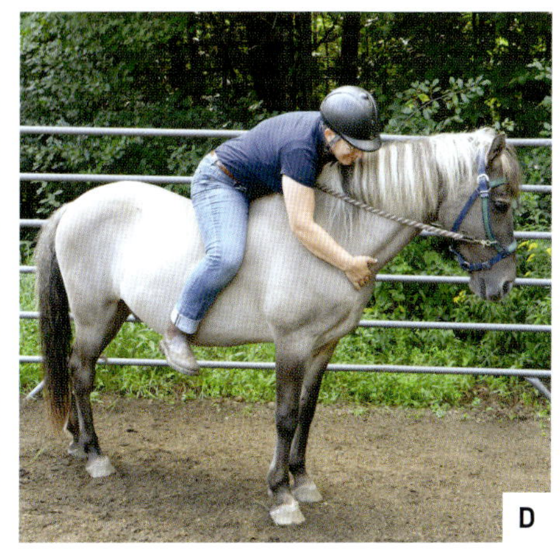

図 12.3　Rocky の背にまたがると、私は手を伸ばして彼に「挨拶」します。これをすると、地上でやっていたのと同じように、2 人のつながりが感じられます（A、B）。手を伸ばして軽い挨拶をしても良いです。ガンビーのポーズをすると、私は Rocky の背にどっかりと座れます（C）。前に乗り出して、彼の頚をハグします。これは、地上で馬に私をハグするよう促すのと似ています（D、p.114 も参照）。私はまたガンビーのポーズをして、呼吸し、Rocky に数歩前に進むよう促します（E）

られるでしょう。馬の肩の動きに合わせて、同じ側の膝が前に揺らされるままにします。人馬ともに心地良く感じられる範囲で、2～3 分呼吸をしながら「足並みをそろえる」を続けます。体を使って一体感の会話をするなかで、呼吸と動きがつながったときの感覚を、あなたの体は吸収しています。

❺ガンビーのポーズのまま、両手を馬のキ甲に置き、膝が馬の肩の動きに従うままにします。足を突っ張らせがちな鐙をはいていないので、自分の腰が馬の歩くリズムに合わせて揺れるのに気づくでしょう。腰を意識できると、「赤ちゃんを揺らすように」の会話をあなたの腰でしているのがわかると思います。それとももしかしたら、馬が**あなたを**揺らしているのかもしれません。

新しい挨拶

馬にまたがることは「挨拶」であり、馬の背にいることは「スペースをシェアする」ことです。私は馬の背から軽い挨拶と「挨拶」をするための「手綱の会話」を考え出しました。これは手綱の動きを馬がどう感じ、どう考えるかを探るためのものです。あなたはただ、「こんにちは」と馬に言っていることになります。

会話：こんにちはの手綱

❶「こんにちは」の挨拶をはじめるために、ガンビーのポーズで少し呼吸をしてから、そっと上体を真っすぐにします。馬はすでに、あなたがまたがったあと、じっと待つことに納得しているはずです。でも最初のうち曳き手による助けが必要と思われたら、友だちに馬をおさえてもらいましょう。

❷「ゼロ」の強度で、手のひらを下に向けて手綱を持ちます。馬とコンタクトはもちませんが、手綱がたるみきっていてもいけません。手のひらを下に向けたまま、片手を膝から30 cm ほど上げます(**図 12.4**)。

❸手を上げるときに息を吸い、下げるときに息を吐くことを3回繰り返します。手を上げるとき、あなたのかすかなボディランゲージを補うために、「こんにちは」と声に出して言うと良いでしょう。

❹これを両方の腕で行います。馬が動いたり体重移動をしたら、じっと立っていられるようになるまで自由にさせます。馬が落ち着かないようなら、歩かせるか友だちに曳いてもらって、大きな円を描いてから停止します。その後、手綱を上げる会話を再開します。大半の馬はやがて頭を下げ、大きなため息をつくでしょう。

❺馬を褒め、馬への答えとごほうびとして長く息を吐き出すのを、忘れないでください。

図 12.4 手綱を片方ずつ持ち上げて、私は Clark(A) と Rocky(B) に、「こんにちは」と言っています。これは馬の背から行う「挨拶の儀式」で、手綱を使った「こんにちわの手綱」です

馬は間違った答えをするのを恐れることが多いうえ、今のあなたは馬の背にいながら何も求めないという、これまでと違うことをしています。馬はあなたの求めることがわからなくてストレスを感じたり、逆に興味をもつかもしれません。あるいはまったく反応を示さないかもしれません。あなたは単に「今やっている、この手綱を持ち上げることをどう思う？」と馬に尋ねているだけですが、同時に馬が何かを理解しなくても怒らないということを伝えてもいます。あなたが手綱を 20 回持ち上げても馬は緊張を解かないかもしれませんが、いきなり頭を下げて、大きなため息をつくでしょう。

これは、あなたたちにとって新しい1ページです。あなたは馬にまたがってすぐに手綱で馬を操るのではなく、手綱がそこにあってあなたが手綱を使うということに馬が見せる反応を待っています。一方馬は、新しい手綱の動きに興味をもって反応しても怒られないことを理解します。こうしてあなたは、「こんにちはの手綱」を使った新しい「挨拶」の仕方をつくり出したのです。

これは、双方に受け入れをもたらす会話です。あなたはこれまでやったこともない手綱の使い方を思いつきますか？ 何の目的ももたずに、手綱を動かせますか？

会話：コピーキャットの手綱

今度は、馬に頚を柔らかくして頭を動かしてくれるか、尋ねてみます。これは地上から“ハグ”をする練習(p.114)をしたときの、「顔のちょっとどいてボタン」で「譲る」ことを求めたのと同じです。馬は前肢を動かすことを求められたと思うかもしれませんが、今回あなたはそれを求めてはいません。地上から友だちにサポートしてもらえると、うまくいくでしょう。

❶まず手のひらを下に向け、馬の口とのコンタクトは取らずに両手で手綱を持ちます。「こんにちはの手綱」を行い、それから片方の手綱を、あなたの体から45度の角度で持ち上げます。視線は手の甲を追うようにします。
❷腕と肩を滑らかに横に開いて、弧を描きます。これは、馬にも頭と頚で弧を描くよう促すことになります(**図 12.5**)。
❸10秒間、馬に応える時間を与えてから、手をもとの位置に戻します。手綱を持ち上げるあいだ息を吸い、息を吐きながら手綱を戻します。あなたが馬に求めているのは、あなたの手と視線が動いたのと同じ方向を見ることだけです。馬はすぐに「コピーキャット」をして、そちらを見るかもしれませんし、別の方に頭を動かすかもしれません。手綱を外に開いて持ち上げることを片側3回ずつやってみましょう。馬の反応が何であれ、それに報いて褒めてあげます。

多くの馬はグラウンドワークの際に自分の頭がどこにあればいいのか混乱し、人がまたがるともっと心配します。馬は頭のジェスチャーを通じて馬同士でコミュニケーションを取ります。人間がきついハミ、ハミつりやヘッドセット、マルタンなどで馬の頚を一定の位置に強制的に固定するとき、私たちは事実上馬を沈黙させています。この手綱を片方ずつ上げたり下げたりするとき、あなたは馬に「あなたの頭と頚をリラックスさせて」とか、「手綱の方向を見るのを忘れないで」と言っているだけです。加えてこの会話は、**あなた自身の**首や肩の緊張をほぐしてくれます。

会話：上げて開く手綱

最初の2つの手綱の会話は、本当に普段と違うことが起きていることを馬に知らせます。この3つ目の会話は、あなたが地上で行った「肢をどかして」の会話(p.60)の騎乗版です。

地上では、あなたは馬に頭をあなたから遠ざけるよう日常的に求めてきました。また「顔のちょっとどいてボタン」や「頚の中央のボタン」を触って、馬に前肢を動かすよう求めもしました。馬の背からは、「コピーキャットの手綱」に加えて脚でプレッシャーを与え、“あなたの前肢を動かして”を意味する合図に変えます。

図 12.5 「コピーキャットの手綱」を求めるとき、地上で言ったように「私のやるとおりにしてくれる？」と言っていることになります。「コピーキャットの手綱」で私は Clark(A)と Rocky(B)に、頭を動かして頚を柔らかくするよう頼んでいます

❶非常に軽いコンタクトで、手綱を両手に持ちます。安全に感じられたら足を鐙からはずして行うか、友だちに曳き手を持って地上からサポートしてもらいます。

❷「コピーキャットの手綱」で行ったように、片方の手綱を使いますが、今回は手の動きを視線で追うと同時に、合図をする手綱と同じ側の膝を開いてそちら側の体重を浮かせます。さらに踵のプレッシャー、舌鼓やキスをするような音、「常歩」と口で言うなど、馬を動かす合図を加えます(**図 12.6A、B**)。

❸目標は、馬に片前肢を横に１歩動かさせることです。馬は単にハミにもたれたり、反対の肩に体重を移動させるだけかもしれません。どのような答えでも褒めてやり、「ゼロ」に戻り、深呼吸します。あなたは人と馬を馬の前肢につなげるボディランゲージを、双方にとって明確にする会話をはじめているのです。常歩で試す前に、まず停止の状態で、拳、視線、膝のジェスチャーを調整する練習を片側ずつ行います。

❹次にどちらの手前でも「上げて開く手綱」を使って、馬に歩き出すよう求めます。このとき、手綱を上げた側の膝を鞍または裸馬用パッドからかすかに上げて、馬に行く先が“開けた”という感覚を与えます。地上で、調馬索または馬具をつけない状態(リバティな状態)での会話でしたように、「ダンサーの腕」と同じ流れを使って回転する道を開きます。あなたの体重が外方の腰に自動的に移動するにつれて、馬は流れるように回転するでしょう(**図 12.6C、D**)。地上で「足並みをそろえる」をしたとき同様、あなたのタイミングで一体感を得られるように、両方向で行います。その結果、人馬ともに、より自信がもてるようになるでしょう。

「上げて開く手綱」をすると、あなたの胸が広がり、腕を開いているように感じられるで

しょう。これもまた、鞍にまたがって「ダンサーの腕」をしているようなものです。この「手綱の会話」は、あなたと馬とのつながりをおだやかでリラックスしたものに保つだけでなく、自動的にあなたの騎座のバランスを良くするでしょう。「体幹のエネルギー」を下に向けなければ、腕を開くことはできないからです。

体への自覚を高める

これまでの馬上の会話は、手のひらを下に向けて行うものでした。次の会話を試みる前に、手のひらまたは爪を上にすると、あなたの胴にどんな変化が出るかを見てみましょう。手の位置は、手を除いたほかの部分のボディランゲージに影響を与えるのです。

会話：手のひらを下にと爪を上に

❶座面が硬い椅子の端に腰かけます。あごが自然に内側に入り、腰が真っすぐになるまで、おへそを引っこめます。こうすると骨盤が後傾し、座骨にもっと力がかかるのがわかるかもしれません。
❷体幹の筋肉を軽く緊張させ、手のひらを床に向けて、両腕を体から前に出します。手綱を手にしているときのように、指を優しく曲げます。
❸前に伸ばした腕を片方ずつ上下させます。このとき体の正面から 45 度と 90 度の角度で行います。座骨、体幹の筋肉、呼吸のどこに大きな変化がそのうちのどこにあらわれるのかに注目してください。

次にこのエクササイズを、手のひらを上に、つまり“爪を”上にして繰り返します。ここでもあなたの胴や座骨がどのように移動し、呼吸がどう感じられるかに注目してください。手のひらを上向きにして手を上げるあいだ、息を吸う必要があるかもしれません。肋骨と体幹の周

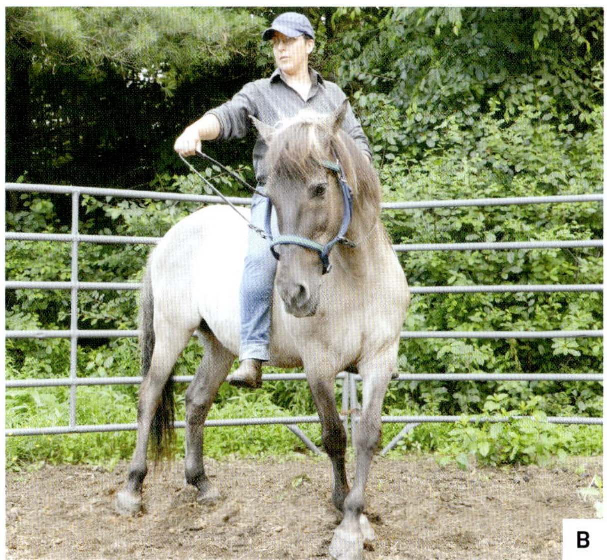

図 12.6A、B 「上げて開く手綱」を使って、私は Clark(A) と Rocky(B) に「どこかに行って」と頼みます

図 12.6C、D　前肢を譲らせることは、地上で行ったときと同様、馬上でも馬の敬意を得ることになります。この「手綱の会話」は Rocky と私が常歩で歩調を合わせるのを助け（C）、Rocky の頚と肩をリラックスさせ、完全に緊張をなくさせます（D）

りのどの筋肉が働いているか、感じてください。

胴における体重移動のせいで、**手のひらを下に向けた**場合は馬の前肢に影響を与え、**爪を上に向けた**場合は馬の後躯に影響が及びます。それでは次の「手綱の会話」に進みましょう。

会話：爪を上に向けた手綱

「手綱の会話」であなたのバランスを回転する腕と肩甲骨を通して腕とは反対側の腰を上下させます。それは、爪を上に向けるために腕と拳を回すと、あなたの体は（腕とは）反対側の足と自然に結びつき、体が自然にねじれるからです。こうすると、あなたは体のなかに「回転軸」ができるので、馬は楽に回転ができます。拳をこの位置に置いて、馬の後肢との会話をしていきましょう。基本的に、これは「セラピーの後ろに下がって」（p.77）であなたが使った腕の回転と同じです。

❶できれば、この会話は鐙をはかずにやってください。不安だったら、友だちに地上から助けてもらいましょう。
❷停止の状態で、通常の騎乗姿勢で手綱を持ち、「ゼロ」からはじめます。手のひらが上を向き、爪が見えるようになるまで、手首のところで片手を回転させます（**図 12.7A**）。
❸馬が動きはじめるときの“さざ波”を手に感じるまで、手綱をおへその方に引き寄せます（**図 12.7B**）。拳がおへそに接するまで引くのでは**なく**、馬の動きが感じられた瞬間に手綱をゆるめ、大きく呼吸します。手綱を 5 mm 引いただけで、手綱と同じ側の馬の背中や腰で、ピクっという反応や体重移動が感じられるかもしれません。あるいは爪を上に向けただけで

馬が反応するかもしれません。あなたは馬の腰と“話し”はじめているのです。

❹もう片方の手でもやってみましょう。爪を上に向け、拳をおへその方へ引くとき、馬のかすかな変化にどれだけ敏感になれますか。馬が腰からかすかに力を抜くにつれて、あなたの座骨が沈むのを感じましょう。繊細な馬は、「爪を上に向けた手綱」をはじめた側の後肢を体の下に踏み込ませるかもしれません(図 12.7C)。馬がこの会話に混乱するようなら、❷の会話まで戻って復習します。

❺今度は常歩で「爪を上に向けた手綱」を試します。今度も、必要であれば友だちに馬を曳いてもらいましょう。手のひらを下に向けながら、馬の前肢の動きにあなたの膝を合わせ、馬の動きを感じ、それに合わせて呼吸をします。

❻最初は柵や境界に近い方の手綱で行うと、馬はこれを“回転”の合図と受け止めないので、うまくいくでしょう。爪を上に向け、腕を回転させます。手綱をこの位置に保って何歩か歩きます。あなたの下で、馬が横方向に体を曲げるのが感じられるでしょう。手綱をゆるめ、馬を褒めましょう。この会話は片側ずつ、馬の体幹、背中、腰を鍛えます。まさに、馬にとってのヨガですね！

❼この会話では、拳の動きにリズムがあります。止まる準備ができたら、馬場の中のある場所やコーンを停止の目印として決めると、人馬双方の助けになります。あなたの体が発するかすかな体重移動のメッセージは、あなたたちそれぞれが準備をする助けになりますが、この会話で停止するには、馬が後躯に体重を移動させるのを感じられるよう、手綱を片方ずつ使います。単に、「爪を上に向けた手綱」を使って馬に1歩歩かせ、それからもう一方の腕も回転させて「爪を上に」します。

❽「ウォー」または「ホーゥ」と停止の合図の声をかけ、座骨を沈みこませ、停止に必要最小限のプレッシャーを手綱にかけます。これは地上で行った「腰を落として気づかせる」の会話を真似するものです。両手で「爪を上に向けた手綱」を行うとき、骨盤を意識して“腰を下ろして”いるからです。

図 12.7　爪が上を向くように腕を回転させます(A)。手綱をおへその方に引き寄せ、自分の騎座と Rocky の背中で体重が移動するのを感じます(B)。「爪を上に向けた手綱」の会話に応えて、Rocky は左後肢を体の下に踏み込ませます(C)

図 12.8A、B 「馬上でのセラピーの後ろに下がって」に初挑戦する Clark(A)。1 歩後退するだけで十分です！ 私は手綱をゆるめ、彼を褒めます(B)

馬の前のスペースを要求する

「爪を上に向けた手綱」の会話は、馬上で「セラピーの後ろに下がって」を行う準備になります。後退するとき、あなたは馬の前のスペースを譲るよう求めています。今回、馬にまたがってはいますが、ここであなたは馬の前のスペースを要求しています。馬には、自分の逃走路を譲るのは良くない考えだと思う理由があるかもしれません。少しでも馬が反応したり後ろへ体を傾けたときに、あなたがすぐに「ゼロ」へ戻って馬の反応に報いれば、徐々にかすかな合図でも後退する動機が馬にできるでしょう。

会話：馬上でのセラピーの後ろに下がって

❶できれば鐙をはかないで、または友だちに馬をおさえてもらって、この会話をはじめてください。息を吸い、両手の爪が見えるよう両腕を回転させます。おへそが自動的に背骨の方に戻り、体重も移動するなか、この動きが体にどう影響するか感じ取ってください。あなたの「体幹のエネルギー」の変化は、馬の腰に影響を与えます。

❷息を吐きます。同時に、馬が少し反応したり後ろに体を傾けるのが感じられるまで、拳を引き寄せます(図 12.8A、B)。反応があったら、馬の反応を褒めてください。もし馬が抵抗したり肢をふんばって動かなかっ

図 12.8C、D 私が腕を回転させると、Rocky は後退する準備をします(C)。私の踵が「ジャンプアップのボタン」に触れると、彼は後退するためにお腹を持ち上げ、腰を沈めます(D)

たら、強度レベルを調整します。脚を「腹帯のボタン」に当て、少し前に動かします。このとき、歯磨きをチューブから絞り出すような感じでふくらはぎを締めます。または、踵で「ジャンプアップのボタン」を軽く触っても馬の反応を得られるでしょう(**図 12.8C、D**)。馬が少しでも自分の前のスペースを譲ったら、「ゼロ」に戻り、深呼吸をして馬を褒めてあげましょう。

図 12.9 ホース・スピークの会話は、私たちを次にどこへ連れていってくれるでしょう?

これらの会話はすべて、あなたが馬にまたがったときのボディランゲージを明確にするためのものです。偉大な乗馬学校の“師”は、馬を制御(支配)していたのではなく、騎乗中のコミュニケーションを限りなく明瞭に行えるよう、自らのボディランゲージを使いこなしていたのです。ほとんどの馬は、私たちのアイデアを喜んで探ろうとするでしょうし、馬自身もアイデアをもっているかもしれません。そして次に私たちがどんなアイデアを出してくるか、興味をもって待っています。馬にも、そして私たちにとっても、満足と充実感をもたらすものをつくりましょう(**図 12.9**)。

Episode 4

馬の背での会話

次に私がJoeに会ったのは、丸馬場での会話をしてから数週間が過ぎたころでした。MikeとLizは、Joeにだけでなく自分たちの変化も感じ取って、喜びが隠せません。2人はそれぞれに、丸馬場に放たれているJoeと、柵の外から作業をすることからはじめて、慎重に会話を広げていきました。そしてついには、Joeが落ち着いて、軽やかで心地良い速歩ができるだけでなく、おだやかな駈歩さえ2回も出せるところまできました。Joeの半狂乱の暴走は、過去のものになったのです。

MikeとLizは自分たちが変わるまで、Joeとの関係がどれだけ緊張をはらんだものか気づいていませんでした。今はお互いの気分を受け入れることができます。そして3者のうちの誰かが怖気づいても、彼らの深い関係をもとに、新しい選択をすることができます。

私は2人に、彼らの関係が整理できるまでJoeに騎乗しないよう頼んでいました。わずか2、3週間待った結果、2人は自分たちがJoeを心から愛していることに気がつきました。今私は1歩後ろに下がって、2人がJoeに近づき、無口をかけて丸馬場で運動させるのを見守ります。私はたまにヒントを与えるだけでほとんど口を挟みませんが、彼らの進歩がうれしくてたまりません。つい最近まで、MikeとLizとJoeは緊張して混乱した関係を耐えてきたからです。

Lizは、「Joeのそばでこれまでよりおだやかでいられるけれど、彼が以前見せた激しさを忘れられなくて緊張と恐怖心を引きずっている」と言います。時々自分が「内なるゼロ」をなくすのを感じるのだそうです。一方、MikeはJoeに乗れる段階にきています。みんなで繋ぎ場に行き、私は2人に、「Joeの周りで通常の作業をするあいだ、目、耳、頭をお留守にしないように」と指示します。また、「常に集中し、そしてJoeには今もパーソナルスペースがあり、つながれているから彼がそれを守れないことを忘れないように」と話します。

MikeとLizはすぐに、Joeがいつも通路で「踊る」のは、自分たちが無意識に体から出していた「送り出し」のメッセージに、Joeが絶えず対応しようとしていたのだと気がつきます。彼らは視線やおへそ、手を全部Joeに向けることで、常に「Xの姿勢」を取っていたのです。グルーミングや馬装の最中に胴をJoeからわずかに**逸らす**だけで、彼らは「体幹のエネルギー(コアエネルギー)」でJoeを「送り出す」ことを避けられます。Joeに真っすぐ向く必要があるなら、肩を少し落とし、呼吸を深くし、全体的な強度レベルを下げながら、より「Oの姿勢」に近くなるのです。するとJoeは見るからにリラックスします。Mikeは「Oの姿勢」を取りながらJoeに45度の角度で立ち、ブラッシングを再開します。

私は鞍を載せる方法をMikeに教えまし

た。馬のお尻の方を向き、自分の体で弧を描きながら、鞍を馬の背中の上に軽く振り上げたらおへそを馬の頭に向け、右手で抱えた鞍をJoeの背中に下ろします。このちょっとした“ピルエット”はとても簡単に覚えられ、しかも滑らかに行えます。私はこの方法を観光牧場で働いていて、ウエスタンの重い鞍を1日に十数個も馬に載せていたときに覚えました。この方法だと**あなたの**腰はもちろん、鞍を優しく馬の背中に下ろせるので馬の腰も守れるのです。

Mikeは、「Joeは腹帯を締められるのが苦手だ」と言います。私は腹帯のバックルを**留めずに、**Joeの帯径のあたりを腹帯でできるだけ素早く、ぽんぽんと1分ほど軽く叩くことをすすめます。腹帯を締めないで、Joeに腹帯の感覚に慣れさせるのです。この動作は、この手順に対する彼の気持ちを私たちが尊重していることをJoeに伝えます。まる1分もそうしたあと、Mikeは腹帯を垂らし、「なんていい子なんだ」とJoeを褒めながら彼のお気に入りのスポットを掻いてやります。Joeが見るからにリラックスしたので、私は大きくため息をつきながら腹帯を持ち、鞍につけます。私が腹帯を締めるとJoeが顔をしかめたので、また腹帯をゆるめ、後ろに下がります。今度はMikeが同じ手順を行います。私たちは特別なテクニックでJoeに腹帯をつけることを“調教”しようとしているのではなく、Joeと築いた新しい関係の深さを利用して、この手順で新しい見方を伝えているのです。Joeは腹帯をつけられることを、決して好きには**ならない**かもしれませんが、それは彼がもって生まれた権利です。ただ、私たちには腹帯で彼を傷つけるつもりがないことを、彼が理解してくれさえすればいいのです。

Joeに頭絡をつけて、丸馬場に向かいます。MikeとLizは小さな馬場をもっていますが、Joeとの新しい作業はすべて丸馬場で行ってきました。成功を手にできるよう、これまでお互いにおだやかでいることを練習してきた場所で作業を続けます。私はみんなに、呼吸することと「内なるゼロ」を維持することを思い出させます。

私はJoeを踏み台に連れていき、それから踏み台に対するJoeの表情や考え、気持ちに細心の注意を払いながら、踏み台を通りすぎます。Joeの不安、緊張、それに“いい子”になろうとする努力が見てとれます。Joeと私は踏み台まで行っては通りすぎることを3回繰り返します。そうしてから私は踏み台を上り下りし、もう一度踏み台に乗ってから鞍に近づいて片手で鞍に触れるまでの一連の動作を、3回続けます。次に、鞍にお腹を載せたあと、踏み台から下りて歩き去ることを3回繰り返します。耐えがたいほどのろのろした作業に思えるかもしれませんが、その努力は報われます。Joeはすっきりとした表情で集中し、しかもリラックスしています。

ストレスを感じるとJoeはいつも私の拳に顔を寄せ、少しのあいだ私の手の匂いをかいで安心感を得ようとします。彼が心の安定のためにこの挨拶を必要としているのがわかるので、私は頻繁に彼に「拳のタッチ」を差し出します。Joeが自分の頭をどこに保ったら良いかわからないようなので、私は踏み台に立ったまま、地上で無口を使ってしたのと同じように、彼の頭絡を安定させます。手綱を片手に持って彼の口と“握手”をしつつ、もう一方の手を使い、キ甲で「赤ちゃんを揺らすように」をするのです。はじめのうちJoeはわけがわからず、頭を振り、もじもじしますが、私は彼の混乱は気にかけずに「リラックスして、体のバランスを取り直して」と声で伝えます。バランスを崩されるので、Joeは人にまたがられるのが嫌いです。それでも徐々に彼は私の手綱に対してリラックスし、

馬の背での会話

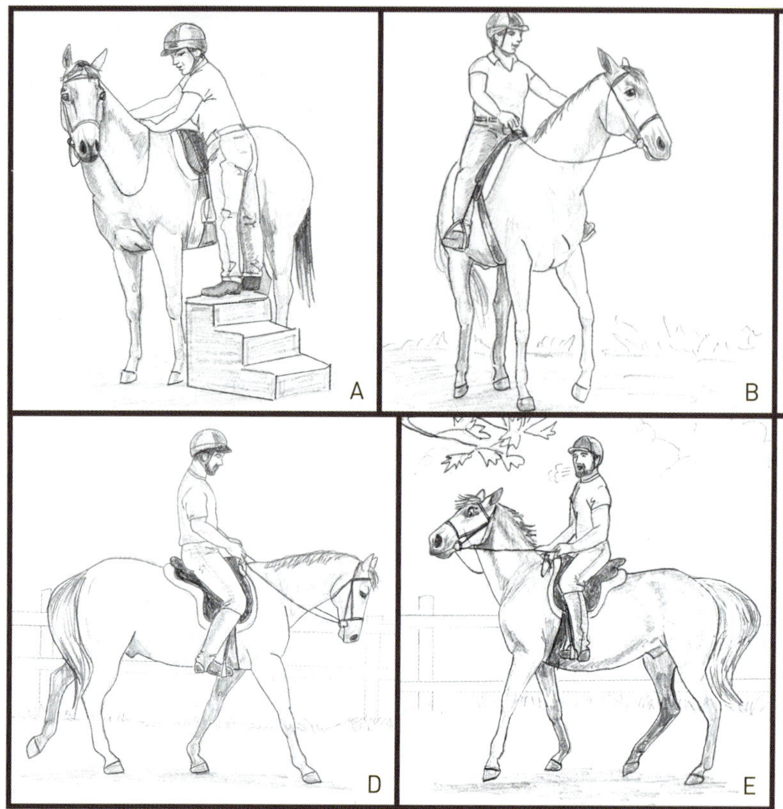

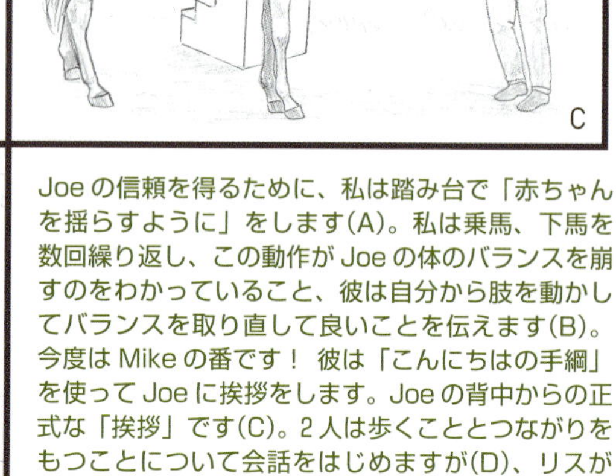

Joe の信頼を得るために、私は踏み台で「赤ちゃんを揺らすように」をします(A)。私は乗馬、下馬を数回繰り返し、この動作が Joe の体のバランスを崩すのをわかっていること、彼は自分から肢を動かしてバランスを取り直して良いことを伝えます(B)。今度は Mike の番です！ 彼は「こんにちはの手綱」を使って Joe に挨拶をします。Joe の背中からの正式な「挨拶」です(C)。2 人は歩くこととつながりをもつことについて会話をはじめますが(D)、リスが木の枝にドスンと音を立てて落下して、彼らをびっくりさせました。突然のことでしたが、Mike はすぐにお化けを吹き払い、Joe を安心させます(E)

片方の前肢を横に動かして両肢の幅を広げて、どっしりと立つようになりました。

私がため息をつくと、Joe は私を真似て“鼻息を吐き”、さらに「あくび」までします。「あくび」へのごほうびに、私は踏み台から下りて、彼と小さな円を描いて歩きます。そして「赤ちゃんを揺らすように」をさらに2回行います。3回目になると、Joe は足取りも軽く踏み台に近寄り、顔を楽な位置に構えて両肢の幅を広げ、そして見るからに私の足に体をもたせかけてきます。Joe は「さぁ、僕に乗って」と言っているのです。

私はそっと鞍に腰を下ろしますが、鐙ははきません。鞍に落ち着くとすぐ、Joe のキ甲で「赤ちゃんを揺らすように」を少しだけ行います。それからゆっくり慎重に下馬します。下馬も馬のバランスを崩すので、私は Joe に、これらの手順の1つ1つに安心してほしいのです。多くの場合、馬はこの日常的に行われる動作をじっと耐えています。乗馬と下馬をさらに2度行って、Mike に Joe を引き渡す準備ができました。そしてこれらの手順すべてを、Mike は見事に再現します。たった今、乗馬の動作1つ1つを私がやって見せたとはいえ、Mike には初めての体験です。意思を通わせあうことを学びながら、Joe は各工程での Mike の癖に慣れる必要があります。Joe が Mike の拳に触れようとして何回か鼻面を寄せたのを Mike が無視し、Joe は動揺して尻尾を振ります。私は Joe を叱ろうとする Mike に、彼が Joe からのサインを見逃したことを説明します。Mike はおだやかに笑うと、Joe に「拳のタッチ」を差し出して挨拶しただけでなく、これからは、

Mike は自分の動き方１つで、ここまで Joe のバランスを崩してしまうとは思ってもみなかった、と認めます。

前に進むために必要なことを学ぶのを、Joe が助けてくれるとわかった、と宣言します。

愛情のこもった「挨拶」が完了するとすぐ、Joe が踏み台を文字どおり**見つめ**ます！ 彼はやる気になっていて、前へ進む準備ができています。Mike は自分が目にしていることに目を見張り、Liz は思わず笑いだして、「馬がこれほど賢いとは思ってもみなかったし、馬と話す方法を**何年も**前に知りたかった」と言います。

Joe と Mike は「足並みをそろえる」をしながら、踏み台まで進みます。今回、行動を起こしたのは Joe だったので、私たちはすぐに手綱で彼の顔の位置を安定させ、キ甲で「赤ちゃんを揺らすように」を行います。この会話をおだやかに行う方法を Mike が飲み込むのに、１分ほどかかります。１回目はあやうく Joe を押し倒すところでした。Joe は耳を寝かせ、尻尾を振って彼を非難しますが、踏み台から離れようとはしません。今の Joe は、オーナーの Mike に意見ができるほど、自分たちの関係に自信をもっているのです。

２人は踏み台から離れ、このサイクルをさらに２度行います。３度目のとき、Joe は Mike の足に寄りかかります。Mike は自分の馬が、またがってと**招待**していることに、感動します。これは彼にとっては未体験の感覚です。彼は乗馬、下馬を忠実に３回繰り返し、私は Joe のバランスを崩さないですむよう、Mike に柔らかく動くコツを教えます。Mike は自分の**動き方１つで**、ここまで Joe のバランスを崩してしまうとは思ってもみなかった、と認めます。私は彼に、中身が偏っているリュックを背負うことと同じようなものだと説明します。

Mike は鞍に収まって Joe と静かにつながり、２人は一緒の時間を楽しんでいます。するとそのとき、リスが距離を見誤ってジャンプに失敗し、丸馬場のすぐ外の木の枝にドスンと音を立てて落下しました。誰もがドキッとさせられましたが、突然の物音に Mike はとっさに「確認の息」を吹き、Joe は驚いたものの１歩も動きませんでした。彼は唇を舐め、“鼻息を吐き出し”、耳を動かし、木に向かって尻尾を振るなど、見るからに「ゼロ」に戻る努力をしています。Mike は Joe のキ甲に手を伸ばして「赤ちゃんを揺らすように」をしながら、この出来事を笑いとばします。Mike も Liz も“生まれ変わった”Joe に驚いています。“かつての”Joe なら間違いなく尻跳ねしたでしょう。私は２人に、「これは**同じ** Joe だけど、私たちみんなが今は Joe の群れの仲間になり、彼が私たちを信頼しているのだ」と話します。

私は Mike に、「ガンビーのポーズ」で静かに座り、少しのあいだ Joe と一緒に息をするよう求めます。私たちは手綱で「こんにちは」を言える段階にきています。多くの馬が、手綱について**ある程度**は知っていても、それ以外のことは単に推測しているのを、私は見てきました。ちょうど乗馬するときの手順を見直したように、手綱の機能や意味することを細かく学び直すのが一番です。

まず、私は Mike に、「こんにちはの手綱」のように、片方の手綱を真っすぐ持ち上げさせます。Joe は気にかけません。Mike は右の手綱で“こんにちは”を３回、左の手綱でも3回繰り返します。Joeは鼻息を吐き、唇を舐めます。このやり方にほっとしているようです。次にMikeは片方の手綱を外に開く「上げて開く手綱」で、Joeに頭を横に動かすよう促し、これを片方3回繰り返します。Mikeは手綱の動きを目で追い、自分の手の方向を見ます。JoeはMikeの頭が向きを変えるのを感じることでMikeが導く方向を知り、Mikeの指示についていきます。Mikeは合図の合間に、Joeのキ甲に「赤ちゃんを揺らすように」で「グルーミング」します。

今度は、Mikeは片方の手綱を持ち上げて横に開き、自分もそちらの方を向きながら、“キスをする”ような音を立てます。Joeに「頭だけではなく肢も動かしてほしい」と伝えているのです。Joeは慎重に前肢を交差させ、常歩で小さな輪を描きます。私はMikeに、Joeに求めるのをやめて、「ウォー」または「ホーゥ」と言いながら手綱を「ゼロ」に戻すよう言います。Joeはすぐさま立ち止まります。これを繰り返すと、Joeは1回ごとにより自信をつけ、よく反応するようになります。

馬に自分の前のスペースを譲るよう説得することは、群れの序列の確立には欠かせないもので、これを地上で行う方法を私たちは見つけました。今度は、鞍にまたがっていても、MikeはJoeの前のスペースを“所有”しているのをJoeに示すときです。これはJoeに人を乗せたまま暴走しないことを学ばせるには、欠かせないものです。もしも、Joeが歩いていく先のスペースをMikeが“所有”していたら、Joeの1歩ごとがMikeに“差し出される”ことになり、多くの人が馬と行っている綱引きを避けることができるのです。

次は「爪を上に向けた手綱」で、この動きはMikeの腕の骨と肩甲骨を連携させ、「体幹のエネルギー」とバランスを座骨に沈めさせます。これは、馬に腰を後ろに動かすことを求める、明確で、抵抗を呼び起こさないシグナルです。そしてMikeが優しく手綱を引くと、Joeは完璧にこれを行います。1歩だけで十分なので、すぐにMikeは、Joeに楽々と腰を後ろへ“動きださせる”ことができるようになります。私はMikeに、腕のごくわずかな動きで繊細に合図を出すよう、練習してもらいます。するとMikeは何もしていないように見えるのに、Joeが体を持ち上げて丸め、後肢を深く踏み込ませます。人も馬も自分たちに大満足です。Mikeは「後退の動作がこんなに楽しいとは思わなかった」と言います。

私はMikeに下馬をすすめ、みんなでここまでのことを復習することにします。Mikeが我を忘れて、普段どおり軽乗風にJoeから飛び降りると、Joeは耳を絞って体を横にずらします。私が指摘するまでもなく、Mikeは自分がJoeに思いがけず不快感を与えてしまったことを理解し、これからはもっと気をつけると誓います。Lizも、「自分たちが馬の周りで普通と思っている行動が、実はJoeを心配させていることを忘れないよう、うんと努力しなくちゃ」と口をそろえます。

これからは、MikeとLizはJoeに望むことの細かな点を、彼の背の上から説明できるようになるでしょう。彼らの宿題は、コーンと樽を地面に置いて、1週間、ひたすら輪乗りや8の字巻きを常歩ですることです。「上げて開く手綱」と「爪を上に向けた手綱」を練習することで、Joeはますますリラックスし、頚が柔らかくなり、より良いバランスとリズムで腰を使えるようになるはずです。

またJoeの体幹を鍛えるために、2人は「セラピーの後ろに下がって」を鞍の上と地上の両方で練習する必要があります。停止とは、実は後退を縮めたものなのです。もしもJoeが停止を行うたびに腰のバランスを保て

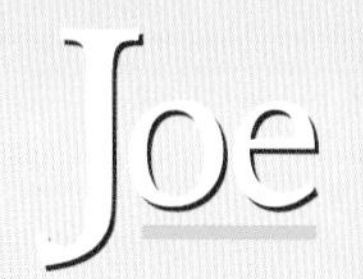

れば、ハミにもたれかかることもなくなるでしょう。2人が丸馬場でできるようになった軽やかで自然な速歩を、MikeがJoeの背で味わえる日は、近いうちに来るでしょう。MikeとLizは今、お互いに安心に感じられることをますます感謝できるような、新しい関係をつかもうとしています。彼らがJoeといて安心だと思える必要があったように、Joeも2人といて安心を感じられる必要がありました。ホース・スピークを通して、彼らの友情は今、**信頼**、**尊敬**、**調和**、**受容**という新しい側面を築きつつあるのです。

INDEX

■監訳者

宮田朋典　Tomonori Miyata

宮崎県出身。愛気馬心道ホース＆ヒューマンシップ主宰。ホースクリニシャン、Road to the Horse Tootie bland family クリニシャン。20代よりアメリカの多くのレイニング調教師やクリニシャンのもとでトレーニングを学ぶ。現在、競走馬や競技馬を中心に、月に250頭以上の馬の問題行動や悪癖について相談を受け、騎乗者を対象としたクリニックで指導を行っている。また、全国でウィスパリングを軸にしたナチュラルホースマンシップの講習会を開催している。監訳書に、『馬と人の絆を深める乗馬術』、『馬場馬術の美しい騎座』、『イラストでわかるスタンダード馬場馬術』、『イラストでわかるホースコミュニケーション』(いずれも緑書房)など。

宮地美也子　Miyako Miyaji

兵庫県出身。趣味で主にオーストラリアやカナダで外乗などを楽しむ。ウィークエンドライダーとして日本の乗馬スクールで馬に接するうち、馬とのコミュニケーションの取り方、接し方に悩みや疑問を抱くなか、『Horse Speak : The Equine-Human Translation Guide』と出会う。著者である Sharon Wilsie に教えをこうため、単身渡米する。その教えを受け、日本人で初めて Horse Speak Training の修了証を授与される。現在もウィークエンドライダーとして馬との時間を楽しんでいる。

■翻訳者

二宮千寿子　Chizuko Ninomiya

東京都出身。翻訳家。訳書に『馬場馬術の美しい騎座』、『乗馬のためのフィットネスプログラム』、『スタンダード馬場馬術』(いずれも緑書房)、『レッドマーケット 人体部品産業の真実』(講談社)、『世界のスピリチュアル・スポット』(ランダムハウス講談社)、『怖るべき天才児』(三修社)など。長年、ウィークエンドライダーとして馬に親しむ。障がい者のための乗馬活動で外国人講師の通訳も務める。

ホース・スピーク

これからの人と馬との対話ガイド

2019年1月31日　第1刷発行
2022年4月20日　第2刷発行©

著　者……………Sharon Wilsie(シャロン ウィルシー), Gretchen Vogel(グレッチェン ボーゲル)
監訳者……………宮田朋典，宮地美也子
翻訳者……………二宮千寿子
発行者……………森田浩平
発行所……………株式会社 緑書房
〒103-0004
東京都中央区東日本橋3丁目4番14号
TEL 03-6833-0560
https://www.midorishobo.co.jp
日本語版編集…………石井秀昌，花崎麻衣子
カバーデザイン………アクア
印刷所……………アイワード

ISBN978-4-89531-363-6 Printed in Japan